物联网工程实战丛书

物联网之云

芯 魂 智 源 雾

云平台搭建与大数据处理

王见 赵帅 曾鸣
孙昊 曾凡太
编著

机械工业出版社
China Machine Press

图书在版编目（CIP）数据

物联网之云：云平台搭建与大数据处理/王见等编著. —北京：机械工业出版社，2018.3
（2021.1重印）

（物联网工程实战丛书）

ISBN 978-7-111-59163-4

Ⅰ. 物…　Ⅱ. 王…　Ⅲ. ①互联网络–应用 ②智能技术–应用　Ⅳ. ①TP393.4 ②TP18

中国版本图书馆CIP数据核字（2018）第031191号

物联网之云
云平台搭建与大数据处理

出版发行：机械工业出版社（北京市西城区百万庄大街22号 邮政编码：100037）
责任编辑：欧振旭　李华君　　责任校对：姚志娟
印　刷：北京捷迅佳彩印刷有限公司　　版　次：2021年1月第1版第5次印刷
开　本：186mm×240mm 1/16　　印　张：16
书　号：ISBN 978-7-111-59163-4　　定　价：49.00元

凡购本书，如有缺页、倒页、脱页，由本社发行部调换
客服热线：（010）88379426 88361066　　投稿热线：（010）88379604
购书热线：（010）68326294　　读者信箱：hzit@hzbook.com

丛书序

信息物理学是物联网工程的理论基础

物联网是近年发展起来的一种网络通信方式。它来源于互联网，但又不同于互联网。它不仅和软件相关，还涉及硬件。互联网在网络上创造一个全新世界时所遇到的“摩擦系数”很小，因为互联网主要和软件打交道。而物联网却涉及很多硬件，硬件研发又有其物理客体所必须要遵循的自然规律。

物联网和互联网是能够连接的。它能将物品的信息通过各种传感器采集过来，并汇集到网络上。因此，物联网本质上是物和物之间或物和人之间的一种交互。如何揭示物联网的信息获取、信息传输和信息处理的特殊规律，如何深入探讨信息物理学的前沿课题，以及如何系统、完整地建立物联网学科的知识体系和学科结构，这些问题无论是对高校物联网相关专业的开设来说，还是对物联网在实际工程领域中的应用来说，都是亟待解决的。

物联网领域千帆竞渡，百舸争流

物联网工程在专家、学者和政府官员提出的“感知地球，万物互联”口号的推动下，呈现出空前繁荣的景象。物联网企业的新产品和新技术层出不穷。大大小小的物联网公司纷纷推出了众多连接物联网的设备，包括智能门锁、牙刷、腕表、健身记录仪、烟雾探测器、监控摄像头、炉具、玩具和机器人等。

1. 行业巨头跑马圈地，产业资本强势加入

物联网时代，大型公共科技和电信公司已遍布物联网，它们无处不在，几乎已经活跃于物联网的每个细分类别中。这意味着一个物联网生态系统正在形成。

芯片制造商（英特尔、高通和 ARM 等）都在竞相争夺物联网的芯片市场；思科也直言不讳地宣扬自己的“万物互联”概念，并以 14 亿美元的价格收购了 Jasper；IBM 则宣布在物联网业务中投资 30 亿美元；AT&T 在汽车互联领域非常激进，已经与美国十大汽车制造商中的 8 家展开合作；苹果、三星和微软也非常活跃，分别推出了苹果 Homekit、三星 SmartThings 和新操作系统；微软还推出了 Azure 物联网；谷歌公司从智能家庭、智慧城市、

无人驾驶汽车到谷歌云，其业务已经涵盖了物联网生态系统中的绝大部分，并在这个领域投资了数十亿美元；亚马逊的AWS云服务则不断发展和创新，并推出了新产品……

在物联网领域中，企业投资机构携带大量资金强势进入，大批初创企业成功地从风险投资机构筹集到了可观的资金。其中最有名的就是Nest Labs公司，该公司主要生产配备Wi-Fi的恒温器和烟雾探测器；而生产智能门锁的August公司，也筹资到了1000万美元……

2. 物联网创业公司已呈星星火燎原之势

物联网创业公司的生态系统正在逐步形成。它们特别专注于“消费级”这一领域的物联网应用，很多创业孵化器都在扶植这个领域的创业军团。众筹提供了早期资金，中国的一些大型制造商也乐意与它们合作，甚至直接投资。一些咨询公司和服务提供商，也做了很多手把手的指导。物联网创业已经红红火火地启动，成为一种全球性现象。

3. 高等院校开设物联网专业的热潮方兴未艾

近年来，我国理工类高等院校普遍开设了物联网专业。数百所高等院校物联网专业的学生也已经毕业。可以预见，高等院校开设物联网专业的热潮还将持续下去。但是在这个过程中普遍存在一些问题：有的物联网专业更像电子技术专业；有的则把物联网专业办成了网络专业，普遍缺乏物联网专业应有的特色。之所以如此，是因为物联网专业的理论基础还没有建立起来，物联网工程的学术体系也不完善。

物联网工程引领潮流，改变世界

1. 智慧生活，更加舒适

科学家们已经为我们勾勒出了奇妙的物联网时代的智慧生活场景。

新的一天，当你吃完早餐，汽车已经等在门口了，它能自动了解道路的拥堵情况，为你设定合理的出行路线。

当你到了办公室后，计算机、空调和台灯都会自动为你打开。

当你快要下班的时候，敲击几下键盘就能让家里的电饭锅提前煮饭，还可以打开环境自动调节系统，调节室内温度和湿度，净化空气。

当你在超市推着一车购物品走向收款台时，不用把它们逐个拿出来刷条形码，收款台边上的解读器会瞬间识别所有物品的电子标签，账单会马上清楚地显示在屏幕上。

……

2. 智慧城市，更加安全

物联网可以通过视频监控和传感器技术，对城市的水、电、气等重点设施和地下管网进行监控，从而提高城市生命线的管理水平，加强对事故的预防能力。物联网也可以通过通信系统和 GPS 定位导航系统，掌握各类作业车辆和人员的状况，对日常环卫作业和垃圾处理等工作进行有效的监管。物联网还可以通过射频识别技术，建立户外广告牌、城市公园和城市地井的数据库系统，进行城市规划管理、信息查询和行政监管。

3. 工业物联网让生产更加高效

物联网技术可以完成生产线的设备检测、生产过程监控、实时数据采集和材料消耗监测，从而不断提高生产过程的智能化水平。人们通过各种传感器和通信网络，实时监控生产过程中加工产品的各种参数，从而优化生产流程，提高产品质量。企业原材料采购、库存和销售等领域，则可以通过物联网完善和优化供应链管理体系，提高供应链的效率，从而降低成本。物联网技术不断地融入工业生产的各个环节，可以大幅度提高生产效率，改善产品质量，降低生产成本和资源消耗。

4. 农业物联网改善农作物的品质，提升产量

农业物联网通过建立无线网络监测平台，可以实时检测农作物生长环境中的温度、湿度、pH 值、光照强度、土壤养分和 CO_2 浓度等参数，自动开启或关闭指定设备来调节各种物理参数值，从而保证农作物有一个良好和适宜的生长环境。构建智能农业大棚物联网信息系统，可以全程监控农产品的生长过程，为温室精准调控提供科学依据，从而改善农作物的生长条件，最终达到增加产量、改善品质、调节生长周期、提高经济效益的目的。

5. 智能交通调节拥堵，减少事故的发生

物联网在智能交通领域可以辅助或者代替驾驶员驾驶汽车。物联网车辆控制系统通过雷达或红外探测仪判断车与障碍物之间的距离，从而在遇到紧急情况时能发出警报或自动刹车避让。物联网在道路、车辆和驾驶员之间建立起快速通信联系，给驾驶员提供路面交通运行情况，让驾驶员可以根据交通情况选择行驶路线，调节车速，从而避免拥堵。运营车辆管理系统通过车载电脑和管理中心计算机与全球卫星定位系统联网，可以实现驾驶员与调度管理中心之间的双向通信，从而提高商业运营车辆、公共汽车和出租车的运营效率。

6. 智能电网让信息和电能双向流动

智能电力传输网络（智能电网）能够监视和控制每个用户及电网节点，从而保证从电厂到终端用户的整个输配电过程中，所有节点之间的信息和电能可以双向流动。智能电网

由多个部分组成，包括智能变电站、智能配电网、智能电能表、智能交互终端、智能调度、智能家电、智能用电楼宇、智能城市用电网、智能发电系统和新型储能系统。

智能电网是以物理电网为基础，采用现代先进的传感测量技术、通信技术、信息技术、计算机技术和控制技术，把物理电网高度集成而形成的新型电网。它的目的是满足用户对电力的需求，优化资源配置，确保电力供应的安全性、可靠性和经济性，满足环保约束，保证电能质量，适应电力市场化发展，从而为用户提供可靠、经济、清洁和互动的电力供应与增值服务。智能电网允许接入不同的发电形式，从而启动电力市场及资产的优化和高效运行，使电网的资源配置能力、经济运行效率和安全水平得到全面提升。

7．智慧医疗改善医疗条件

智慧医疗由智慧医院系统、区域卫生系统和家庭健康系统组成。物联网技术在医疗领域的应用潜力巨大，能够帮助医院实现对人的智能化医疗和对物的智能化管理工作，支持医院内部医疗信息、设备信息、药品信息、人员信息、管理信息的数字化采集、处理、存储、传输和共享，实现物资管理可视化、医疗信息数字化、医疗过程数字化、医疗流程科学化和服务沟通人性化，满足医疗健康信息、医疗设备与用品、公共卫生安全的智能化管理与监控，从而解决医疗平台支撑薄弱、医疗服务水平整体较低、医疗安全生产隐患较大等问题。

8．环境智能测控提高生活质量

环境智能监测系统包括室内温度、湿度及空气质量的检测，以及室外气温和噪声的检测等。完整的家庭环境智能监测系统由环境信息采集、环境信息分析和环境调节控制三部分组成。

本丛书创作团队研发了一款环境参数检测仪，用于检测室内空气质量。产品内置温度、湿度、噪声、光敏、气敏、甲醛和 PM2.5 等多个工业级传感器，当室内空气被污染时，会及时预警。该设备通过 Wi-Fi 与手机的 App 进行连接，能与空调、加湿器和门窗等设备形成智能联动，改善家中的空气质量。

信息物理学是物联网工程的理论基础

把物理学研究的力、热、光、电、声和运动等内容，用信息学的感知方法、处理方法及传输方法，映射、转换在电子信息领域进行处理，从而形成了一门交叉学科——信息物理学。

从物理世界感知的信息，通过网络传输到电子计算机中进行信息处理和数据计算，所产生的控制指令又反作用于物理世界。国外学者把这种系统称为信息物理系统（Cyber-Physical Systems，CPS）。

物理学是一门自然科学，其研究对象是物质、能量、空间和时间，揭示它们各自的性质与彼此之间的相互关系，是关于大自然规律的一门学科。

由物理学衍生出的电子科学与技术学科，其研究对象是电子、光子与量子的运动规律和属性，研究各种电子材料、元器件、集成电路，以及集成电子系统和光电子系统的设计与制造。

由物理学衍生出的计算机、通信工程和网络工程等学科，除了专业基础课外，其物理学中的电磁场理论、半导体物理、量子力学和量子光学仍然是核心课程。

物联网工程学科的设立，要从物理学中发掘其理论基础和技术源泉。构建物联网工程学科的知识体系，是高等教育工作者和物联网工程学科建设工作者的重要使命。

物联网的重要组成部分是信息感知。丰富的半导体物理效应是研制信息感知元件和传感芯片的重要载体。物联网工程中信息感知的理论基础之一是半导体物理学。

物理学的运动学和力学是运动物体（车辆、飞行器和工程机械等）控制技术的基础，而自动控制理论是该技术的核心。

物理学是科学发展的基础、技术进步的源泉、人类智慧的结晶、社会文明的瑰宝。物理学思想与方法对整个自然科学的发展都有着重要的贡献。而信息物理学对于物联网工程的指导意义也是清晰明确的。

对于构建物联网知识体系和理论架构，我们要思考学科内涵、核心概念、科学符号和描述模型，以及物联网的数学基础。我们把半导体物理和微电子学的相关理论作为物联网感知层的理论基础；把信息论和网络通信理论作为物联网传输层的参考坐标；把数理统计和数学归纳法作为物联网大数据处理的数学依据；把现代控制理论作为智能硬件研发的理论指导。只有归纳和提炼出物联网学科的学科内涵、数理结构和知识体系，才能达到“厚基础，重实践，求创新”的人才培养目标。

丛书介绍

《国务院关于印发新一代人工智能发展规划的通知》（国发〔2017〕35 号）（以下简称《规划》）指出，新一代人工智能相关学科发展、理论建模、技术创新、软硬件升级等整体推进，正在引发链式突破，推动经济社会各领域从数字化、网络化向智能化加速跃升。《规划》中提到，要构建安全高效的智能化基础设施体系，大力推动智能化信息基础设施建设，提升传统基础设施的智能化水平，形成适应智能经济、智能社会和国防建设需要的基础设施体系。加快推动以信息传输为核心的数字化、网络化信息基础设施，向集感知、传输、存储、计算、处理于一体的智能化信息基础设施转变。优化升级网络基础设施，研发布局第五代移动通信（5G）系统，完善物联网基础设施，加快天地一体化信息网络建设，提高低时延、高通量的传输能力……由此可见，物联网的发展与建设将是未来几年乃至十几年的一个重点方向，需要我们高度重视。

在理工类高校普遍开设物联网专业的情况下，国内教育界的学者和出版界的专家，以及社会上的有识之士呼吁开展下列工作：

梳理物联网工程的体系结构；归纳物联网工程的一般规律；构建物联网工程的数理基础；总结物联网信息感知和信息传输的特有规律；研究物联网电路低功耗和高可靠性的需求；制定具有信源多、信息量小、持续重复而不间断特点的区别于互联网的物联网协议；研发针对万物互联的物联网操作系统；搭建小型分布式私有云服务平台。这些都是物联网工程的奠基性工作。

基于此，我们组织了一批工作于科研前沿的物联网产品研发工程师和高校教师作为创作团队，编写了这套“物联网工程实战丛书”。从书先推出以下6卷：

《物联网之源：信息物理与信息感知基础》

《物联网之芯：传感器件与通信芯片设计》

《物联网之魂：物联网协议与物联网操作系统》

《物联网之云：云平台搭建与大数据处理》

《物联网之智：智能硬件开发与智慧城市建设》

《物联网之雾：基于雾计算的智能硬件快速反应与安全控制》

从书创作团队精心地梳理出了他们对物联网的理解，归纳出了物联网的特有规律，总结出了智能硬件研发的流程，贡献出了云服务平台构建的成果。工作在研发一线的资深工程师和物联网研究领域的青年才俊们贡献了他们丰富的**项目研发经验、工程实践心得和项目管理流程**，为“百花齐放，百家争鸣”的物联网世界增加了一抹靓丽景色。

从书全面、系统地阐述了物联网理论基础、电路设计、专用芯片设计、物联网协议、物联网操作系统、云服务平台构建、大数据处理、智能硬件快速反应与安全控制、智能硬件设计、物联网工程实践和智慧城市建设等内容，勾勒出了物联网工程的学科结构及其专业必修课的范畴，并为物联网在工程领域中的应用指明了方向。

从书从硬件电路、芯片设计、软件开发、协议转换，到智能硬件研发（小项目）和智慧城市建设（大工程），都用了很多篇幅进行阐述；系统地介绍了各种开发工具、设计语言、研发平台和工程案例等内容；充分体现了工程专业“理论扎实，操作见长”的学科特色。

从书理论体系完整、结构严谨，可以提高读者的学术素养和创新能力。通过系统的理论学习和技术实践，让读者学有所成：在信息感知研究方向，因为具备丰富的敏感元件理论基础，所以会不断地发现新的敏感效应和敏感材料；在信息传输研究方向，因为具备通信理论的涵养，所以会不断地制定出新的传输协议和编码方法；在信息处理研究领域，因为具有数理统计方法学的指导，所以会从特殊事件中发现事物的必然规律，从而从大量无序的事件中归纳出一般规律。

本丛书可以为政府相关部门的管理者在决策物联网的相关项目时提供参考和依据，也可以作为物联网企业中相关工程技术人员的培训教材，还可以作为相关物联网项目的参考资料和研发指南。另外，对于高等院校的物联网工程、电子工程、电气工程、通信工程和自动化等专业的研究生和高年级本科生教学，本丛书更是一套不可多得的教学参考用书。

相信这套丛书的“基础理论部分”对物联网专业的建设和物联网学科理论的构建能起到奠基作用，对相关领域和高校的物联网教学提供帮助；其“工程实践部分”对物联网工程的建设和智能硬件等产品的设计与开发起到引领作用。

丛书创作团队

本丛书创作团队的所有成员都来自一线的研发工程师和高校教学与研发人员。他们都曾经在各自的工作岗位上做出了出色的业绩。下面对丛书的主要创作成员做一个简单的介绍。

曾凡太，山东大学信息科学与工程学院高级工程师。已经出版“EDA 工程丛书”（共5卷，清华大学出版社出版）、《现代电子设计教程》（高等教育出版社出版）、《PCI 总线与多媒体计算机》（电子工业出版社出版）等，发表论文数十篇，申请发明专利4项。

边栋，毕业于大连理工大学，获硕士学位。曾执教于山东大学微电子学院，指导过本科生参加全国电子设计大赛，屡创佳绩。在物联网设计、FPGA 设计和 IC 设计实验教学方面颇有建树。目前在山东大学微电子学院攻读博士学位，研究方向为电路与系统。

曾鸣，毕业于山东大学信息学院，获硕士学位。资深网络软件开发工程师，精通多种网络编程语言。曾就职于山东大学微电子学院，从事教学科研管理工作。目前在山东大学微电子学院攻读博士学位，研究方向为电路与系统。

孙昊，毕业于山东大学控制工程学院，获工学硕士学位。网络设备资深研发工程师。曾就职于华为技术公司，负责操作系统软件的架构设计，并担任C语言和Lua语言讲师。申请多项ISSU技术专利。现就职于浪潮电子信息产业股份有限公司，负责软件架构设计工作。

王见，毕业于山东大学。物联网项目经理、资深研发工程师。曾就职于华为技术公司，有9年的底层软件开发经验和系统架构经验，并在项目经理岗位上积累了丰富的团队建设经验。现就职于浪潮电子信息产业股份有限公司。

张士辉，毕业于青岛科技大学。资深 App 软件研发工程师，在项目开发方面成绩斐然。曾经负责过复杂的音视频解码项目，并在互联网万兆交换机开发项目中负责过核心模块的开发。

赵帅，毕业于沈阳航空航天大学。资深网络设备研发工程师，从事 Android 平板电脑系统嵌入式驱动层和应用层的开发工作。曾经在语音网关研发中改进了 DSP 中的语音编解码及回声抵消算法。现就职于浪潮电子信息产业股份有限公司。

李同滨，毕业于电子科技大学自动化工程学院，获工学硕士学位。嵌入式研发工程师，主要从事嵌入式硬件电路的研发，主导并完成了多个嵌入式控制项目。

徐胜朋，毕业于山东工业大学电力系统及其自动化专业。电力通信资深专家、高级工程师。现就职于国网山东省电力公司淄博供电公司，从事信息通信管理工作。曾经在中文核心期刊发表了多篇论文。荣获国家优秀质量管理成果奖和技术创新奖。申请发明专利和实用新型专利授权多项。

刘美丽，毕业于中国石油大学（北京），获工学硕士学位，现为山东农业工程学院副教授、高级技师，从事自动控制和农业物联网领域的研究。已出版《MATLAB 语言与应用》（国防工业出版社）和《单片机原理及应用》（西北工业大学出版社）两部著作。发表国家级科技核心论文 4 篇，并主持山东省高校科研计划项目 1 项。

杜秀芳，毕业于山东大学控制科学与工程学院，获工学硕士学位。曾就职于群硕软件开发（北京）有限公司，任高级软件工程师，从事资源配置、软件测试和 QA 等工作。现为山东劳动职业技术学院机械工程系教师。

王洋，毕业于辽宁工程技术大学，获硕士学位。现就职于浪潮集团，任软件工程师。曾经发表多篇智能控制和设备驱动方面的论文。

陶翠霞，毕业于山东师范大学，获工学硕士学位。现为山东劳动职业技术学院副教授，从事计算机、物联网和智能控制等领域的教学与科研工作。主持省级教科研项目 5 项，出版教材 7 部，发表论文 8 篇，获省级教科研成果一等奖 1 项、二等奖 3 项。

本丛书涉及面广，内容繁杂，既要兼顾理论基础，还要突出工程实践，这对于整个创作团队来说是一个严峻的挑战。令人欣慰的是，创作团队的所有成员都在做好本职工作的同时坚持写作，付出了辛勤的劳动。最终天道酬勤，成就了这套丛书的出版。在此，祝福他们事业有成！

丛书服务与支持

本丛书开通了服务网站 www.iotengineer.cn，读者可以通过访问服务网站，与作者共同交流书中的相关问题，探讨物联网工程的有关话题。另外，读者还可以发送电子邮件到 hzbook2017@163.com，以获得帮助。

曾凡太

于山东大学

序言一

伴随着互联网的快速发展，人们很自然地将用户端延伸和扩展到任何物与物间的互联，物联网因此而浮出了水面。物联网被认为是信息产业的又一次浪潮。

单纯的物联网还不足以带来体验的大变革，只有结合了方便的应用才能发挥出更大的作用，所以云计算应运而生。云计算的出现，犹如给物联网的发展插上了翅膀，使物联网拥有了更好的应用体验。所以大家普遍的一种看法是，云计算是物联网发展的基石，物联网和云计算的融合发展将会深刻地改变我们的未来。

首先，云计算技术能够轻而易举地把计算能力送到众人手中。面对物联网的海量数据，云计算的强大计算能力势必要被应用在物联网上。于是，基于并行分布式计算的云计算能力逐渐被应用在需要数据挖掘和数据分析的物联网领域。渐渐地，人们认识到，云计算可以成为物联网应用的计算机大脑。

其次，物联网应用“烟囱”式发展的局面，造成了应用间数据共享能力的不足，同一用户数据无法在多个应用间实现漫游，造成了行业和部门间的沟壑。想要打破这一局面，云计算起码在目前来看是一种很好的解决方案。越来越多的物联网服务运营商意识到，基于云计算技术构建统一的业务管理平台，来管理和运营不同的物联网应用，既可以解决上述问题，又可以使得应用开发更加统一和简单。因此，云计算已经逐渐成为了物联网应用的管理和运营平台。

本书是“物联网工程实战丛书”的第 4 卷——《物联网之云：云平台搭建与大数据处理》。本书主要讲解云计算平台的搭建和大数据处理的相关知识及实践应用。

对于云计算技术的讲解，我们从数学基础讲起，进而通过云计算的发展历史，很自然地引出云计算的概念、原理和常见的服务模式；通过 PaaS 模式引出当前常见的云平台搭建实战案例；基于云平台提供的多种应用，给出了针对大数据在分布式云计算中的一些常见处理方法。随着信息安全越来越被提及和重视，物联网的信息安全也成为其发展过程中一个很重要的关注点。面对日新月异的信息技术，雾技术和未来云计算的发展趋势也成为了非常重要的考量点。本书主要基于以上技术方向进行深入浅出的讲解，更加易于读者掌握。我们相信“授之以鱼，不如授之以渔”。

在本书的编写过程中，得到了很多朋友的支持和帮助，在此深表感谢和敬意！特别感谢和我一起从事本书编写工作的各位作者所付出的辛勤劳动。

王见
于山东济南

序言二

云雾之间

物联网上“雾起云涌”

各位读者好，经过几个月的奋力编写，“物联网工程实战丛书”的第 4 卷——《物联网之云：云平台搭建与大数据处理》终于要和大家见面了。本书的主题是云平台搭建和大数据处理。有感于这个主题，便有了下面的这段小文：

远在天边的云，美不胜收！

那是 IT 巨头的盛装表演，是王者的饕餮盛宴。

私有云巅峰已过，混合云正在崛起，公有云大战正酣。

公有云服务提供商实力与谋略火花四溅。

开源云软件之间“争风吃醋”与拥抱并存。

没有想象中的大众狂欢，只有整个 IT 业的呜咽。

除了公有云三巨头，其他的云计算公司和 IT 企业却并没想象中的光鲜。

中小企业、IT 创客、传统 IT 企业，都只是云的用户。

它们没有能力和 IT 巨头竞争，肉不容易吃到，只能啃点骨头，喝点肉汤，但还得天天做贡献。

那就用这本书来安慰一下 IT 创客们受伤的心灵，拯救那些还挣扎于“水深火热”中的传统 IT 企业吧！何谓云？哪是雾？物联网上为什么“雾起云涌”？且看笔者慢慢分解。

云计算模式

云计算是一种商业模式，是一种服务模式，是一种计算服务模式，更是一种远程计算服务模式。云计算的关键词：虚拟化、数据中心、面向服务和按需付费。

云计算是一种商业计算模型，它将计算任务分布在大量计算机构成的资源池上，使用户能够按需获取计算能力、存储空间和信息服务。用户可以动态申请部分资源，支持各种应用程序的运转，而无须再为烦琐的细节烦恼，让用户能够更加专注于自己的业务，从而有利于提高效率，降低成本，提升技术创新能力。

这可是一种革命性的举措。打个比方，这就好比是从古老的单台发电机模式转向了电厂集中供电模式。它意味着计算能力也可以作为一种商品进行流通，就像煤气、水和电一样，取用方便，而且费用低廉。和普通流通品最大的不同在于，云平台上资源的流通是通过互联网进行传输的。

云计算的核心理念是资源池，它将计算和存储资源虚拟成一个可以任意组合和分配的集合。池的规模可以动态扩展，分配给用户的处理能力可以动态回收重用。这种模式能够大大提高资源的利用率，也能大大提升平台的服务质量。

这种资源池称为“云”。云是一些可以自我维护和管理的虚拟计算资源。通常它是一些大型服务器集群，包括计算服务器、存储服务器和宽带资源等。这些计算资源只有大型企业具备优势。

1. 云计算服务的三种类型

- 软件即服务（SaaS）：提供服务运营商运行在云计算基础设施上的应用程序，如浏览器。
- 平台即服务（PaaS）：提供基于云计算的应用解决方案，比如虚拟服务器和操作系统。
- 基础设施即服务（IaaS）：提供服务器、存储器、网络服务和租赁服务。

2. 云计算的特点

- 超大规模：Google 拥有 100 多万台服务器，Amazon、IBM、微软和 Yahoo 等公司的云均拥有几十万台服务器。
- 虚拟化：云计算支持用户在任意位置使用各种终端获取服务。所请求的资源来自于云，而不是固定的有形实体。用户只需要一台笔记本电脑或一个 PDA，就可以获取各种服务。
- 高可靠性：云使用了数据多副本容错及计算节点同构可互换等措施来保障服务的高可靠性，这使得用云计算比使用本地计算机更加可靠。
- 通用性：云计算不针对特定的应用，在云的支撑下可以构造出千变万化的应用，同一片云可以同时支撑不同的应用运行。
- 高可伸缩性：云的规模可以动态伸缩，满足应用和用户规模增长的需要。
- 按需服务：云是一个庞大的资源池，用户按需购买，像自来水、电和煤气那样计费。
- 极其廉价：采用极其廉价的节点来构成云；云的自动化管理使数据中心管理成本大幅降低；云的公用性和通用性使资源的利用率大幅提升。

3. 云计算的市场覆盖与垄断

云计算已经成为 IT 领域的标配模式。它易操作，存储量惊人，对用户来说几乎无处不在。它不仅成就了世界上最大的公司，同时也给小公司提供支持。

云改变了服务供给双方的经济模式，同时也带来了更多新的机遇。

移动互联网本身大量依托于云技术。云已经成为移动平台的有力推动者。在移动时代，本质上真的打开了一扇通往云的门，因为大部分移动端的处理，都发生在云上。

云服务提供各种应用和服务，把信息的存储也从 PC 端转移到云端，而使用者可以是任何人。人们不再需要保存或者维护什么资料，只需要确保计算机联网即可。同时，人们只需要为服务付费即可，而不再需要雇佣 IT 员工、购买基础设施、保持硬件（服务器）更新等。对于大多数人而言，SaaS 和移动数据分享 App 便是经常接触到的公有云。

毫无疑问，第一家开发公有云的公司尝到了规模经济的甜头。亚马逊为自己的业务需求建立了大规模的数据中心来管理交易和库存。它们创建了各种各样的工具来管理庞大的网络请求、存储需求和计算需求。谷歌同样需要管理庞大的搜索数据，它的系统架构足以管理数十亿请求。

正是因为像谷歌和亚马逊这样的巨头在前，新的云服务商很难再取得较大成功。

物联网概念

全世界物品连接起来，实现信息采集、信息传输、设备智能控制，从而构建智慧校园、智慧医院和智慧城市。

物品联网，必须具有信息感知、信息处理、信息传输的功能，这样的物品，我们称之为智能硬件。利用智能硬件建设的信息化校园，称为智慧校园。智能汽车、智能公路、智能交通调度组成了智慧交通系统。物联网正在改变着人们的生活方式，但所有这些额外的便利与效率都是有代价的。

物联网可以收集到前所未有的范围内的大量数据，进而会对网络结构和存储空间产生巨大的压力，所以云计算不可避免地遇到了如下几大难题。

- 网络拥塞：如果大量的物联网和人工智能应用部署在云中，将会有海量的原始数据不间断地涌入核心网络，造成核心网络拥塞。
- 高延迟：终端设备与云数据中心的较远距离将导致较高的网络延迟，而对实时性要求高的应用则难以满足需求。
- 可靠性无法保证：对可靠性和安全性要求较高的应用，由于从终端到云平台的距离远，通信通路长，因而风险大，云中备份的成本也高。
- 安全性：数据中心因为拥有客户的数据，因此黑客和其他恶意使用者都对之虎视眈眈。例如，2013 年斯诺登“棱镜门”事件爆发后，人们对云端数据的信任度明显下降。

雾计算方法

雾计算方法也被称为边缘计算。它为计算设备提供了收集并管理数据的方法。雾计算不是在云端或遥远的数据中心进行，而是在较近的地区。在这种模式下，传感器及其他连接性设备将数据发送至一个附近的边缘计算设备上，可能会是一个微型服务器、交换机、路由器这样的网间连接装置来处理并分析数据，不必再远程传送到云端。

预测到 2020 年，将有 58 亿个物联网设备使用雾计算。许多物联网设备并不具有强大的计算能力，所以比起云计算来说，雾计算能提供给物联网设备更好的计算服务。**云计算在广域范围提供计算服务，雾计算在局部范围为物（联网设备）提供计算服务。**诚然，它们的边界并没有这么分明。

雾计算的主要特点有如下几点。

- 极低时延：这对于物联网十分重要，网上游戏、视频传输和增强现实等都需要极低的时延。
- 辽阔的地理分布：这正好与集中在某个地点的云计算（数据中心）形成强烈的对比。
- 传感器网络：雾计算需要具备有大量网络节点的大规模传感器网络，用来监控环境。
- 支持高移动性：对于雾计算来说，**手机和其他移动设备相互之间可以直接通信**，信号不必到云端甚至基站去绕一圈，因此可以支持很高的移动性。

物联网上腾云驾雾

物联网、云计算和雾计算将会改变人们的数据采集、数据存储和数据传输的方法。物联网也将会更深远地影响人们日常生活中的其他领域。

云的核心就是安装了大量服务器和存储器的“数据中心”。全球数据中心的用电功率相当于 30 个核电站的供电功率，其中 90%的耗电量都被浪费。目前用大量电能来维持的数据中心，暂时还能给广大用户提供云服务。但是当物联网数据呈指数级增长后，云中心可能会无法再维持下去。

随着物联网的到来，工业设备和家用电器都会装配大量的传感器，包括嵌入在可穿戴设备和其他设备中的大量传感器都会联网，从而产生极其庞大的数据。大量数据的发送和接收，可能会造成数据中心和终端之间的拥塞，从而导致传输速率大大降低，甚至造成很大的时延。

解决之道就是雾计算。雾计算在各行各业的垂直细分市场所带来的便捷令人欢欣鼓舞。地铁进站时使用手机直接刷卡进站，而不再上云。手机与闸机直接对话，2 秒完成，通过率大大提高。

云计算和雾计算为人们完成日常任务提供了极大的便利，效率大大提升，两者之间也相得益彰。物联网收集了大量数据，雾计算提供了实时处理和实时控制；云计算为这些数据提供了分析和存储，并提供了智慧判断和决策。

数以万亿计的物联网设备需要联网，雾计算服务器、路由器、交换机需要大量的工程师去开发和维护。这不是某个 IT 巨头所能垄断的，而是物联网给 IT 创客和中小企业提供的新机会和新舞台。

物联网上，“雾”起“云”涌。各路 IT 高手同台竞技，腾“云”驾“雾”会有时，柳暗花明又一村。

仅以此文致敬那些辛勤工作在“云雾”之中的工程师们！

曾凡太

于山东大学

目录

第 1 章　云计算数学基础

物联网常常面临大量或者海量的数据，对于这种数据进行分析不管是用采样的方法，还是用大数据的方法，都是对宏观海量数据的分析。本章将介绍物联网数据分析中会用到的概率和数理统计的基础知识，以及分布式计算、网格计算和云计算的一些概念。

1.1　概率论

概率论是一门研究随机现象的数学规律的学科。在大数据分析中，概率统计是不可或缺的数学基础之一，是云计算从业者必须掌握的数学知识。

1.1.1　概率论的发展简史

概率论起源于 17 世纪中叶，当时激发数学家们首先思考概率论的是来自赌博者的问题。

1653 年的夏天，法国著名的数学家、物理学家帕斯卡（Blaise Pascal，1623——1662）前往浦埃托镇度假，旅途中，他遇到了“赌坛老手”梅累。为了消除旅途的寂寞，梅累向帕斯卡提出了一个十分有趣的“分赌注”问题。问题是这样的：一次，梅累与其赌友赌掷骰子，每人押了 32 枚金币，并事先约定如果梅累先掷出三次 6 点，或其赌友先掷出三次 4 点，便算赢家。遗憾的是，这场赌注不算小的赌博并未能顺利结束。当梅累掷出两次 6 点，其赌友掷出一次 4 点时，梅累接到通知，要他马上陪同国王接见外宾。君命难违，但就此收回各自的赌注又不甘心，因此他们只好按照已有的成绩分取这 64 枚金币。但如何分取却又把他难住了。所以，当他碰到大名鼎鼎的帕斯卡时，就迫不及待地向他请教了。然而，梅累看似简单的问题，却真正难住了帕斯卡。

约 1654 年期间，帕斯卡与费马在一系列通信中讨论了类似的“合理分配赌金”的问题。该问题可以简化为：

甲、乙两人同掷一枚硬币，规定正面朝上，甲得 1 点；若反面朝上，乙得 1 点，先积满 3 点者赢取全部赌注。假定在甲得 2 点、乙得 1 点时，赌局由于某种原因中止了，问应该怎样分配赌注才算公平合理？

帕斯卡：若再掷一次，甲胜，甲获全部赌注；乙胜，甲、乙平分赌注。两种情况可能性相同，所以这两种情况平均一下后，甲应得赌金的3/4，乙得赌金的1/4。

费马：结束赌局至多还要2局，结果为如下4种可能情况：

情况	1	2	3	4
赌局	甲甲	甲乙	乙甲	乙乙

前 3 种情况，甲获全部赌注；仅第 4 种情况，乙获全部赌注。所以甲分得总赌注的3/4，乙得总赌注的1/4。

帕斯卡与费马各自用不同的方法解决了这个问题。虽然他们在解答中没有明确定义概念，但是他们定义了使该赌徒取胜的几率，也就是赢得情况数与所有可能情况数的比例，这实际上就是概率。所以概率的发展被认为是从帕斯卡与费马开始的。在人们对概率问题早期的研究中，逐步建立了事件、概率和随机变量等重要概念以及它们的基本性质。

1.1.2　随机事件

在科学研究和工程实践中，在相同条件下经常会重复进行很多次试验，因此常遇到这样的情形：尽管试验条件是相同的，但是每次的试验结果却不一定相同。

例1　一个口袋中含有编号分别为1，2，…，n的n个球，从这袋球中任取一球，观察后立即将球放回袋中。多次做这样的试验，各次取得的球的号数不一定相同，每次取得的号数是1，2，…，n中的一个数。

随机试验就是指这样的试验，它可以在相同条件下重复试验，试验的所有可能发生的结果是已知的，但是每次试验结果到底是其中的哪一个预先是不能确定的。

在随机试验中，可能出现、也可能不出现的事件叫做随机事件。例如，在例1中，“取得的球的号数小于3”这事件是随机事件。随机事件是随机试验的结果，通常简称为事件。

- 【必然事件】每次试验中一定会出现的事件，记作Ω；
- 【不可能事件】每次试验中一定不会出现的事件，记作Φ；

随机试验的共同特点为：

- 在相同的条件下可重复进行；
- 每次试验的结果可能不止一个，但事先已明确所有可能出现的结果；
- 试验之前不能确定哪个结果会出现。

概率论只关心在随机试验中可能会观察到的事件及每次具体的试验中出现的事件。因此，与每个随机试验相联系的一个事件的集合，即在试验中可以观察到的事件的全体。至于这个事件集应该具备什么性质，以后将会讨论。既然数学不只研究那些由孤立元素组成的集合，那么我们就有必要在上述事件集内定义事件之间的各种关系。

1. 事件关系

- 【包含关系】若事件A出现必然会导致事件B出现，则称“A是B的特例”或“A

包含于 B”，记作 $A \subset B$；

- 【等价（相等）关系】若事件 A、B 满足 $A \subset B$ 且 $B \subset A$，则称事件 A、B 等价或相等。

2. 事件间的运算

- 【和事件】事件 A 与事件 B 至少有一个出现，记作 $A \cup B$；
- 【积事件】事件 A 与事件 B 同时出现，记作 $A \cap B$ 或 AB；
- 【差事件】事件 A 出现而事件 B 不出现，记作 $A-B$，显然，$A-B=A\overline{B}$；
- 【逆事件】必然事件 U 与事件 A 的差事件，记作 $\overline{A}$，显然，$\overline{A}=U-A$。

例 2　向指定的目标射三枪。用 A_1、A_2、A_3 分别表示事件“第一枪击中目标”“第二枪击中目标”“第三枪击中目标”。试用 A_1、A_2、A_3 表达以下各事件：

（1）只击中第一枪　　　　（2）只击中一枪

（3）三枪都未击中　　　　（4）至少击中一枪

解（1）事件“只击中第一枪”就是第二枪没击中，第三枪也没击中。所以事件“只击中第一枪”可以表示成

$$A_1 \overline{A_2}\, \overline{A_3}$$

（2）事件“只击中一枪”不指定哪一枪击中，那么三个事件“只击中第一枪”“只击中第二枪”“只击中第三枪”中任意一个事件发生，都可以认为事件“只击中一枪”发生。同时，三个事件“只击中第一枪”“只击中第二枪”“只击中第三枪”两两互斥，所以事件“只击中一枪”可以表示成

$$A_1 \overline{A_2}\, \overline{A_3} + \overline{A_1} A_2 \overline{A_3} + \overline{A_1}\, \overline{A_2} A_3$$

（3）事件“三枪都未击中”就是第一、第二、第三枪都未击中，所以事件“三枪都未击中”可以表示成

$$\overline{A_1}\, \overline{A_2}\, \overline{A_3}$$

（4）事件“至少击中一枪”就是第一、第二、第三枪中至少有一次击中，所以事件“至少击中一枪”可以表示成

$$A_1 \cup A_2 \cup A_3$$

也可以表示成

$$A_1 \overline{A_2}\, \overline{A_3} + \overline{A_1} A_2 \overline{A_3} + \overline{A_1}\, \overline{A_2} A_3 + A_1 A_2 \overline{A_3} + A_1 \overline{A_2} A_3 + A_1 A_2 A_3$$

1.1.3　随机事件的概率

我们观察一个随机试验的诸事件，总发现“有些事件出现的可能性大些，有些事件出现的可能性小些”，这是由于事件出现的“可能性大小”是客观存在的，而这些“可能性大小”自然也可用数值来度量。这个描述事件发生可能性大小的数值，至少应该满足以下两个要求。

- 具有一定的客观性，不能随意改变，而且理论上应可通过在“相同条件下”大量的

重复试验加以识别和检验；

- 必须符合一般常理，如事件发生可能性大（小）的，这个值就应该大（小）些，必然事件的值最大为 1，不可能事件的值最小为 0。

【概率的一般定义】描述随机事件发生可能性大小的数值（数量指标），又称或然率或几（机）率，它介于 0 与 1 之间。

如果一个随机试验的所有可能结果只有有限个，而且每个结果出现的可能性相等，则称这个随机试验是古典概型（也叫传统概率）。

设有古典概型 E，以 $\Omega=\{e_1,e_2,\cdots,e_n\}$ 表示它的样本空间；则对于任意的事件 A，若它恰好包含其中的 m 个样本点，则称事件 A（发生）的（古典）概率（即在古典概型背景下计算概率的古典方法）为 m/n，记作：$P(A)=m/n$，也即在古典概型下，由古典方法计算出的事件 A 的（古典）概率为

$$P(A)=\frac{\text{事件}A\text{所包含的样本点数}}{\text{样本空间所包含的样本点数}} \tag{1.1}$$

古典概型有如下性质：

【非负性】设 A 是古典概型中任一事件，则 $0\leqslant P(A)\leqslant 1$；

【规范性（又称规一性或正则性）】对必然事件 Ω，$P(\Omega)=1$。

例 3 从一批由 90 件正品、3 件次品组成的产品中，任取一件产品，求取得正品的概率。

解 把 90 件正品依次编号 $1^{\#}$，$2^{\#}$，…，$90^{\#}$，把 3 件次品依次编号 $91^{\#}$，$92^{\#}$，$93^{\#}$。那么，以 i 表示"取得编号为 i 的一件产品"（i=1，2，…，93），所有可能的试验结果的全体 U={1，2，…，93}。由于抽取是任意的，所以两两互斥的诸基本事件{i}（i=1，2，…，93）出现的可能性相等。取得正品就是事件 A={1，2，…，90}出现，所以取得正品的概率为

$$P(A)=\frac{90}{93}=\frac{30}{31}$$

在概率论的发展早期人们就已注意到，只考虑随机现象的可能结果只有有限个是不够的，还需考虑无穷个的情形。事实上，当试验的可能结果无穷多时，当然不能简单地通过样本点的计数来计算概率，举例说明如下。

【引例】在区间(0，1)内任取两个数，求事件 A={两数之和小于 6/5}和 B={两数之积不小于 3/16}的概率。归纳这类例子的共同特点，即可以通过空间集合的几何度量（如长度、面积、体积等）来计算概率。

【几何概型】设试验 E 的样本空间为某可度量的几何区域 Ω，且 Ω 中任一子区域（事件）出现的可能性大小与该区域的几何度量成正比，而与该区域的位置和形状无关，则称试验 E 为几何概型。若 A 是 Ω 中一区域，且 A 可度量，则定义事件 A 的概率为

$$P(A)=\frac{A\text{的几何度量}}{\Omega\text{的几何度量}} \tag{1.2}$$

其中若 Ω 是一维、二维或三维的，那么 Ω 的几何度量分别是长度、面积或体积，称这样

定义的概率为几何概率（即计算概率的几何方法）。计算概率的几何方法和古典方法类似，也是由一个比值来描述，只是前者是后者的推广。

求解几何概型归纳起来一般有以下关联的 4 个步骤：

（1）明确问题的实质，即是否为几何概型。

（2）明确**等可能性**的几何元素，任何一个几何概型其样本点都可归纳为具有某种**等可能性**的几何元素。

（3）用几何区域（如区间、平面区域和空间区域等）来表示样本点数的总和。

（4）利用初等几何或微积分知识，求出样本空间 Ω 的几何区域的几何度量 $\mu(\Omega)$和随机事件 A 的几何区域的几何度量 $\mu(A)$，最终由几何方法得到

$$P(A)=\frac{\mu(A)}{\mu(\Omega)} \tag{1.3}$$

例 4　甲、乙两人相约晚上 6 点到 7 点之间在预定地点会面，并约定甲若早到应等乙半小时，乙若早到则不等甲。若甲、乙两人均在晚上 6 点到 7 点之间到达见面地点，求甲、乙两人能会面的概率。

解　用 x、y 分别表示甲、乙两人到达的时刻，则试验包含的所有事件 $\Omega=\{(x, y)|0\leqslant x\leqslant 1,\ 0\leqslant y\leqslant 1\}$，所有事件可以用边长为 1 的一个正方形 $0\leqslant x\leqslant 1$，$0\leqslant y\leqslant 1$ 内的所有点表示出来，该正方形面积是 1。两人能会面的充分必要条件是 $A=\left\{(x,y)\mid 0\leqslant x\leqslant 1,\ 0\leqslant y\leqslant 1, x<y<x+\frac{1}{2}\right\}$，事件 A 对应的集合即图 1.1 中的阴影部分。阴影部分的面积是 $1-\left(\frac{1}{2}\times\frac{1}{2}\times\frac{1}{2}+\frac{1}{2}\times 1\times 1\right)=\frac{3}{8}$，所以甲、乙两人能会面的概率为

$$P(A)=\frac{\text{阴影部分面积}}{\text{正方形面积}}=\frac{\frac{3}{8}}{1}=\frac{3}{8}$$

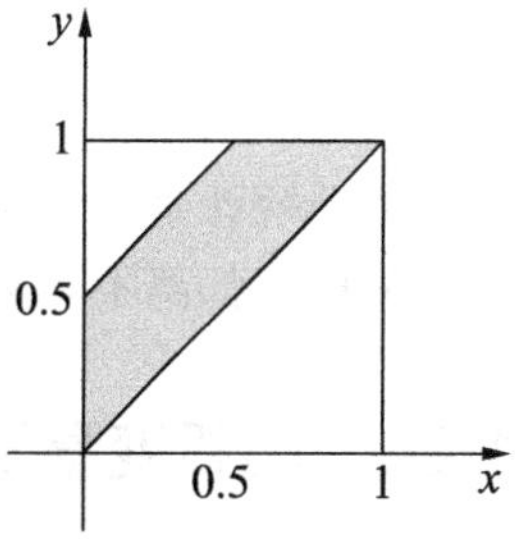

图 1.1　例 4 几何概型

概率的定义主要依据试验次数很多时，概率所呈现的稳定性，然而次数应该多到什么程度，却没有明确说明。因此，有必要提出一组关于随机事件概率的公理。

公理 1　对于任一随机事件 A，有 $0\leqslant P(A)\leqslant 1$。

公理 2　$P(U)=1$，$P(\varnothing)=0$。

公理 3　对于两两互斥的多个随机事件 A_1，A_2，…，有

$$P(A_1+A_2+\cdots)=P(A_1)+P(A_2)+\cdots$$

在上述三条公理的基础上，可以推导出许多关于概率的性质。

性质 1　设有限多个随机事件 A_1，A_2，…，A_n 两两互斥，那么

$$P(A_1+A_2+\cdots+A_n)=P(A_1)+P(A_2)+\cdots+P(A_n)$$

性质 2　设 A 为任一随机事件，那么

$$P(\overline{A})=1-P(A)$$

性质 3 设 $A\subset B$，那么

$$P(B-A)=P(B)-P(A)$$

性质 4 设 A、B 为任意两个随机事件，那么

$$P(A\cup B)=P(A)+P(B)-P(AB)$$

例 5 设事件 A、B 的概率分别为 $\frac{1}{3}$ 和 $\frac{1}{2}$。求下列 3 种情况下 $P(B\overline{A})$ 的值。

（1）A 与 B 互斥；

（2）$A\subset B$；

（3）$P(AB)\frac{1}{8}$。

解（1）由于 A 与 B 互斥，$B\subset \overline{A}$，所以 $B\overline{A}=B$。可得

$$P(B\overline{A})=P(B)=\frac{1}{2}$$

（2）当 $A\subset B$ 时

$$P(B\overline{A})=P(B-A)=P(B)-P(A)=\frac{1}{2}-\frac{1}{3}=\frac{1}{6}$$

（3）因为 $A\cup B=A+B\overline{A}$，而

$$P(A\cup B)=P(A)+P(B)-P(AB)$$
$$P(A+B\overline{A})=P(A)+P(BA)$$

可得

$$P(B\overline{A})=P(B)-P(AB)=\frac{1}{2}-\frac{1}{8}=\frac{3}{8}$$

1.2 数理统计基础

数理统计是大数据处理的基础手段，从交通运输的客流统计，到个人消费习惯、购物行为分析，都离不开数理统计方法。学习数理统计，是物联网工程师的必修课。

1.2.1 随机变量及其分布函数

随机事件（参考 1.1.2 节）是按试验结果而确定出现与否的事件，它是一种“定性”的概念。为进一步研究有关随机试验的问题，还需要引入一种“定量”的概念，即根据试验结果确定变量取什么值，称这种变量为随机变量。

例 6 设一口袋中有依次标有 1、2、2、2、3、3 数字的 6 个球，从这个口袋中任取

一个球，取得的球上标有的数字 ξ 是随着试验结果的不同而变化的。当试验结果确定后，ξ 的值也就相应地确定了。ξ 就是随机变量。

例 7　用步枪对准靶子上的一个靶心进行射击，考虑击中的点与靶心的距离 δ。为了表示这个随机试验各种可能出现的试验结果，可以在包含靶子的平面内取一个以这个靶心为原点的直角坐标系，这样，试验的结果可用击中点的坐标（x，y）来表示，所考虑的 δ 是根据试验结果而确定取什么值，具体为

$$\delta(x,\ y)=\sqrt{x^2+y^2}$$

随机变量根据其取值的特征可以分为离散型随机变量和连续型随机变量。

离散型随机变量试验结果的可能值可以一一列举出来，即随机变量 X 可取的值是间断、可数的。如例 6 中的 ξ。

连续型随机变量试验结果的可能值不能一一列举出来，即随机变量 X 可取的值是连续充满在一个区间内，如例 7 中的 δ。

随机变量是随机现象的数量化，可以用

$X=x$ 表示某事件；

P（$X=x$）表示该事件出现的概率；

$F(x)=P(X<x)$表示 $X<x$ 的概率，并定义为随机变量 X 的概率分布函数，用来描述随机变量的统计规律。

连续型随机变量 X 的分布函数的表达式为

$$F(x)=P(X<x)=\int_{-\infty}^{x} f(x)\mathrm{d}x \tag{1.4}$$

式中，$f(x)$称为随机变量 X 的概率密度函数（或简称为概率密度）。

正态分布是连续型随机变量最常见的一种分布。正态分布的概率密度函数 $f(x)$和概率分布函数 $F(x)$分别如下。

$$\text{概率密度函数：}\ f(x)=\frac{1}{\sigma\sqrt{2\pi}}e^{-\frac{(x-\mu)^2}{2\sigma^2}} \tag{1.5}$$

$$\text{概率分布函数：}\ F(x)=\frac{1}{\sigma\sqrt{2\pi}}\int_{-\infty}^{x} e^{-\frac{(x-\mu)^2}{2\sigma^2}}\mathrm{d}x \tag{1.6}$$

以 X 的取值 x 为横坐标，以概率密度函数 $f(x)$为纵坐标，正态分布示意图如图 1.2 所示。图 1.2 中的曲线即为概率密度函数 $f(x)$，积分区间内的曲线与横轴之间所包含的面积就是概率分布函数 $F(x)$，即随机变量 X 的概率。

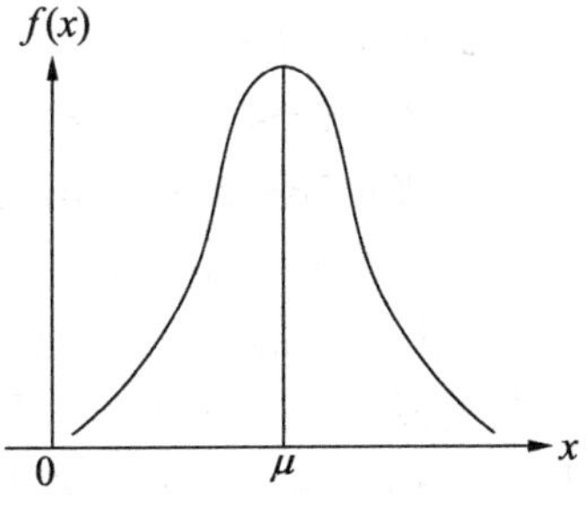

图 1.2　正态分布示意图

$f(x)$图像具有如下性质：

（1）μ 为随机变量 X 一系列取值的中位值（或称均值），$f(x)$对称于直线 $x=\mu$，且 $f(x)>0$，曲线位于横轴的上方，它向左、右两边无限延伸，并以横轴为渐近线。

（2）当 $x=\mu$ 时，$f(x)$取最大值

$$f(\mu)=\frac{1}{\sqrt{2\pi}\sigma}$$

x 离 μ 越远 $f(x)$越小，这表明对于同样长度的区间，当区间离 μ 越远，X 落在这个区间上的概率越小。

（3）参数 σ 为曲线拐点的横坐标，其大小决定了正态曲线的形状特点，σ 愈大曲线愈平缓，σ 愈小曲线愈高陡。

可以看出，正态分布主要取决于 μ 和 σ 两个参数，称 μ 为随机变量 X 的数学期望，σ^2 为随机变量 X 的方差。

当随机变量 X 服从正态分布时，常记作 $X \sim N(\mu, \sigma^2)$。

如果令随机变量 $t=(x-\mu)/\sigma$，通过变量转换，可由一般正态分布推算，可得随机变量 t 的概率密度函数 $\varphi(t)$及相应的概率分布函数 $\Phi(t)$为

$$\varphi(t)=\frac{1}{\sqrt{2\pi}}e^{-\frac{t^2}{2}} \tag{1.7}$$

$$\Phi(t)=\frac{1}{\sqrt{2\pi}\sigma}\int_{-\infty}^{t}e^{-\frac{t2}{2}}\mathrm{d}t \tag{1.8}$$

这种分布称为标准正态分布，是正态分布中 $\mu=0$，$\sigma^2=1$ 的特例。当随机变量服从标准正态分布时，常记作 $X \sim N(0, 1)$。

通常将 $t \sim \Phi(t)$制成数值表，称 t 为标准正态分布的分位数。如已知 t，即可从数值表中查得相应的 $\Phi(t)$；反之亦然。

标准正态分布与一般正态分布具有如下关系：

$$f(x)=\Phi(\frac{x-\mu}{\sigma}) \tag{1.9}$$

因此，对于任意正态分布 $N(\mu,\sigma^2)$，当已知 x，需求相应的 $F(x)$时，均可通过如下变换：

$$t=\frac{x-\mu}{\sigma} \tag{1.10}$$

算得对应于 x 的 t 值，再在标准正态分布函数数值表上查得相应的概率。

正态随机变量中有 3 个重要的概率值（如图 1.3 所示），它们分别是

- $P(\mu-\sigma < X \leqslant \mu+\sigma)=0.6826$；
- $P(\mu-2\sigma < X \leqslant \mu+2\sigma)=0.9544$；
- $P(\mu-3\sigma < X \leqslant \mu+3\sigma)=0.9973$。

注意第 3 个概率值，对于正态随机变量 X 来说，它落在 $\mu\pm3\sigma$ 内的概率约为 99.7%，落在 $\mu\pm3\sigma$ 外的概率约为 0.3%。可见，在具有正态分布特征的试验中，其数据落在 $\mu\pm3\sigma$ 以外的概率是很小的，可视为“小概率事件”。因此，试验中一旦出现 $\mu\pm3\sigma$ 外的数据，根据“3 σ 规则”，即可将其认为是“可疑数据”而予以剔除，或是工艺过程出现异常，应予以注意。

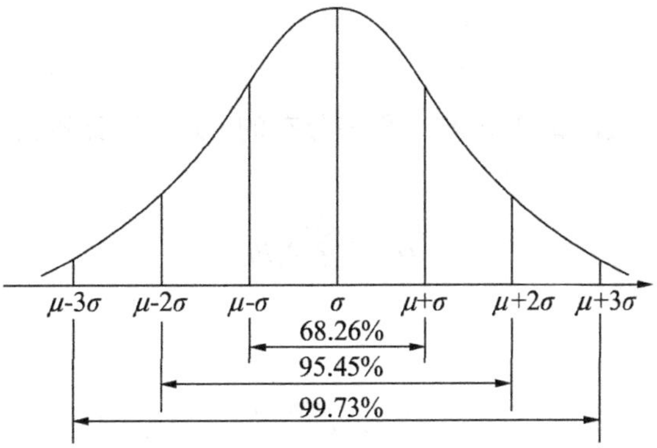

图 1.3　正态分布的 3 个重要概率值

例 8　已知一批强度等级为 C25 的混凝土，其抽样试件的抗压强度平均值为 30.0MPa，标准差为 5.0MPa，设该混凝土的抗压强度 R 服从 $N(30.0,5.0)$的正态分布，试计算抗压强度高于 25.0MPa 的概率（即求该混凝土的强度保证率）。

解　$P(R \geqslant 25.0)=1-P(R<25.0)$

$$=1-\Phi(t)$$

$$=1-\Phi\left(\frac{25.0-30.0}{5.0}\right)$$

$$=1-\Phi(-1.0)$$

$$=1-0.1587=0.8413$$

即该批混凝土的强度保证率为 84.13%。由此可见，对于标准差为 5.0MPa 的 C25 混凝土，即使其抗压强度平均值为 30.0MPa 时，仍不能达到相关规范所规定的 95%的强度保证率。

例 9　条件同例 8，其试件抗压强度平均值 m 为多少时，才能使该混凝土的强度保证率达到 95%？（强度保证率系数= −1.645）

解　由 $P(R \geqslant 25.0)=1-P(R<25.0)=0.95$

得
$$t=\frac{25.0-m}{5.0}=-1.645$$

$$m=25.0+1.645\times5.0=33.2\text{MPa}$$

上式中，t 被称为强度保证率系数，它对应于 95%的强度保证率。

1.2.2　随机变量的数字特征

由前文所述可知，利用分布函数或分布密度函数可以完全确定一个随机变量。但在实际问题中，求分布函数或分布密度函数不仅十分困难，而且没有必要。用一些数字来描述随机变量的主要特征，显得十分方便、直观、实用。描述随机变量某种特征的量，称为随机变量的数字特征。

1. 数学期望

数学期望又称为均值，记作 $E(X)$（正态分布的 μ），其计算公式为：
当 X 为离散型时

$$E(x)=\sum_{i=1}^{\infty} x_i p_i \tag{1.11}$$

当 X 为连续型时

$$E(x)=\int_{-\infty}^{\infty} xf(x)\,\mathrm{d}x \tag{1.12}$$

数学期望描述了随机变量的取值中心，但它不是简单的算术平均，而是以概率为权的加权平均。

数学期望有如下性质（式 1.13 中 c、k、b 均为常数）：

（1）$E(c)=c$

（2）$E(\mathrm{k}X)=\mathrm{k}E(X)$

（3）$E(X+b)=E(X)+b$

（4）$E(\mathrm{k}X+b)=\mathrm{k}E(X)+b$

（5）$E(X+Y)=E(X)+E(Y)$

（6）$E(XY)=E(X)E(Y)+\mathrm{Cov}(X,Y)$

称 $Cov(X,Y)$ 为协方差，当 X、Y 相互独立时，$Cov(X,Y)=0$，则有

$$E(XY)=E(X)E(Y) \tag{1.13}$$

2. 方差

方差记作 $D(X)$（正态分布的 σ^2）：

$$D(X)=E\{[X-E(X)]^2\}=E(X^2)-[E(X)]^2$$

方差描述了随机变量 X 取值对于数学期望 $E(X)$ 的离散程度。

1）方差的计算公式

当 X 为离散型时

$$\mathrm{D(X)}=\sum[x_i-E(X)]^2 p_i \tag{1.14}$$

当 X 为连续型时

$$\mathrm{D(X)}=\int_{-\infty}^{\infty}[x-E(X)]^2 f(x)\mathrm{d}x \tag{1.15}$$

2）方差的性质（下式中 a、b、c、k 为常数）

（1）$D(c)=0$

（2）$D(kX)=k^2 D(X)$

（3）$D(X+b)=\mathrm{D}(X)$

（4）$D(kX+b)= k^2 D(X)$

（5）$D(X+Y)= D(X)+ D(Y)- 2Cov(X,Y)$

当 X、Y 相互独立时，协方差 $Cov(X,Y)=0$，则有

$$D(X+Y)=D(X)+D(Y) \tag{1.16}$$

1.2.3　随机变量的基本定理

1．大数定理

1）切比雪夫（Chebyshev）定理

设 X_1，X_2，…，X_n 是独立同分布的随机变量列，且 $E(X_1)$、$D(X_1)$存在，则对于任何 ε ＞0，有

$$\lim_{n\to\infty} P\{|\overline{x}-E(X_1)|<\varepsilon\}=1 \tag{1.17}$$

在式 1.17 中：

$$\overline{x}=\frac{1}{n}\sum_{i=k}^{n} X_k$$

式 1.17 又称切比雪夫定理。大数定律的实际意义在于，只要 n 充分大，算术平均值 $\overline{x}$ 以很大的概率取值接近于数学期望，即当 n 充分大时，可以用算术平均值 $\overline{x}$ 代替真值 $E(X_1)$，以满足测量不确定度 ε 的要求。

2）伯努利定理

设在 n 次独立观测中，事件 A 出现的次数为 m，则当 n 足够大时，频率 m/n 依概率收敛于它的概率 p，即对任意的 ε ＞0，有

$$\lim_{n\to\infty} P\left\{\left|\frac{m}{n}-p\right|<\varepsilon\right\}=1 \tag{1.18}$$

伯努利定理的实际意义在于，在观测条件稳定时，如果 n 足够大，则可用频率代替概率，此时频率具有很高的稳定性。

2．中心极限定理

设 X_1，X_2，…，X_n 是独立同分布的随机变量列，且 $E(X_1)$、$D(X_1)$存在，$D(X_1)\neq 0$，则对一切实数 $a<b$，有

$$\lim_{n\to\infty} P\left\{a<\frac{\overline{x}-E(X_1)}{\sqrt{D(X_1)/n}}<b\right\}=\int_a^b \frac{1}{\sqrt{2\pi}} e^{-\frac{t^2}{2}\mathrm{d}t} \tag{1.19}$$

中心极限定理可解释为任何随机变量如果是许多同分布独立变量之和，每一个变量在总和上只有很小的影响，则不论这些独立变量具有何种类型的分布，该随机变量可以近似地认为是正态分布。随着随机独立变量的增加，它们的和就越接近正态分布；这些独立变

量的大小越接近，所需的独立变量就越少。

中心极限定理扩展了正态分布的适用范围。在扩展不确定度的评定中，将涉及如何用中心极限定理来判断被测量 Y 是否服从或接近正态分布。

1.3 分布式计算介绍

分布式计算是一门计算机科学，它研究如何把一个需要大量的计算能力才能解决的问题分成许多小的部分，然后把这些部分分配给许多台计算机进行处理，最后把这些计算结果综合起来得到最终结果。最近的分布式计算项目是利用世界各地千万名志愿者的计算机的闲置计算能力，通过因特网，可以分析来自外太空的电信号，寻找隐蔽的黑洞，并探索可能存在的外星智慧生命；可以寻找超过 1 000 万位数字的梅森质数；也可以寻找并发现对抗艾滋病病毒的更为有效的药物。这些项目都很庞大，需要惊人的计算量，仅仅由单个计算机在一个能让人接受的时间内完成计算是不可能的。分布式计算是利用互联网上的计算机的中央处理器的闲置处理能力，来解决大型计算问题的一种计算科学。

1.3.1 分布式计算概念

分布式计算是近年提出的一种新的计算方式。所谓分布式计算就是在两个或多个软件中互相共享信息，这些软件既可以在同一台计算机上运行，也可以在通过网络连接起来的多台计算机上运行。分布式计算相比其他算法具有以下几个优点：

- 稀有资源可以共享；
- 通过分布式计算可以在多台计算机上平衡计算负载；
- 可以把程序放在最适合它运行的计算机上。

其中，共享稀有资源和平衡负载是计算机分布式计算的核心思想之一。

1.3.2 分布式计算的发展历史

在早期，将一系列独立的计算机互连起来以便彼此能交换数据，是一种自然的发展过程。最初针对文件共享，采用电缆将计算机互连这一方式早在 20 世纪 60 年代就已经被使用。

在一个或多个计算机程序为完成同一任务自动运行时，这种方式需要人工参与，不能叫做计算机分布式应用。这样的计算机应用需要交换数据，在执行和完成应用中的任务时，两台计算机要采用软件或硬件方法自发交换数据。

第一份 Internet 标准草案 RFC，定义了参与主机如何通过消息实现彼此间的信息交换。虽然可能有许多人曾试图在小范围内创建网络应用，但最早的网络应用是电子邮件。第一封电子邮件消息是 1972 年在由 4 个节点组成的 ARPANET 上发送的。

允许数据文件在两台计算机间交换的自动文件传输机制是另一个自然发展，早在 1971 年就有了有关该机制的建议草案。在今天，电子邮件和文件传输仍然是两项最常用的网络服务。

流传最久的网络服务是 www.Web，最初由日内瓦瑞士研究院 CERN 的科学家作为网络上支持超文本访问的一类应用，构思于 20 世纪 80 年代。而 www 也由此逐渐成为网络应用和服务的平台，包括电子邮件、搜索引擎和电子商务。

www 是 Internet 得以迅速普及的原因。直到 1990 年，ARPANET 网络（即 Internet 的前身）在当时仍然主要供科学家、研究人员及学者使用。受到 www 的激发，ARPANET 网络在 20 世纪 90 年代开始迅速发展。

1.3.3　分布式计算结构

1. 多处理器体系结构

多处理器系统是最简单的分布系统，系统由多个进程组成，这些进程可能在不同的处理器上运行，进程的分布是预先分配好的或是在控制器控制之下。

2. 客户机/服务器体系结构

应用程序被建模成一组服务器，这些服务由服务器提供，并由客户使用这些服务。客户知道服务器的存在，但服务器不需要知道客户，客户和服务器是不同的进程。

3. 分层的应用体系结构

表示层：关注将信息表达给用户和同用户的交互。

应用处理层：关注实现应用逻辑。例如，在一个银行业系统中，打开账户和关闭账户动作等。

数据管理层：关注数据库管理（数据的操作）。

4. 分布式对象体系结构

分布式系统的客户和服务器的地位是相同的，分布式对象体系结构中无客户和服务器之分，其基本系统组件是对象，能给其他对象提供服务，而且接受来自其他对象的服务。对象通信是经过一个称为对象请求代理的中间件（软件总线）完成的，比客户和服务器系统设计要复杂得多。

1.3.4　主要分布式技术

1. 消息传递（Message Passing）

在分布式系统中，最初的通信机制是消息传递。进行通信的两个进程使用发送原语

（Send）和接收原语（Receive）进行消息的发送和接收。但是，通信原语的使用使分布式应用的开发成为一项繁杂的工作，开发出的程序既容易出错而又难于分析和调试。

2．远程过程调用（Remote Procedure Call，RPC）

远程过程调用（RPC）隐蔽了网络的具体细节，使得用户使用远程服务就像进行一个本地函数调用一样，但在通信过程中需要在远程与本地之间进行频繁的交互。

3．远程求值（Remote Evaluation，REV）

当要调用的过程在远程节点上并不存在时，远程求值允许网络中的节点向远程节点发送子程序和参数信息。远程节点启动该“子程序”，一些初始请求可由该子程序发出，中间结果也由该子程序处理，子程序只是将最后的处理结果返回到源节点。

4．客户机/服务器模式（Client/Server，C/S）

通信的实体双方有固定、预先定义好的角色：服务器提供服务，客户使用服务。RPC模式和 REV 模式都是客户机/服务器模式的一种。著名的 C/S 模式主要有 CORBA、(DCE)RPC 等。

5．代码点用（Code-on-demand）

针对 C/S 结构中资源过于集中的缺点，Code-on-demand 模式使用了代码移动技术，即在需要远程服务时，首先从远程获得能执行该服务的代码。典型的例子是 Java 中的 Applet（应用小程序）和 Servlet（服务小程序）。

6．移动代理（MobileAgent，MA）

MA 可以（在一定范围内）随意移动到能提供服务的目标主机上，可以连续、多次、自主地移动。典型地，Java 中的 Applet 和 Servlet 被统一成移动代理。

7．万维网服务（Web Service）技术

Web Service 是自包含、自描述、模块化的应用程序，可以发布、定位、通过 Web 调用。一旦部署以后，其他 Web Service 应用程序可以发现并调用它部署的服务。Web Service 可以使用标准的互联网协议，如超文本传输协议（HTTP）和 XML，将功能纲领性地体现在互联网和企业内部网站上。可将 Web 服务视作 Web 上的组件编程。

1.4　网格计算介绍

本节给出了网格计算的一般概念，阐述了网格计算协议的结构。

1.4.1　网格的产生

网格（Grid）这个词来自于电力网格（PowerGrid）。“网格”与“电力网格”类似。一方面，计算机网络纵横交错，很像电力网。另一方面，电力网格用高压线路把分散在各地的发电站连接在一起，向用户提供源源不断的电力。用户只需插上插头，打开开关就能用电，不需要关心电能是从哪个电站送来的，也不需要知道是水力电、火力电还是核能电。建设网格的目的也一样，其最终目的是希望它能够把分布在因特网上数以亿计的计算机、存储器、贵重设备、数据库等结合起来，形成一个虚拟的、空前强大的超级计算机网络，满足不断增长的计算、存储需求，并使信息世界成为一个有机的整体。

网格计算是分布式计算的一种，也是一种与集群计算非常相关的技术。如果我们说某项工作是分布式的，那么参与这项工作的一定不是一台计算机，而是一个计算机网络，显然这种“蚂蚁搬山”的方式将具有很强的数据处理能力。网格计算的实质就是组合与共享资源并确保系统安全。网格计算通过利用大量异构计算机的未用资源（CPU 周期和磁盘存储），将其作为嵌入在分布式电信基础设施中的一个虚拟的计算机集群，为解决大规模的计算问题提供一个模型。网格计算的优势是支持跨管理域计算的能力，这使它与传统的计算机集群或传统的分布式计算相区别。网格计算的目标是解决单一的超级计算机仍然难以解决的问题，并同时保持解决多个较小问题的灵活性。这样，网格计算就提供了一个多用户环境。

1.4.2　网格技术的特征

在介绍网格技术的特征之前，首先要解决一个重要的问题：网格是不是分布式系统？这个问题之所以必须回答，因为人们常常会问另一个相关的问题：为什么我们需要网格？现在已经有很多系统（如海关报关系统、飞机订票系统）实现了资源共享与协同工作，这些系统与网格有什么区别？

对这些问题的简要回答是：网格是一种分布式系统，但网格不同于传统的分布式系统。构建分布式系统有 3 种方法，即传统方法（也称为 EDS 方法）、分布自律系统（Autonomous Decentralized Systems，ADS）方法和网格方法。ADS 通常用于工业控制系统中。

网格具有以下 4 点优势：

- 资源共享，消除资源孤岛。网格能够提供资源共享，能消除信息孤岛，实现应用程序的互连、互通。网格与计算机网络不同，计算机网络实现的是一种硬件的连通，而网格能实现应用层面的连通。
- 协同工作。网格第二个特点是协同工作，很多网格节点可以共同处理一个项目。
- 通用开放标准，非集中控制，非平凡服务质量。这是 Ian Foster 最近提出的网格检验标准。网格是基于国际的开放技术标准，这与以前很多行业、部门或者公司推出的软件产品不一样。

- 动态功能，高度可扩展性。网格可以提供动态服务，能够适应各种变化。同时网格并非限制性的，它实现了高度的可扩展性。

1.4.3 网格协议体系结构

Ian Foster 于 2001 年提出了网格计算协议体系结构，认为网格建设的核心是标准化的协议与服务。该结构主要包括以下 5 个层次：

- 构造层（Fabric）：控制局部的资源。构造层由物理或逻辑实体组成，目的是为上层提供共享的资源。常用的物理资源包括计算资源、存储系统、目录、网络资源等。逻辑资源包括分布式文件系统、分布计算池、计算机群等。构造层组件的功能受高层需求影响，基本功能包括资源查询和资源管理的 QoS 保证。
- 连接层（Connectivity）：支持便利安全的通信。该层定义了网格中安全通信与认证授权控制的核心协议。资源间的数据交换和授权认证、安全控制都在该层控制实现。该层组件提供单点登录、代理委托、同本地安全策略的整合及基于用户的信任策略等功能。
- 资源层（Resource）：共享单一资源。该层建立在连接层的通信和认证协议之上，满足安全会话、资源初始化、资源运行状况监测、资源使用状况统计等需求，通过调用构造层函数来访问和控制局部资源。
- 汇集层（Collective）：协调各种资源。该层将资源层提交的受控资源汇集在一起，供虚拟组织的应用程序共享和调用。该层组件可以实现各种共享行为，包括目录服务、资源协同、资源监测诊断、数据复制、负荷控制、账户管理等功能。
- 应用层（Application）：为网格上用户的应用程序层。应用层是在虚拟组织环境中存在的。应用程序通过各层的应用程序编程接口（API）调用相应的服务，再通过服务调动网格上的资源来完成任务。为便于网格应用程序的开发，需要构建支持网格计算的大型函数库。

1.5 云计算介绍

云计算是一种计算服务形式，不是数学意义上的计算方法。本节将介绍云计算服务的概念和云计算服务产品。

1.5.1 云计算的概念

云计算概念从提出至今，将近 10 年了。这 10 年间，云计算得到了飞速的发展，产生了翻天覆地的变化。纵观计算机的发展史，从 1946 年制作出第一台计算机，到 20 世纪

80 年代的个人计算机，计算机越来越小，计算能力越来越强，但是随着半导体技术的进步放缓，摩尔定律正在逐渐“失效”。英特尔公司的制程工艺从 45 纳米变为 32 纳米用了大约 27 个月，从 32 纳米到 22 纳米用了 28 个月，从 22 纳米到目前的 14 纳米则用了 30 个月。从 2014 年 9 月开始，英特尔公司在制程工艺方面就再无进展。

下面通过几段情景对话来引出云计算的概念。

情景1

老师：“我们先思考一个问题：如果想让计算机的功能变强，应该怎么办？”

学生：“那还不简单，加 CPU，加内存，加硬盘即可。”

老师：“但是卡槽是有限的，现在已经插满了，以后该怎么办呢？”

学生：“简单，换更高级的 CPU，换新的 DDR 内存，换新的 SSD 硬盘！”

老师：“但是摩尔定律已经失效了，硬件更新越来越慢了，因此更换硬件的方法越来越行不通了。”

显而易见，还有一种办法，就是利用更多的计算机，但是需要解决一个问题，那就是不同的计算机之间如何协同工作。就像一个小项目，原来由一个人来做，只要加加班，也能快速完成。现在这个项目扩大了，光靠一个人加班不能解决问题，需要 1 000 个人一起做，那么怎么知道谁在工作，谁在偷懒呢？这样就必须引入项目管理，计算机引入并行计算。

并行计算也很好理解，好比项目管理里，把一个任务拆成 1 000 份，由 1 000 个人同时开始干，每人干 1 份，如果以前 1 个人需要干 1 000 小时，那么现在 1 000 个人干 1 个小时就可以完成了。并行计算很简单，其实就是云计算的基础。”

学生：“真聪明，原来做项目这么简单，我加人就好了！”

情景2

经理：“老板有一个很大很大的项目，我申请加 10 000 人。”

老板：“10 000 人来了，坐哪里？”

经理：“杭州一个办公室，北京一个办公室，杭州 5 000 人，北京 5 000 人。”

老板：“人坐在一起，做事好商量，但两地的进展怎么同步？”

经理：“这还真是个问题，需要解决的问题还真多！”

情景3

员工甲：“老板，XX 员工前不久生病了，他的任务一直没人做，现在我们整个项目受影响了，项目不能按时交付。”

老板：“你怎么不安排一个人代替？”

员工甲：“别人已经有工作了啊！”

老板：“你不能把这个工作再切分成 999 份，每人做一份？”

员工乙：“老板，他能力比较强，为啥我分的跟他一样多啊！”

老板："你不能按照能力来分配任务吗？"

员工甲抚额，心里默念：这还让人活吗？

员工丙："老板，我们现在没活了，人不能闲在这里。"

老板："你不会考虑一下让这些人给别人开发项目去？"

员工丙："但是，别人只要半个人的工时，或者几个小时的工作量，我们人太多了。"

老板："你不会把一个人当成几个虚拟的人，或者按工时算呀。"

通过以上几段情景对话可以看出，想要管理这么多台计算机，管理这么多人，做这么多事情，还真不简单，要有人管理协调分工（并行计算），有人管理谁多谁少（负载均衡），需要允许有人生病、辞职（热备冗余），还需要解决"卖半个人，甚至十分之一个人"的问题（虚拟化）。

云计算（Cloud Computing）是分布式处理（Distributed Computing）、并行处理（Parallel Computing）和网格计算的发展结果，或者说是这些计算机科学概念的商业实现。

云计算的基本原理是把计算任务分配在大量的分布式计算机上，而非本地计算机或远程服务器中。企业数据中心的运行与互联网相似，这使得企业能够将资源切换到需要的应用上，根据需求访问计算机和存储系统。

这是一种革命性的举措，就好比从古老的单台发电机模式转向了电厂集中供电的模式。它意味着计算能力也可以作为一种商品进行流通，就像煤气、水电一样，取用方便，费用低廉，而与它们的主要区别在于，它是通过互联网进行传输的。

云计算的蓝图已经呼之欲出：在未来，只需要一台笔记本电脑或一部手机，就可以通过网络服务来实现我们需要的一切，甚至包括超级计算这样的任务。从这个角度而言，最终用户才是云计算的真正拥有者。

云计算的应用思想是：把力量联合起来，给其中的每一个成员使用。

1.5.2 云计算服务的形式

云计算的服务分为SaaS、PaaS和IaaS这3种基本服务形式。

1. SaaS（软件即服务）

软件即服务（SaaS）是通过Internet交付软件应用程序的方法，通常以订阅为基础按需提供。使用SaaS时，云提供商管理软件应用程序和基础结构，负责软件升级和安全修补等维护工作，用户（通常使用手机、平板电脑或计算机上的Web浏览器）通过互联网获得所需的应用程序。

这种类型的云计算通过浏览器把程序传给千万个用户。从用户角度来看，这样省去了服务器和软件授权上的开支；从供应商角度来看，这样只需要维持一个程序就够了，能够减少成本。Salesforce.com是迄今为止这类服务最有名的公司。SaaS在人力资源管理程序和ERP中比较常用。Google Apps和Zoho Office也是类似的服务。

实用计算（Utility Computing）服务最近才在 Amazon.com、Sun、IBM 和其他提供存储服务和虚拟服务器的公司中获得新生。这种云计算是为 IT 行业创造虚拟的数据中心，使得其能够把内存、I/O 设备、存储和计算能力集中起来成为一个虚拟的资源池，为整个网络提供服务。

网络服务同 SaaS 关系密切，网络服务提供商能够提供 API 接口，让开发者开发出更多基于互联网的应用，而不是提供单机程序。

2. 平台即服务（PaaS）

平台即服务（PaaS）是指云计算服务，它们可以按需提供开发、测试、交付和管理软件应用程序所需的环境。PaaS 旨在让开发人员能够更轻松快速地创建 Web 或移动应用，而无须考虑对开发所必需的服务器、存储空间、网络和数据库基础结构进行设置或管理。

PaaS 形式的云计算把开发环境作为一种服务对外提供开发者可以使用中间商的设备来开发自己的程序并通过互联网和其服务器传到用户手中。

3. 基础设施即服务（IaaS）

基础设施即服务（IaaS）是指提供给消费者的服务是对所有设施的利用，包括处理、存储、网络和其他基本的计算资源，用户能够部署和运行任意软件，包括操作系统和应用程序。消费者不管理或控制任何云计算基础设施，但能控制操作系统的选择、储存空间、部署的应用，也有可能获得有限制的网络组件（如防火墙、负载均衡器等）的控制。

1.5.3　云计算的产品

国内云计算公司最具代表性的当属阿里巴巴的阿里云。下面我们看一下阿里云提供的产品。如图 1.4 是阿里云提供的虚拟主机服务，价格是每年 118 元。可以看到这个价格比传统的 PC 机要便宜得多，而且没有升级换代、废旧机器处理的麻烦，没有需要安装一堆杀毒软件、防火墙软件等烦心事，用户只需要直接使用，享受便捷的服务即可。可以想象，未来的家庭只要有一个终端，然后租用云服务公司提供的计算和存储服务，就可以实现家庭电脑一样的用途。

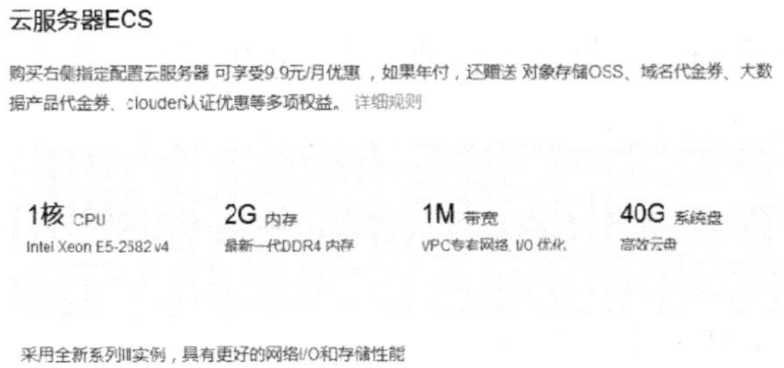

云服务器ECS
购买右侧指定配置云服务器 可享受9.9元/月优惠，如果年付，还赠送 对象存储OSS、域名代金券、大数据产品代金券、clouder认证优惠等多项权益。 详细规则
1核 CPU
Intel Xeon E5-2582 v4
2G 内存
最新一代DDR4 内存
1M 带宽
VPC专有网络, I/O 优化
40G 系统盘
高效云盘
采用全新系列III实例，具有更好的网络I/O和存储性能

图 1.4　阿里云服务器配置

如图 1.5 所示为阿里云为企业提供的云服务器，可以看出这个企业级服务器配置相当强大，云技术不仅能够为个人服务，还能应用到企业层面。

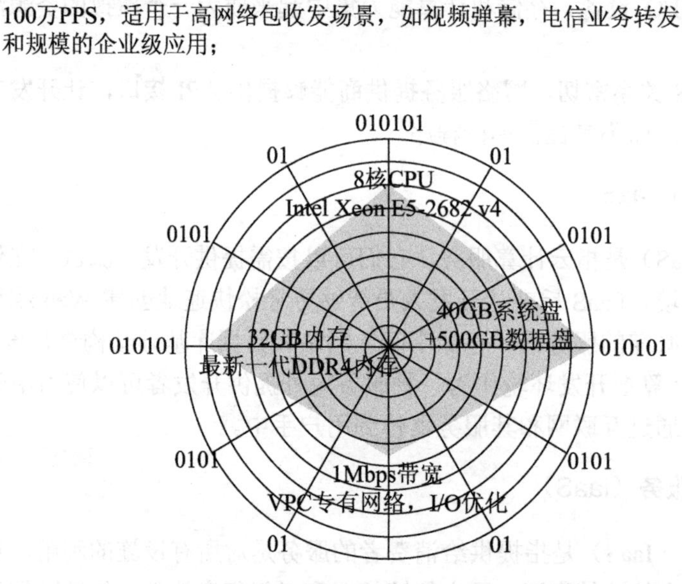

图 1.5　企业云服务器

1.6　本章小结

本章介绍了物联网数据分析中的一些基础知识，如传统的概率论和数理统计方法等。而分布式计算、网格计算和云计算是近几年出现的计算方法，在物联网分析中也有广泛的应用。

1.7　习题

1．有一个均匀陀螺，在其圆周上均匀地刻上区间[0,3)上的数字，然后旋转这个陀螺。求陀螺停下时其圆周与桌面接触点的刻度位于$[\frac{1}{2},2]$上的概率。

2．在相同条件下独立地射击 5 次，每次射击击中目标的概率为 0.6。求击中目标的次数ξ的分布密度。

3．简述分布式计算技术的发展历程。

4．简述云计算与网格计算的异同点。

第2章　云计算方法

云计算的概念在2007年之前基本上无人知晓，而现今可以说是无人不知，无人不晓，变得炙手可热。截至2018年1月，在百度上搜索“云计算”，可以看到有约2640万条结果。可见云计算的影响多么广泛，而IT界基本没有人不知道云计算。

2.1　云计算的发展历程

大众普遍认为“云计算”是在2006年Google搜索引擎大会上正式提出的。下面我们就从2006年开始，结合维基百科对云计算发展历程的介绍来了解云计算。

2006年8月9日，Google行政总裁埃里克·施密特在搜索引擎大会（SES San Jose 2006）上首次提出“云端计算”的概念。Google“云端计算”源于Google工程师克里斯托弗·比希利亚所做的“Google 101”项目。

2007年10月，Google与IBM开始在美国大学校园（包括卡内基梅隆大学、麻省理工学院、丹佛大学、加利福尼亚大学柏克利分校及马里兰大学等）推广云端运算的计划。这项计划希望能降低分散式运算技术在学术研究方面的成本，并为这些大学提供相关的软硬体设备及技术支援（包括数百台个人计算机及BladeCenter与System x伺服器，这些运算平台将提供1600个处理器，支援包括Linux、Xen、Hadoop等开放原代码平台）。而学生则可以通过网路开发各项以大规模运算为基础的研究项目。

2008年1月30日，Google宣布在中国台湾地区启动“云计算学术项目”，与台湾地区的部分高校合作，将这种先进的大规模、快速运算技术推广到校园。

2008年7月29日，雅虎、惠普和英特尔公司宣布了一项涵盖美国、德国和新加坡的联合研究计划，推出云计算研究测试床，推进了云计算的发展。该计划要与合作伙伴建立6个数据中心作为研究试验平台，每个数据中心配置1400～4000个处理器。这些合作伙伴包括新加坡资讯通信发展管理局、德国卡尔斯鲁厄大学Steinbuch计算中心、美国伊利诺大学香宾分校、英特尔研究院、惠普实验室和雅虎。

2008年8月3日，美国专利商标局网站信息显示，戴尔正在申请“云计算”（Cloud Computing）商标，此举旨在加强对这一未来可能重塑技术架构的术语控制权。戴尔在申请文件中称，云计算是“在数据中心和巨型规模的计算环境中，为他人提供计算机硬件定制制造”。

2010 年 3 月 5 日，Novell 与云端安全联盟（CSA）共同宣布一项供应商中立计划，名为“可信任云端运算计划”。

2010 年 7 月，美国太空总署和包括 Rackspace、AMD、Intel 和戴尔等支援厂商共同宣布 OpenStack 开放源码项目；微软在 2010 年 10 月表示支持 OpenStack 与 Windows Server 2008 R2 的整合；而 Ubuntu 已把 OpenStack 加至 11.04 版本中；2011 年 2 月，思科系统正式加入 OpenStack，重点研制 OpenStack 的网络服务。

2.2 计算资源使用模式

云计算并不是一项具体的技术或标准，只是一个概念，所以对于云计算的理解众说纷纭，不同的人站在不同的角度，会有不同的理解和定义，如图 2.1 所示。

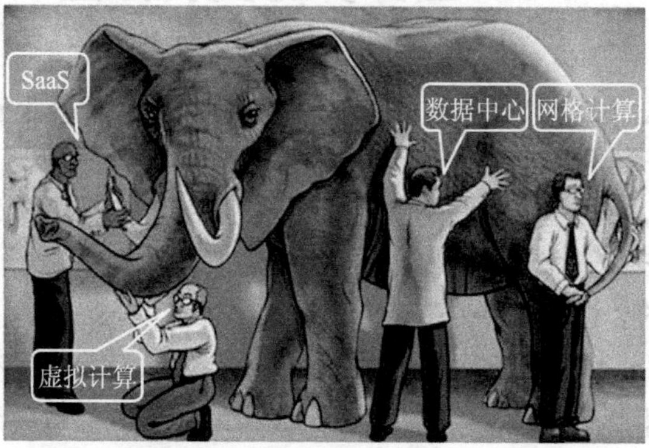

图 2.1　云计算说法不一

对云计算定义的众多说法，在此笔者就不再过多描述。现阶段广为接受同时也是笔者比较认可的对于云计算的定义，即美国国家标准与技术研究院（NIST）给出的定义：**云计算是一种资源的使用模式，这种模式是对可配置的计算资源共享池（资源包括网络、服务器、存储、应用软件和服务）提供可用的、便捷的、按需的网络访问，只需投入很少的管理工作，或与服务供应商进行很少的交互，这些资源即可被快速提供。**与维基百科上对于云计算的定义基本一致：**云计算是一种基于互联网的计算方式，通过这种方式，共享的软、硬件资源和信息以互联网服务的方式按需提供。**

早期的 IT 资源使用方式基本属于这种模式：每个 IT 资源使用的终端用户，都是自己购买 IT 资源（服务器、存储、网络、服务等），根据自身情况自行搭建这种环境，自行维护，我们可以认为是一种相对简单的私有云计算，是一种各自为政的方式。云计算这种方式的产生，其实是把 IT 资源集中化，对于终端用户来讲不再关注基础设施的投入和维护，终端用户只需关注自己的需求，这样对终端用户来说减少了基础设施的投入，免去了对于 IT 资源的维护，变相提高了效率，减少了成本投入。

对于服务提供商来说，为更好地为终端用户提供服务，需要更加专注于服务质量，为提升服务质量，促使提供商们在 IT 资源基础设施上有更好的投入，维护管理上更加简单、高效。

2.3　云计算原理

云计算的基本原理是，基于当前的无处不在的互联网，把物理上分散的计算机、存储池，通过分布式系统软件有效地整合起来，再利用虚拟技术、Web 技术，按照客户需求动态提供资源、服务等。最形象的一种比喻就好比各发电厂发电后，统一送往电网，用户用电时只需要通过某种方式接入电网，就可以方便地使用电能。对于云计算来说终端用户获取的是资源、服务，使用的网络不是电网而是互联网。

云计算的蓝图广阔，未来，只需要一台笔记本或一部手机，然后通过网络服务就可以实现我们需要的一切，甚至包括超级计算这样的任务。

云计算并不是一个具体的技术，而是众多技术基于网络的一个协同工作，包括数据中心技术、虚拟技术、Web 技术、多租户技术。下面我们对如何使用网络资源和最基本的技术进行详细介绍。

2.3.1　网络体系结构

所有的云平台必须连接到网络，对网络形成了一个固有的依赖，因此，云平台的潜力通常与互联网连接性和服务质量的提高同步增长。如图 2.2 所示为云计算网络拓扑结构示意图。

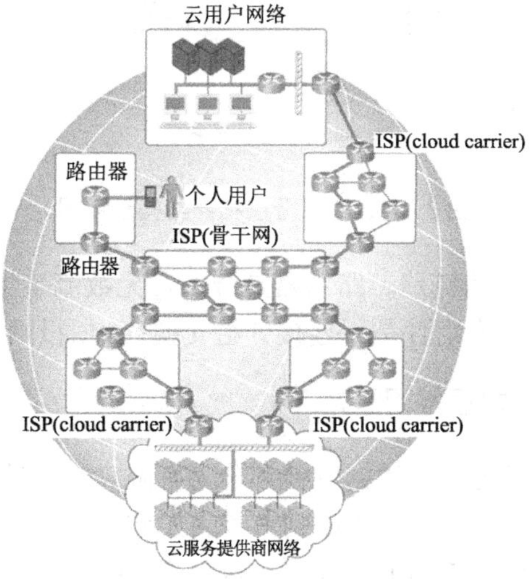

图 2.2　云计算网络拓扑结构示意图

1．网络服务提供商（ISP）

网络运营商建立和部署的因特网上最大的骨干网，使用核心路由器完成全球多国网络的相互联接。ISP 可以自由地部署、操作和管理他们的网络，选择合作伙伴 ISP 进行互连。政府和监管法律规定了境内、境外组织和 ISP 的服务提供条件。较小的网络分支从这些互连的主要节点延伸出来，通过较小的网络向外延伸，最终到达每一个因特网上的电子设备。

通过 1、2、3 级的分层拓扑结构示意图，如图 2.3 所示，可实现全球联通性。核心层 1 是由大型国际商组成的，他们负责监督大规模互联的全球网络，这些网络连接到第 2 级的大型区域供应商。第 2 层互联的 ISP 与第 1 级提供商及第 3 层的本地 ISP 连接。云消费者和云提供商可以直接使用第 1 层供应商连接，因为任何运营的 ISP 都可以启用因特网连接。

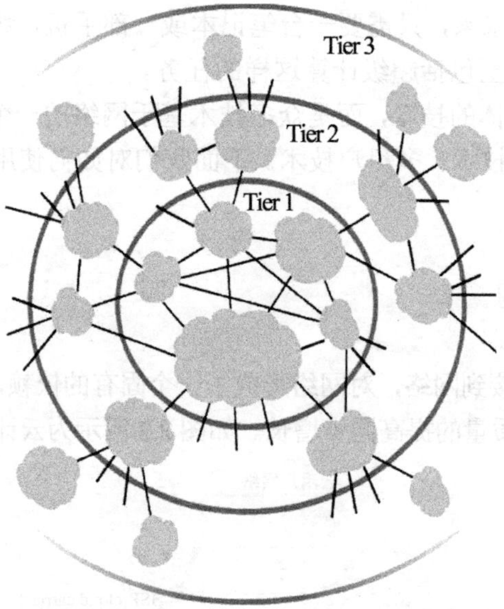

图 2.3　云计算分层拓扑结构示意图

互联网和 ISP 网络的通信链路、路由器是分布在无数流量生成路径之间的 IT 资源。用于构建互联架构的两个基本组件是无连接分组交换（数据报网络）和基于路由器的互连。

2．无连接分组交换（数据报网络）

端对端（发送方—接收方对）数据流被划分为有限大小的数据包，通过网络交换机和路由器接收、处理数据包，然后从一个中间节点转发到下一个中间节点。每个数据包携带必要的位置信息，如 IP 或 MAC 地址，在每个源节点、中间节点和目的地节点上处理和路由数据包。

3. 基于路由器的互联互通

路由器是连接到多个网络的设备，通过它转发数据包。即使连续的数据包属于同一数据流，路由器仍单独处理和转发每个数据包，同时维护在源节点和目的节点之间的通信路径，修订下一个节点的网络拓扑信息。路由器管理网络流量，并测量分组传送最有效的跳数。

网络互联的基本原理如图 2.4 所示，消息源自于无序的数据包接收组。路由器接收并转发来自多个数据流的数据包。

连接云终端客户与其云提供商的通信路径可能涉及多个 ISP 网络。因为互联网的网格结构特征，所以连接 Internet 主机（端点系统）存在多个替代网络路由。这样即使在发生网络故障的情况下，通信仍然可以持续，但使用多个网络路径可能会导致路由波动和延迟。

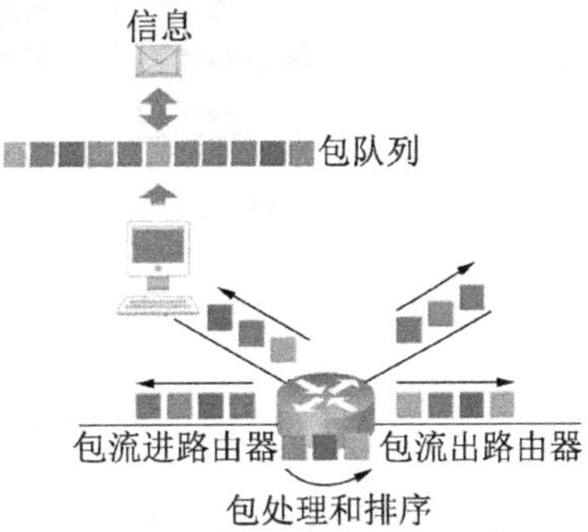

图 2.4　网络互连原理

2.3.2　网络协议模型

网络普遍采用 OSI 七层协议模型，正是网络协议的标准化，才使得网络得以迅速发展，下面针对网络的协议模型进行简要介绍。

1. 物理网络

IP 分组通过连接相邻节点的底层物理网络进行传输，如以太网、ATM 网络和 3G 移动 HSDPA。物理网络包括控制相邻节点之间数据传输的数据链路层，以及通过有线和无线介质传输数据位的物理层。

2. 传输层协议

传输层协议，如传输控制协议（TCP）和用户数据报协议（UDP），使用 IP 提供标准化的、端到端的通信支持，有助于因特网上数据包的传输。

3. 应用层协议

例如 HTTP、电子邮件的 SMTP、P2P 的 BitTorrent 和 IP 电话的 SIP 协议，都使用应用层协议来规范和启用因特网上的特定数据包传输方法。许多其他协议也满足了以应用程序为中心的需求，并使用 TCP/IP 或 UDP 作为它们在因特网和局域网上传输数据的主要方法。

如图 2.5 所示为因特网参考模型和协议栈示意图。

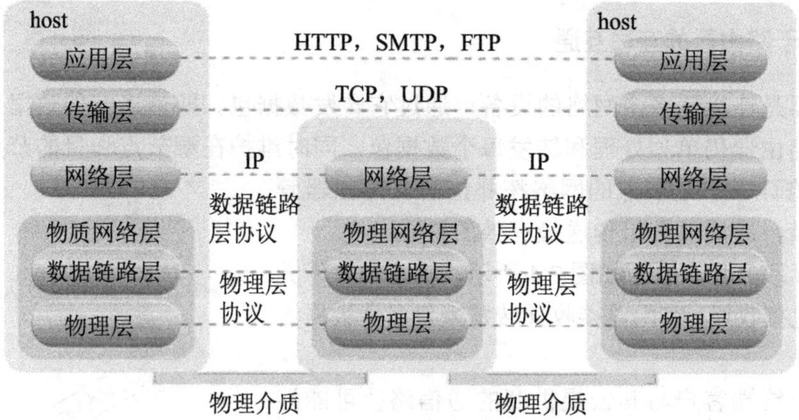

图 2.5　因特网参考模型和协议栈示意图

云计算出现之前，在传统的部署模型中，企业应用程序和各种 IT 解决方案通常驻留在企业自己的数据中心的集中式服务器和存储设备上，如图 2.6 所示。用户设备（如智能手机和笔记本电脑）通过企业网络访问数据中心，从而提供不间断的 Internet 连接。

TCP/IP 协议方便互联网接入和局域网内部数据交换。虽然这种配置通常不称为云模型，但是对于中型和大型内部部署网络，这种配置已经被多次实施。

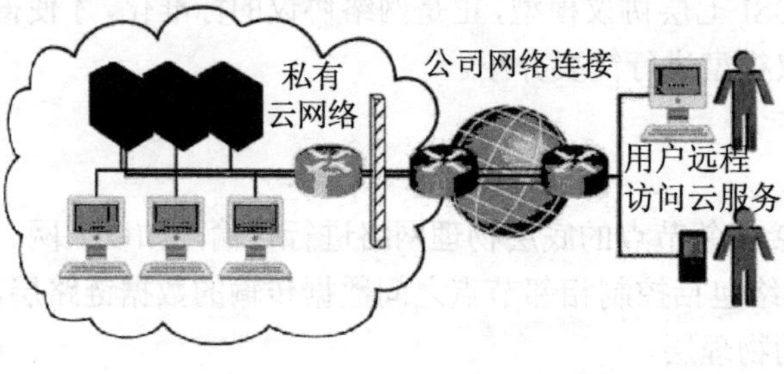

图 2.6　企业私有云示意图

使用图 2.6 这种部署模式的组织，可以直接访问互联网，可以完全控制网络流量，可以使用防火墙和监控软件来保护他们的企业网络。这些组织也承担部署、运营、维护其 IT 资源、保持互联网畅通的责任。

通过 Internet 连接到网络的终端用户设备，可以连续地访问云中的集中式服务器和应用程序，如图 2.7 所示。

最终用户的突出云功能是，如何使用相同的网络协议访问集中式 IT 资源，而不管其位于公司网络内部还是外部。即使最终用户本身并不关心基于云的 IT 资源的物理位置（内部或外部），但最终用户访问服务的基础还是基于互联网的信息。

云提供商可以轻松地配置基于云的 IT 资源，以便通过因特网为外部和内部用户提供可访问性（如图 2.7 所示）。这种互联网架构有利于内部用户随时访问企业 IT 解决方案，以及为外部用户提供基于因特网的服务。云服务提供商提供优于单个组织连接的互联网连接，而额外的网络使用费用也作为定价模式的一部分。

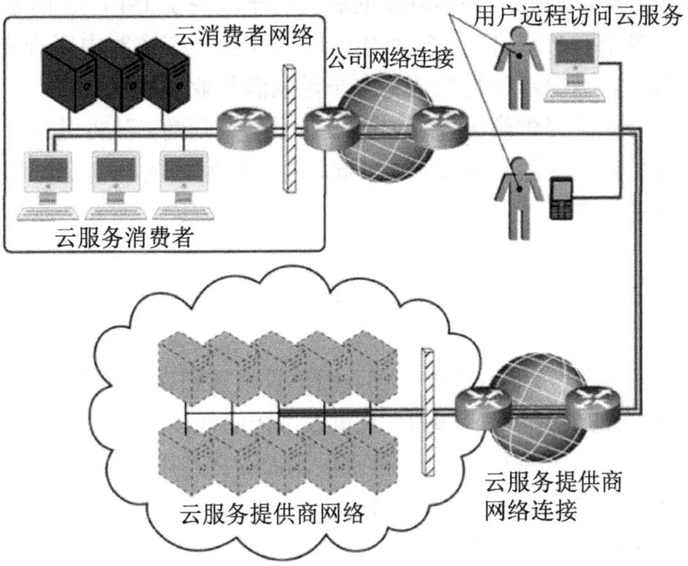

图 2.7　用户访问云端原理示意图

4. 网络带宽和网络延迟

除了受连接到 ISP 的数据链路的带宽影响外，终端到云端带宽取决于中间节点共享数据链路的传输能力。ISP 保证终端到云端连接的核心网络畅通。随着 Web 加速技术（如动态缓存、压缩和预取）的发展，终端用户对于带宽的需求会不断增加。

网络延迟是一个数据包从一个数据节点到另一个数据节点所需的时间。随着数据包路径上的每个中间节点的延迟增加，网络基础设施中的传输队列也会增加网络延迟。因网络依赖于共享节点的通信条件，所以使得因特网延迟非常易变，而且常常不可预测。

网络“尽力而为”服务质量（QoS），通常以先到先得的方式传输分组。在不优先考虑流量的情况下，使用拥挤网络路径的数据流，以带宽减少、延迟增加或数据包丢失的形式反应服务级别的退化。

分组交换的性质，允许数据包在通过因特网的网络基础设施时，动态地选择路由。由于这种动态选择的结果，使数据分组的传播速度易受网络拥塞等条件的影响，是不均匀的，因此终端到云端 QoS 可能会受到影响。

IT 解决方案针对受网络带宽和网络延迟影响的业务需求进行评估，这些是云互联固有的问题。网络带宽对于那些需要传输大量数据到云平台中的应用程序是至关重要的，而对于快速响应业务需求的应用程序来说，网络是否会延迟是至关重要的。

5. 云运营商和云服务供应商选择

云终端客户和云提供商间因特网联接的服务水平取决于 ISP，它们通常是不同的，在其路径中通常包括多个 ISP 网络。跨多个 ISP 的 QoS 管理在实践中很难实现，需要双方的云运营商进行协作，以确保端到端的服务水平足以满足业务需求。

云终端客户和云服务提供商可能需要使用多个云运营商，以实现其云应用程序的必要连接和可靠性，从而会产生额外的成本。因此，对于较宽松的网络延迟和网络带宽要求的应用程序，云应用更容易。

2.3.3 数据中心

数据中心将 IT 资源紧密地组合在一起，而不是让它们在地理上分散，允许共享权力，提高共享 IT 资源使用的效率，并提高 IT 人员的可访问性。这些优势自然地推广了数据中心的概念。现代数据中心作为专门的 IT 基础设施而存在，用于容纳集中的 IT 资源，如服务器、数据库、网络和电信设备、软件系统等。

数据中心逻辑拓扑结构示意图，如图 2.8 所示。

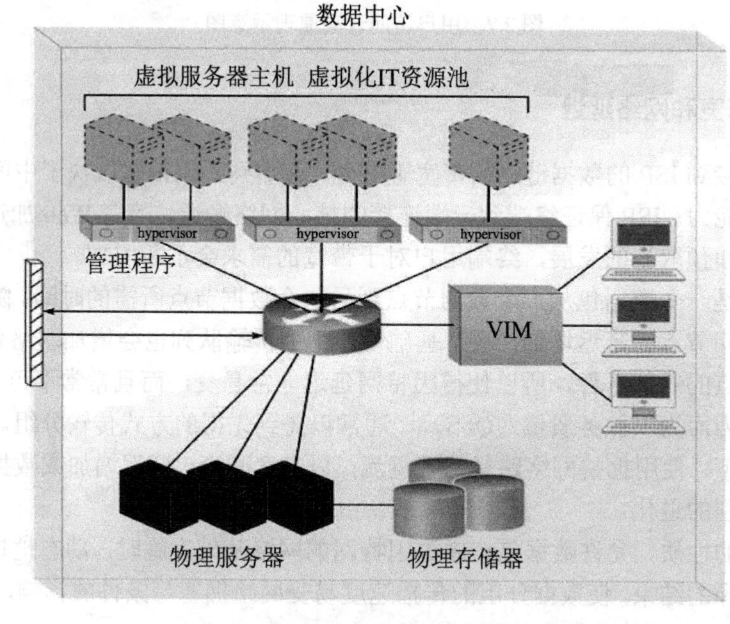

图 2.8 数据中心逻辑拓扑结构示意图

1. 虚拟化

数据中心包括物理层和虚拟化层的 IT 资源。物理层的 IT 资源指的是基础设施，包含计算机硬件、网络系统、机房设备及其操作系统。虚拟化层的资源抽象和控制由基于虚拟化平台的操作和管理工具组成，虚拟化平台将物理计算和 IT 资源的网络抽象化为易于分配、操作、发布、监控和控制的虚拟化组件。

2. 标准化和模块化

数据中心建立在标准化的硬件之上，采用模块化架构设计，集成了多个相同的基础设施和设备构建模块，以支持可扩展性，扩大规模和快速更换硬件。模块化和标准化是降低投资和运营成本的关键要求，因为它们可以实现规模化采购、部署、运营、维护等云计算流程，实现规模经济。

简单的虚拟化策略和不断提高物理设备的能力及性能都有利于 IT 资源整合，因为需要更少的物理组件来支持复杂的配置。整合 IT 资源服务于不同的系统，并支持在不同的云用户之间共享。

3. 自动化

数据中心拥有专门的平台，可自动完成功能配置、补丁修复、运营监控等任务。数据中心管理平台和工具利用自主计算技术实现自我配置和自我恢复。

4. 远程操作与管理

数据中心 IT 资源的大部分操作和管理任务都是通过网络的远程控制台和管理系统来完成的。技术人员不需要访问专用服务器，除非执行非常具体的任务，如设备处理和布线，或硬件级安装和维护。

5. 高可用性

任何形式的数据中心中断运行，都会严重影响使用其服务的组织的业务连续性，因此数据中心的设计是以越来越高的冗余级别来保证可用性。数据中心通常具有以下特点。

- 冗余的不间断电源；
- 预防系统故障能力；
- 通信链路和集群硬件负载能力。

6. 安全意识的设计、操作和管理

由于数据中心是存储和处理业务数据的集中式结构，因此对数据中心的安全性要求（如物理控制、逻辑访问、数据恢复策略）极高。

建立和运行部署的数据中心投入巨大，基于 IT 资源的外包数据中心已经成为一种常见的方法。然而，外包模式通常需要长期的消费者承诺，通常无法提供弹性服务，典型的云计算可以通过固有功能（如随机访问、按需配置、快速弹性和按需付费）来解决这些问题。

7．数据中心设施

数据中心在专门设计的地点，配备有专门的计算、存储和网络设备，有几个功能布局区，以及各种电源、电缆和环境控制站，它们调节供暖、通风、空调、消防和其他相关子系统。数据中心的不同布局空间之间通常是隔离的。

8．计算机硬件

数据中心的大量处理通常由具有强大计算能力和存储容量的标准化服务器执行。这些模块化服务器集成了几种计算硬件技术，例如：

- 标准机柜，由标准化机架组成，具有电源、网络和内部冷却功能。
- 支持不同的硬件处理架构，如 x86-32bits、x86-64 和 RISC。
- 多核 CPU 架构，在多个标准化机架相同的空间内容纳数百个处理核心。
- 冗余和热插拔组件，如硬盘、电源、网络接口和存储控制器卡。

数据中心计算架构，可采用刀片服务器技术，使用机架嵌入式物理互连（刀片机箱）。数据中心设备间的互连提高了组件间的管理效率，优化了物理空间和功率。这些系统通常支持单个服务器热插拔、替换和维护，有利于部署基于计算机集群的容错系统。

现代计算硬件平台通常支持行业标准和专有的操作及管理软件系统，它们从远程管理控制台配置，监视和控制硬件 IT 资源。有了适当的管理控制台，单个操作员就可以监督数百到数千个物理、虚拟服务器。

9．存储硬件

数据中心有专门的存储系统，可以保存大量的数字信息，以满足海量存储需求。这些存储系统是容纳许多硬盘的容器，这些硬盘被组织成阵列。

存储系统通常涉及以下技术。

- 硬盘阵列：这些阵列固有地在多个物理驱动器之间划分和复制数据，并通过包含备用磁盘来提高性能和冗余度。这种技术通常使用独立磁盘（RAID）方案的冗余阵列实现，通过磁盘阵列控制器硬件来实现。
- I / O 缓存：通常通过硬盘阵列控制器执行，通过数据缓存来改善磁盘访问时间，增强性能。
- 热插拔硬盘：可以安全地从阵列中移除，无须事先关闭电源。
- 存储虚拟化：通过使用虚拟化硬盘和存储共享来实现。
- 快速数据复制机制：包括快照技术、及卷克隆技术（即复制虚拟或物理硬盘卷和分区）以及将虚拟机的内存保存到管理程序的可读文件中，以供将来重新加载的技术。

网络存储设备通常分为以下两类。

- 存储区域网络（SAN）：物理数据存储介质通过专用网络连接，并使用行业标准协议（如小计算机系统接口（SCSI））提供块级数据存储访问。

- 网络附加存储（NAS）：硬盘阵列由专用设备控制和管理，该设备通过网络连接，并使用以文件为中心的数据访问协议（如网络文件系统（NFS）或服务器消息块（SMB））来方便地访问数据。

NAS、SAN 和其他更先进的存储系统，通过控制存储冗余、冷却冗余和使用 RAID 存储技术的硬盘阵列，在许多组件中提供容错功能。

10. 网络硬件

数据中心需要不同的网络硬件，以便实现多个级别的连接。数据中心网络一般分成 5 个网络子系统，用标准的网络设备实现。

1）外部网络互联子系统

外部 WAN 和数据中心的 LAN 之间的连接，通常由网络安全设备（如防火墙和 VPN 网关）、骨干路由器组成。

2）网络层负载平衡子系统

网络层负载平衡子系统包括 Web 加速设备、XML 预处理器，加密/解密设备，以及完成内容感知的路由交换设备。

3）局域网的交换机子系统

交换机为所有数据中心提供网络支持，为 IT 资源提供高性能的冗余连接。它往往是多个网络交换机，以高达 10G、40G 比特每秒的速度运转。这些先进的网络交换机也可以执行一些虚拟化功能，如局域网隔离 VLAN 之间的路由、链路聚合控制网络、负载平衡和故障转移。

4）SAN 网络交换机子系统

存储区域网络（SAN）中提供服务器和存储系统之间的连接，SAN 交换机通常采用光纤通道（FC），实现光纤通道以太网（FCoE）和 InfiniBand 网络交换。

5）NAS 网关子系统

NAS 网关子系统为基于 NAS 的存储设备提供连接点，并实现协议转换硬件，方便 SAN 和 NAS 设备之间的数据传输。

数据中心网络技术通过使用冗余或容错配置，实现了可伸缩性和高可用性的操作要求。以上 5 个网络子系统提升了数据中心的冗余性和可靠性，确保在多个故障时也能保持一定的服务水平。

超高速网络光链路可使用波分复用（DWDM）技术将单个千兆位/秒的信道聚合成单个光纤，可扩展到多个位置，用于互联服务场合、存储系统和复制数据中心。

IT 硬件技术发展迅速，生命周期通常在 5～7 年之间。如持续更换设备，会导致硬件的混乱，其异构性可能使整个数据中心的操作和管理复杂化。考虑数据中心的作用和大量数据包含在其中，因此硬件安全性是另一个重大问题。

2.3.4 虚拟化技术

虚拟化是将物理 IT 资源转换为虚拟 IT 资源的过程。

大多数类型的 IT 资源都可以虚拟化，包括

- 服务器：可将物理服务器抽象为虚拟服务器。
- 存储：物理存储设备可以抽象为虚拟存储设备或虚拟磁盘。
- 网络：物理路由器和交换机可以抽象为逻辑网络结构，如 VLAN。
- 电源：物理 UPS 和配电单元通常称为虚拟 UPS。

本节重点介绍通过服务器虚拟化技术创建和部署虚拟服务器。

注：虚拟服务器和虚拟机（VM）是在本书中使用的同义词。

通过虚拟化软件创建新的虚拟服务器的第一步是分配物理 IT 资源，然后安装操作系统。虚拟服务器使用自己的客户机操作系统，独立于创建它们的操作系统。

客户操作系统和虚拟服务器上运行的应用软件都不了解虚拟化过程，这意味着这些虚拟化 IT 资源将像在单独的物理服务器上运行、安装和执行一样。这种执行的一致性，使得程序能够在虚拟系统上运行，就像在物理系统上运行一样，这是至关重要的虚拟化的特点。客户操作系统通常需要无缝地使用软件产品和应用程序，这些软件产品和应用程序不需要定制、配置或打补丁即可在虚拟化环境中运行。

虚拟化软件在物理服务器上运行，称为主机或物理主机，其底层硬件由虚拟化软件访问。虚拟化软件的功能包括与虚拟机管理相关的系统服务，这些功能在标准操作系统上找不到。这就是为什么把这个软件称为虚拟机管理器或虚拟机监控器（VMM）的原因，但一般被称为虚拟机管理程序。

1. 硬件独立性

操作系统的配置和应用软件在独特的 IT 硬件平台中的安装，导致许多软件对硬件产生依赖。在非虚拟化环境中，为特定硬件模型配置操作系统，如果需要修改这些 IT 资源，则需要重新配置。

虚拟化是将独特的 IT 硬件转换为模拟和标准化的基于软件副本的转换过程。通过硬件独立性，虚拟服务器可以轻松移动到另一个虚拟化主机上，自动解决硬件、软件不兼容性问题。因此，复制和操纵虚拟 IT 资源，比复制物理硬件要容易得多。

2. 服务器整合

虚拟化软件提供的协调功能允许在同一虚拟化主机中同时创建多个虚拟服务器。虚拟化技术使不同的虚拟服务器能够共享一个物理服务器。此过程称为服务器整合，通常用于增加硬件利用率，负载平衡和优化可用 IT 资源。由此产生的灵活性使得不同的虚拟服务

器可以在同一主机上运行不同客户的操作系统。

这种基本功能直接支持常见的云功能，如按需使用、资源池、可扩展性和弹性。

3. 资源复制

- 通过快速扩展虚拟机，实现新云服务的迁移和部署，提高了敏捷性。
- 回滚能力，将虚拟服务器内存和硬盘映像的状态，瞬间创建 VM 快照，保存到基于主机的文件上（操作人员可以很容易地恢复到这些快照状态，并将虚拟机恢复到其先前状态）。
- 支持业务连续性，提供高效的备份和恢复程序。

虚拟服务器被创建为包含硬盘内容的二进制文件副本的虚拟磁盘映像。主机操作系统可以访问这些虚拟磁盘映像，这意味着可以使用复制、移动、粘贴等简单文件操作来复制、迁移、备份虚拟服务器。这种易于操作和复制的特点是虚拟化技术最突出的特性之一，因为它能够实现：

- 创建标准化虚拟机映像，通常配置为包括虚拟硬件功能、客户操作系统和其他应用软件，以便在虚拟磁盘映像中进行打包，以支持即时部署。
- 快速纵向、横向扩展，提高了虚拟机新实例迁移和部署的敏捷性。

4. 基于操作系统的虚拟化

基于操作系统的虚拟化是将虚拟化软件安装在一个预先存在的操作系统中，这个操作系统被称为主机操作系统，如图 2.9 所示。例如，某工作站安装有特定版本的 Windows 用户希望生成虚拟服务器，并将虚拟化软件安装到主机操作系统中，就像其他程序一样。

该用户需要使用虚拟化软件生成和操作一个或多个虚拟服务器，需要使用虚拟化软件才能直接访问生成的任意虚拟服务器。由于主机操作系统可以为硬件设备提供必要的支持，即使硬件驱动程序不能用于虚拟化软件，操作系统虚拟化也可以纠正硬件兼容性问题。

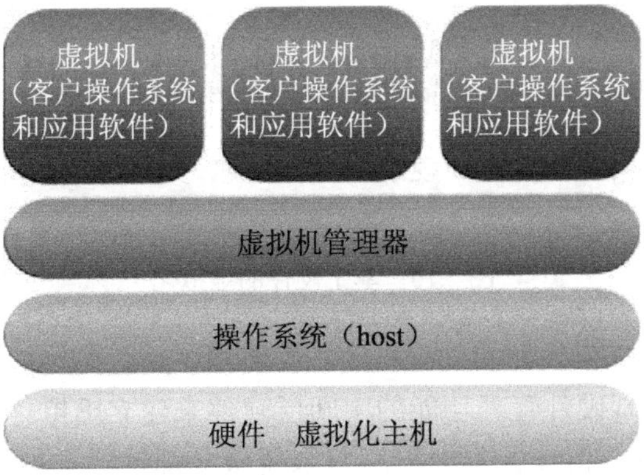

图 2.9　基于操作系统的虚拟化

通过虚拟化实现的硬件独立性可以更加灵活地使用硬件 IT 资源。

虚拟化软件将硬件 IT 资源转化为与一系列操作系统兼容的虚拟化 IT 资源。由于主机操作系统本身是完整的操作系统，因此可以使用许多基于操作系统的服务作为管理工具来管理物理主机。

此类服务的示例包括：

- 备份和恢复；
- 集成到目录服务；
- 安全管理。

基于操作系统的虚拟化可以引入与性能开销相关的需求和问题，例如：

- 主机操作系统消耗 CPU、内存和其他硬件 IT 资源。
- 来自客户机操作系统的与硬件相关的调用需要遍历硬件各个层，这会降低整体性能。
- 除了每个客户操作系统的单独许可证外，通常还需要对主机操作系统颁发许可证。

操作系统虚拟化的另一个问题，是运行虚拟化软件和主机操作系统所需的处理开销。实现虚拟化将对整体系统性能产生负面影响，检测、监控、管理所产生的影响是具有挑战性的，因为它需要系统工作负载、软件和硬件环境及复杂的监控工具方面的专业知识。

5. 基于硬件的虚拟化

基于硬件的虚拟化方式表示虚拟化软件直接在物理主机硬件上的安装，以便绕过主机操作系统，如图 2.10 所示。允许虚拟服务器与硬件交互而不需要主机操作系统的中介操作，通常使基于硬件的虚拟化更加高效。

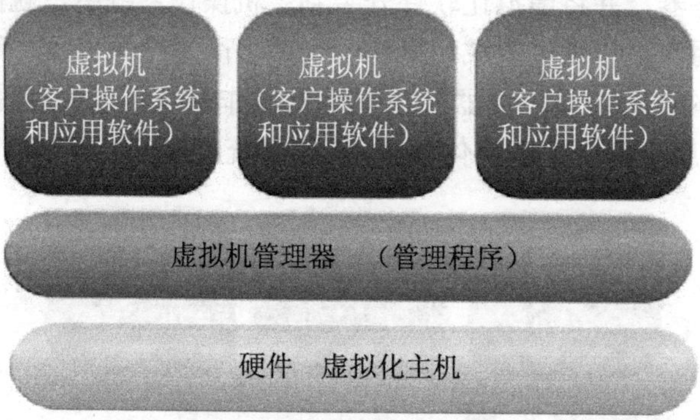

图 2.10　基于硬件的虚拟化

虚拟化软件也称为虚拟硬件的管理程序。管理程序具有简单的用户界面，只需要少量的存储空间。它作为处理硬件管理功能的中间层软件来建立虚拟化管理层。尽管许多标准操作系统功能尚未实现，但设备驱动程序和系统服务都针对虚拟服务器的配置进行了优化。这种类型的虚拟化系统基本上用于优化性能开销，使多个虚拟服务器能够与同一个硬件平台进行交互。

基于硬件的虚拟化的主要问题之一涉及硬件设备的兼容性。虚拟化层被设计为直接与主机硬件通信，这意味着所有相关的设备驱动程序和支持软件都需要与虚拟机管理程序兼容。但硬件设备驱动程序不像管理程序平台那样适用于操作系统，其主机管理功能还不具备操作系统常见的高级功能。

6. 虚拟化管理

使用虚拟服务器可以更容易地执行许多管理任务。 现代虚拟化软件提供了几个高级管理功能，可以自动执行管理任务，并降低虚拟化 IT 资源的整体运营负担。

虚拟化 IT 资源管理通常由 VIM 工具支持，VIM 工具可共同管理虚拟 IT 资源，并依赖于在专用计算机上运行的集中式管理模块（也称为控制器）。

7. IT设备虚拟化的负面问题

- 性能开销：虚拟化对于具有高工作负载且对资源共享和复制无需求的复杂系统可能并不理想。一个糟糕的虚拟化计划可能会导致过多的性能开销。用于纠正开销问题的常见策略是一种称为半虚拟化的技术，它向与底层硬件不相同的虚拟机提供一个软件接口。设备虚拟化过程中软件接口发生了改变，以减少客户操作系统的处理开销。这种方法的主要缺点是需要将客户操作系统修改为虚拟化 API，它会削弱标准客户操作系统的使用，同时降低解决方案的可移植性。
- 硬件兼容性：许多硬件的供应商可能没有与虚拟化软件兼容的设备驱动程序版本，或者软件本身可能与最近发布的硬件不兼容。这些类型的不兼容性问题可以使用已建立的硬件平台和成熟的虚拟化软件产品来解决。
- 可移植性：为虚拟化程序建立管理环境的编程、管理界面，可以通过各种虚拟化解决方案进行操作，各种虚拟化方案会导致由于各程序不兼容而产生可移植性较差。利用标准化虚拟磁盘映像格式、开放式虚拟化格式（OVF）等方式可减轻这一负面影响。

2.3.5 Web 技术

由于云计算对网络互联的基本依赖，以及 Web 浏览器的普遍性和基于 Web 服务开发的便利性，Web 技术通常被用于云服务的实施介质和管理界面。

本节介绍主要 Web 技术概念，并讨论其与云服务的关系。

1. 万维网

WWW 是环球信息网的缩写，（亦写作 Web、WWW，英文全称为 World Wide Web），中文名字为“万维网”“环球网”等，通常简称为 Web。万维网并不等同于互联网，万维网只是互联网所能提供的服务之一，是靠着互联网运行的一项服务。

2. IT资源

通过万维网访问的工具包称为IT资源，或称为Web资源。在云计算的上下文中，IT资源可以是基于软件或硬件的、物理或虚拟的、与IT相关的工具包。然而，Web上的资源可以代表通过万维网访问的各种各样的文件。 例如，通过Web浏览器访问的JPG图像文件被认为是IT资源。

3. Web组件

万维网是一个互联的IT资源系统，通过因特网访问。Web浏览器的两个基本组件是Web客户机和Web服务器，其他组件，如代理缓存服务、网关和负载均衡，用以提高Web应用程序的可扩展性和安全性。这些附加组件驻留在客户机和服务器之间的分层体系结构中。

4. Web技术三要素

- 统一资源定位符（URL）：用于创建指向Web资源标识符的标准语法，URL通常使用逻辑网络位置构造。
- 超文本传输协议（HTTP）：是用于在万维网中交换内容和数据的主要通信协议。URL通常通过HTTP传输。
- 标记语言：提供了一种轻量级的表达Web中心数据和元数据的方法。其两种主要的标记语言是HTML（用于表示Web页面的表示）和XML。

例如，Web浏览器可以请求在Internet上执行Web资源上的读、写、更新或删除等操作，并通过URL来识别和定位Web资源。请求通过HTTP发送到资源主机，该主机也由URL标识。Web服务器定位Web资源并执行所请求的操作，随后将响应返回到客户机。响应可以由包含HTML和XML语句的内容组成。

Web资源被表示为超媒体而不是超文本，意味着如图形、音频、视频、纯文本和URL的媒体，可以在单个文档中集体引用。

5. Web应用程序

使用基于Web技术（通常依赖于Web浏览器来呈现用户界面）的分布式应用程序通常被认为是Web应用程序。这些应用程序可以在各种基于云的环境中找到，因为它们的可访问性很高。

如图2.11所示为基于三层模型的Web应用程序的通用架构示意图。第一层称为表示层，表示用户界面。中间层是应用层，最后一层是由数据存储组成的数据层。

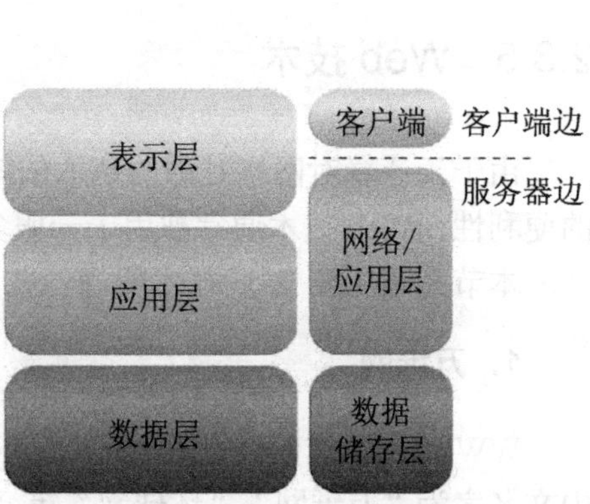

图2.11　Web应用程序的通用架构示意图

表示层在客户端和服务器端都有组件。Web

服务器接收客户端请求，直接将请求的资源作为静态 Web 内容检索，并间接作为动态 Web 内容，根据应用程序逻辑生成。Web 服务器与应用程序服务器进行交互，以便执行所请求的应用程序逻辑，后者通常涉及与一个或多个底层数据库的交互。

PaaS 现成的环境使云终端用户能够开发和部署 Web 应用程序。典型的 PaaS 产品具有 Web 服务器、应用程序服务器和数据存储服务器环境的单独实例。

2.3.6　多租户技术

创建多租户应用程序是为了使多个用户（租户）能够同时访问相同的应用程序。每个租户都有自己的应用程序视图，同时其他租户也在使用相同的应用程序。

多租户应用程序确保租户无法访问不属于自己的数据和配置信息。租户可以单独定制应用程序的功能，例如

- 用户界面：租户可以为其应用界面定义专门的 UI。
- 业务流程：租户可以自定义应用程序中实现的业务流程的规则、逻辑和工作流程。
- 数据模型：租户可以扩展应用程序的数据模式，以包含、排除、重命名应用程序中数据结构的字段。
- 访问控制：租户可以独立控制用户和组的访问权限。

多租户应用程序架构通常比单租户应用程序复杂。多租户应用程序需要支持多个用户（包括门户、数据模式、中间件和数据库）共享各种工具包，同时隔离各个租户操作环境，保持多租户的安全级别。

1. 多租户应用的特征

多租户应用的共同特征包括以下几点。

- 用法隔离：一个租户的使用行为不影响其他租户的应用程序可用性和性能。
- 数据安全：租户无法访问属于其他租户的数据。
- 恢复：每个租户的数据分别执行备份和恢复过程。
- 应用程序升级：租户不会受到共享软件构件的同步升级的负面影响。
- 可扩展性：应用程序可以扩展，以适应现有租户的使用增加和（或）增加租户数量。
- 计量使用：租户仅为实际消费的应用程序处理和服务功能付费。
- 数据层隔离：可以与其他租户间分出单独的数据库。也可以将数据库、表格的模式设计为由租户有意共享。

一个多租户应用程序，同时通过两种不同的租户使用，这种类型的应用程序是典型的 SaaS 实现，如图 2.12 所示。

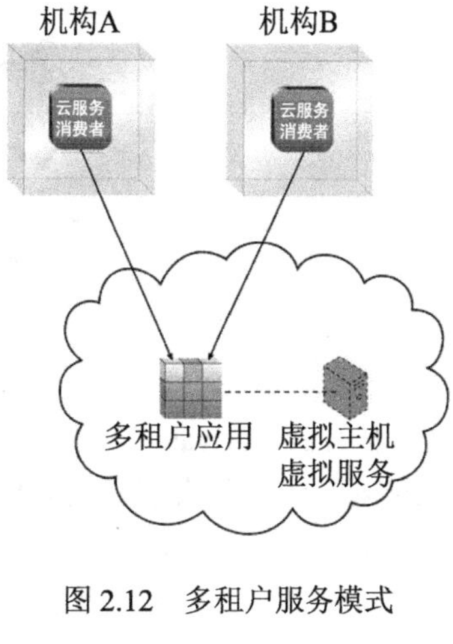

图 2.12　多租户服务模式

2. 多租户与虚拟化

多租户有时被误认为是虚拟化，因为多租户的概念与虚拟化实例的概念相似。二者的不同之处在于作为主机的物理服务器原型不同

- 虚拟化：服务器环境的多个虚拟副本可由单个物理服务器托管。每个副本可以提供给不同的用户，可以独立配置，并且可以包含自己的操作系统和应用程序。
- 多租户：托管应用程序的物理或虚拟服务器设计为允许多个不同用户使用，每个用户都觉得它们具有专用的应用程序。

2.4 云计算技术与云服务模式

NIST（National Institute of Standards and Technology，美国国家标准与技术研究院）把云计算系统的部署方式分为公有云和私有云两种。

在更多场合，由于混合云是一种私有云与公有云的混合结构，而社区云是混合云是介于公有云和私有云之间的结构，因此核心的部署模式是两种，即私有云和公有云，如图 2.13 所示。其中：

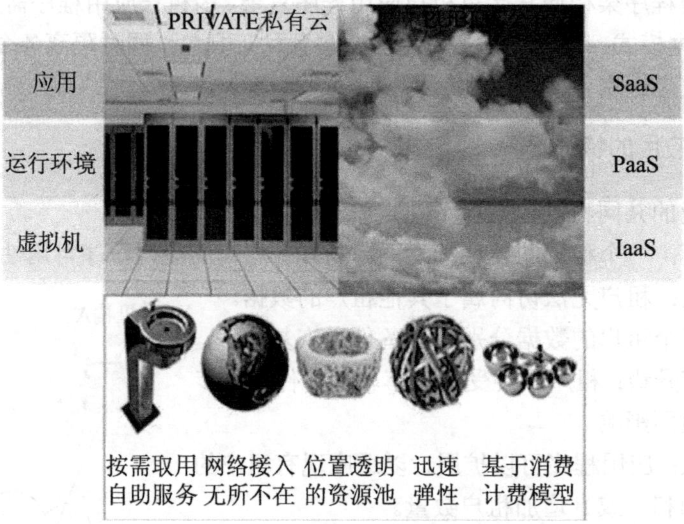

图 2.13　云计算—云服务的概念

私有云（Private Cloud），云基础设施被某单一组织拥有或租用，可以部署在本地（on Premise）或（防火墙外的）异地，该基础设施只为该组织服务。

社区云（Community Cloud），或称机构云，云基础设施被一些组织共享，并为一个有共同关注点的社区或大机构服务（例如任务、安全要求、政策和准则等）。社区云可以

被该社区拥有和租用，也可以部署在本地、（防火墙外的）异地或多地。社区云可能是一组私有云通过 VPN（Virtual Private Network）联接到一起的 VPC（Virtual Private Cloud），是混合云的一种。

2.4.1 云计算基本技术

NIST 定义云计算有 3 个基本技术：

- 高速广域网；
- 有用的、便宜的计算服务；
- 高性能社区资源虚拟化。

其中，虚拟化就是实现云计算的一种基础而核心的技术，也有需要经过深入调研和艰难抉择的一个过程。

虚拟化主要包括：服务器虚拟化、客户端/桌面/应用程序虚拟化、网络虚拟化、存储虚拟化、服务/应用基础结构虚拟化。而现在的桌面虚拟化其实包括了 3 种虚拟化技术，分别是服务器虚拟化、桌面虚拟化和应用虚拟化，它们的概念如下。

- 服务器虚拟化：将服务器物理资源抽象成逻辑资源，让一台服务器变成几台甚至上百台相互隔离的虚拟服务器，或者让几台服务器变成一台服务器来用。用户不再受限于物理上的界限，而是让 CPU、内存、磁盘、I/O 等硬件变成可以动态管理的“资源池”，从而提高资源的利用率，简化系统管理，实现服务器整合，让 IT 资源对业务的变化更适应。
- 桌面虚拟化：一种基于服务器的计算模型，并且借用了传统瘦客户端的模型，但是让管理员与用户能够同时获得两种方式的优点：将所有桌面虚拟机在数据中心进行托管并统一管理；同时用户能够获得完整 PC 的使用体验。
- 应用虚拟化：应用虚拟化将应用程序与操作系统解耦合，为应用程序提供了一个虚拟的运行环境。在这个环境中，不仅包括应用程序的可执行文件，还包括它所需要的运行时环境。从本质上说，应用虚拟化是把应用对低层的系统和硬件的依赖抽象出来，可以解决版本不兼容的问题。

2.4.2 云计算服务模式

云计算有以下 3 种服务模式。

- 云计算服务商 Hadoop 提供分布式的计算和存储，提供 IaaS 服务模式。
- Amazon 的云计算 EC2，OpenStack 建立的云计算平台，提供 PaaS 服务模式，用户按需创建和管理自己的云服务项目。
- Google 的 GAE、新浪的 SAE，用户在上面创建自己的应用，提供 SaaS 服务模式。

- 计算机能提供的服务，不外乎存储和计算（当然，这里说的计算包括处理、控制等动态的过程），操作系统、网络通信、虚拟化、数据库、文件系统等都是来帮助完成这两种服务的，只是可以提供的应用形态、提供的功能、封装的层次和面向的用户不同而已。

VMware Vsphere 这样的套件能提供虚拟化的解决方案，能管理大规模的服务器，提供各种迁移、备份、容灾等功能，可以部署一个私有云。OpenStack 这种软件项目，同样能建立私有和公共云。但是二者的抽象层次和对用户的服务形态不同，正如汇编语言和 C 语言都能写出同样功能的程序，只是不同的实现方式而已。

在上面的几种服务模式里，Hadoop 主要提供分布式存储和计算；OpenStack 主要提供基础设施，提供类似物理设备的逻辑设备，自己具有很高的控制管理权；GAE 提供应用平台，可以自己创建和管理应用；网盘提供存储应用，对应用环境类没有控制权。但是它们都提供云计算服务，只是服务模式不同。

云存储是在云计算概念上延伸和发展出来的一个新的概念，是指通过集群应用、网格技术或分布式文件系统等功能，将网络中大量各种不同类型的存储设备通过应用软件集合起来协同工作，共同对外提供数据存储和业务访问功能的一个系统。

当云计算系统运算和处理的核心是大量数据的存储和管理时，云计算系统中就需要配置大量的存储设备，那么云计算系统就转变为一个云存储系统，所以云存储是一个以数据存储和管理为核心的云计算系统。

云安全（Cloud Security）是互联网和云计算融合的最新发展，有以下两方面的含义。

1．云安全技术

云安全技术是网络时代信息安全的最新体现，它融合了并行处理、网格计算、未知病毒行为判断等新兴技术和概念，通过网状的大量客户端对网络中软件行为的异常监测，获取互联网中木马、恶意程序的最新信息，推送到 Server 端进行自动分析和处理，再把病毒和木马的解决方案分发到每一个客户端。

2．云计算安全

云计算安全是对信息安全和云服务本身的安全提出的新要求的解决方案和技术。利用安全技术，解决云计算环境的安全问题，提升云体系自身的安全性，保障云计算服务的可用性、数据机密性、完整性和隐私性等，保证云计算健康、可持续的发展。

云计算安全的关键技术主要分为数据安全、应用安全、虚拟化安全。数据安全的研究主要有数据传输安全、数据隔离、数据残留等方面，应用安全包括终端用户安全、服务安全、基础设施安全等，虚拟化安全主要来源于虚拟化软件的安全和虚拟化技术的安全。

云安全核心：对海量未知恶意文件/网页的实时处理能力。

2.5　本章小结

本章给出了云计算概念、原理，针对云计算的一些技术进行了介绍，为了使读者更加清楚了解云计算，本章整体介绍了云计算的体系架构，对体系架构中的组成部分给出了详细介绍。

2.6　习题

1．简述云计算的定义。
2．简述云计算的原理及云计算使用的 IT 技术。
3．社会调研：云计算相比传统的 IT 架构，带来多少的成本节约？
4．思考：云计算模式未来可能还会有哪些变化？

第 3 章 PaaS 云平台基础

正如马云所说，大数据时代已经到来，未来最大的资源是数据。物联网作为重要的数据来源，其发展重心正逐渐从传统的传感器等基础硬件设备向软件平台过渡。对物联网企业来讲，软件平台的开发一直是制约企业发展的重要因素之一。而云平台的出现，使得企业能够实现应用的快速开发和部署，并且能够提高产品的可靠性和可用性。因此，云平台成为云计算时代中新的增长点，阿里、腾讯、网易和华为等大企业也都纷纷推出了自己的云平台服务。

本章首先介绍云平台的基本概念及模型，然后介绍 PaaS 平台中的弹性计算平台和智能监控运维平台，最后通过一个实例介绍 PaaS 给物联网开发带来的影响。

3.1 云平台的概念及模型

本节首先介绍云平台的基本概念及模型，然后对 PaaS 的关键技术进行简单介绍，最后根据笔者的理解，阐述一下未来云平台的发展方向。

3.1.1 云平台的概念

自 2006 年 8 月 9 日 Google 提出“云计算”概念以来，云计算一直是 IT 领域最热门的话题之一。云计算提供如图 3.1 所示的 3 个层次服务：基础架构即服务（IaaS）、平台即服务（PaaS）、软件即服务（SaaS）。平台即服务（PaaS）是指在云计算基础设施上为用户提供软件开发、运行和运营环境的服务，是把平台作为一种服务提供给用户的新型商业模式。

云平台的出现是必然的。从商业角度来讲，随着互联网产业的快速发展，产品需求不断变化，对应用程序的快速开发、管理的简化和自动化，以及对应用程序的可靠性和可用性都提出了更高的要求。

从技术角度来讲，随着基础设施的建设，以及虚拟化技术和容器技术的广泛应用，使得集中式、统一的应用平台出现成为可能。另外，总结实践中的共性问题，抽象出特定的元素模型，为云平台的研发奠定了基础。

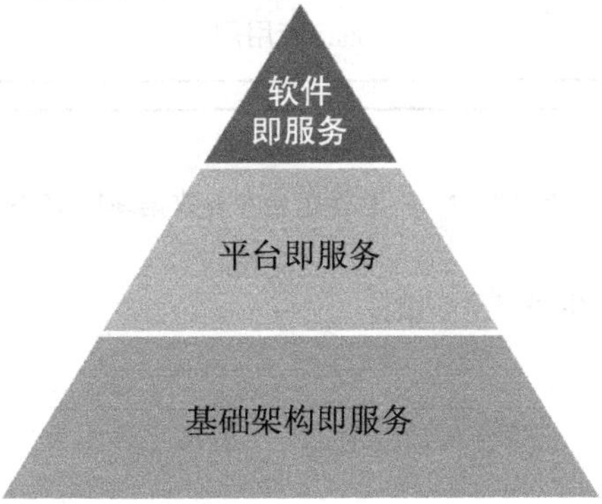

图 3.1　云计算 3 层结构（软件即服务、平台即服务、基础架构即服务）

云平台解决了什么问题呢？下面我们从不同的角度进行分析。

从开发者角度来看，云平台提供了开发全生命周期的工具，降低了对开发者知识体系的要求，极大地提高了产品开发的敏捷性，为应用的完整运行环境和管理机制提供保障，加快了产品推出的速度。

从云服务提供商角度来看，云平台吸引更多的用户（包括开发者用户），为用户提供更丰富的服务内容（不仅包含应用，也包括平台服务），而且可以利用内置的应用服务，为自身的发展提供更多的数据支撑。

PaaS 作为一个软件研发、运行和运营平台，主要具备以下 3 个特点。

- 一个基础平台：PaaS 区别于 IaaS 和 SaaS 的最主要特点是，PaaS 提供的是一个基础平台，而不是其他的服务形式。从传统意义上讲，平台是由应用提供商搭建和维护的，是应用系统部署的基础。而 PaaS 把平台包装成服务，提供给应用提供商，降低了应用提供商的开发成本。
- 技术支持服务：除基础平台之外，PaaS 服务提供商还提供了对该云平台的技术支持，甚至包括对应用系统开发、优化等服务。PaaS 提供的技术支持为之后的应用系统长期、稳定运行提供了技术保障。
- 平台级服务：PaaS 提供的服务还包括抽象出的元素模型和大量的可编程接口，为提供商的应用开发提供基础。PaaS 为用户提供弹性服务支持，真正实现了资源的动态伸缩、统一运维，提供了更好的平台服务。

3.1.2　PaaS 模型

通过对 PaaS 发展现状的调研，结合对国内外云服务厂商产品的分析，整理出 PaaS 的概念模型，如图 3.2 所示。

PaaS 的模型主要包括 PaaS 基础技术层和平台服务层两部分内容。

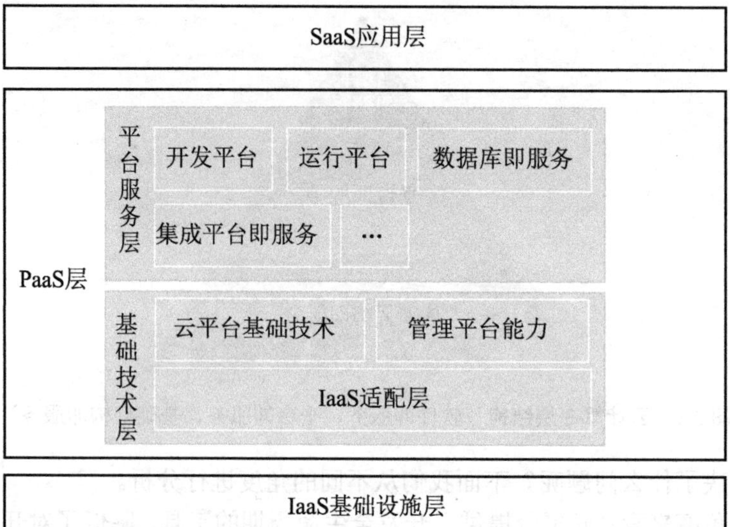

图 3.2 PaaS 概念模型

3.1.3 PaaS 基础技术层

PaaS 基础技术层主要指的是 PaaS 底层的技术架构，功能是实现 IaaS 平台资源的底层适配和 PaaS 的底层技术。IaaS 适配层主要是为了屏蔽基础设施层的技术差异性，解耦 PaaS 和 IaaS 层。PaaS 的底层技术包括云平台基础技术和管理平台能力两部分。

云平台基础技术包含云平台的基本技术实现，为 PaaS 平台开发提供基础，内容包括内存管理（缓存本地化和分布式化等）、存储管理、网格计算、弹性计算、安全管理、数据集成、调度技术、多租户、共享资源池、元素模型管理和计费运营等。

管理平台能力指的是云资源池中资源的管理、系统管理、版本管理等基本管理功能。

3.1.4 PaaS 平台服务层

平台服务层可以细分为应用的开发平台、运行平台、数据库即服务平台、集成平台即服务。

开发平台提供一套集成开发框架和环境，提供一套标准的技术服务。应用提供商可以通过 PaaS 提供的开发平台进行应用的开发和部署。

运行平台涉及两个方面，一方面是应用的中间件，另一方面是资源的管理。应用中间件为应用的设计、开发、测试和托管提供系统支撑。资源的管理包含资源弹性计算、调度和监控等。

PaaS 在**数据库即服务**平台的技术架构主要采用分布式的架构方式。数据库即服务平台依赖底层的数据库，封装后把数据库作为一个独立的服务形式提供给客户。封装后的数据库服务模块屏蔽了底层数据库物理架构的技术细节，具备连接管理、模型管理等功能，提供公共的数据访问接口、数据库资源池、数据库扩展能力和数据库的多租户支持。

平台即服务，内容主要包含 ETL（Extract Transform Load）数据集成和 ESB（Enterprise Service Bus）服务总线。ETL 是将数据从来源经过抽取、转换、加载至目的端口的过程。ESB 是从面向服务体系架构 SOA（Service Oriented Architecture）发展而来，作为统一的总线向应用层提供服务接口。

3.1.5　PaaS 关键技术

在 3.1.4 节讲述 PaaS 概念模型时，提到了 PaaS 平台的一些技术点。本节着重介绍其中的几个关键技术：虚拟化技术、容器技术和分布式存储。

有人说容器技术必将取代虚拟化技术，笔者不这样认为，虚拟化技术和容器技术代表两个发展方向，侧重点不同，并非完全替代关系，是可以共存的，至少短时间内容器技术不会取代虚拟化技术。那么什么是虚拟化技术？什么是容器技术？它们到底有什么区别呢？下面详细介绍。

1. 虚拟化技术

虚拟化技术是利用 KVM、Xen 等方案将硬件资源池化，实现多用户共享硬件资源。其实就是把一台硬件设备虚拟成多台具有独立系统的逻辑计算机，使得应用程序独立运行而互不干扰。虚拟化技术又分为硬件虚拟化和软件虚拟化（半虚拟化）。硬件虚拟化需要 CPU、主板芯片组、BIOS 等软硬件支持，是通过 CPU 的指令集来实现虚拟化的方法。这种虚拟化方式能够减少软件虚拟机的相关开支，支持更多种类的操作系统。软件虚拟化是指不需要硬件支持，完全靠软件实现的虚拟化技术。虚拟化技术内容包含平台虚拟化、资源虚拟化、应用程序虚拟化 3 个部分。平台虚拟化主要是针对操作系统的虚拟化。资源虚拟化是针对系统资源的虚拟化，如计算、存储、网络等。应用程序虚拟化指仿真、模拟等技术。

虚拟化技术将传统的硬件资源进行抽象，实现资源的动态分配和调度，提高了资源的利用率，解决了传统数据中心成本过高、管理复杂等问题。

支持硬件虚拟化的平台比较典型的是 Intel-VT（Intel Virtualization Technology）和 AMD-V（AMD Virtualization）。软件虚拟化的典型代表是 VMware Workstation、Sun Virtual Box、OpenVZ、Xen 和 QEMU 等。

2. 容器技术

虚拟化技术可以为我们提供多个操作系统实例，实现资源的隔离。但是很多时候用户仅仅需要少量的资源去运行一个简单应用，虚拟出一台计算机来完成软件发布不仅浪费系统资源，而且启动时间也很漫长。其实用户需要的仅仅是应用程序本身及依赖库的隔离。而容器技术提供更轻量级的、基于应用程序的封装和隔离，可以很好地解决这一问题。

容器技术是更轻量级的资源管理技术。Linux 容器技术已出现多年，容器镜像技术增强了容器实例的可迁移性和可复制性，使得容器技术在 PaaS 平台建设中起到了越来越重要的作用。

典型的容器技术有 Docker、Mesosphere 和 CoreOS 等。其中最有名、发展最迅速的是 Docker 技术，甚至有人把 Docker 与容器技术视为一体。Docker 利用 Linux 内核提供的控制组（Control groups, Cgroups），实现应用程序运行时资源的记录、限制和隔离等，通过命名空间 namespace 实现空间隔离，通过文件系统实现权限控制。

容器技术是在操作系统上对运行环境的再封装，每个容器有独立的运行空间但不单独拥有操作系统，而虚拟化技术是在硬件层面上的技术，每个实例都拥有独立的操作系统。容器技术创建的实例仅仅包含应用程序和必要的依赖库，而虚拟化技术除此之外还包括整个操作系统。因此，容器技术可以创建比虚拟化技术多几倍的实例，降低云服务提供商的系统总投入。

这种用于支持应用程序运行的独立空间，在虚拟化技术和容器技术中有不同的称呼，如虚拟机、容器等，在本章中我们称之为**实例**。

3. 分布式存储

分布式存储，顾名思义是把大量的存储设备通过网络互联，作为一个整体对外提供存储服务。分布式存储系统实现的方式多种多样，在这里我们不对实现原理进行介绍。分布式存储的分类通常按照存储的数据类型进行划分。数据类型可以分为 3 类：非结构化数据、半结构化数据和结构化数据。

- 非结构化数据：指没有规律可循的数据，主要类型有文本、图像和声音等。
- 结构化数据：指可以用二维表来表示的数据，通常存储在数据库中，数据的模式和内容是完全分开的，如关系数据库等。
- 半结构化数据：是介于结构化和半结构化之间的数据，数据的结构和内容混在一起，没有明显的区分，HTML 文档就属于这种类型。

为了满足分布式系统面临的各种需求，我们把分布式存储分为 4 类：分布式文件系统、分布式键值系统、分布式表格和分布式数据库。

- 分布式文件系统：主要用来存储非结构化数据，典型的系统有 GFS 和 HDFS 等。
- 分布式键值系统：用于存储关系简单的半结构化数据，它只对外提供主键的 CRUD 操作，可以根据主键创建、读取、更新或者删除一条键值记录，如 Amazon Dynamo 和 Taobao Tair 等。
- 分布式表格系统：用于存储关系复杂的半结构化数据，支持 CRUD（CRUD 是指在做计算处理时的增加（Create）、读取查询（Retrieve）、更新（Update）和删除（Delete）几个单词的首字母简写。CRUD 主要被用在描述软件系统中数据库或者持久层的基本操作功能）功能和范围查找功能，典型的系统有 Microsoft Azure Table Storage 和 Amazon DynamoDB 等。
- 分布式数据库：用于存储结构化数据，支持以二维表的形式组织数据，支持 SQL 关系查询，典型的系统包括 Amazon RDS 和 Microsoft SQL Azure。

3.1.6　PaaS 的发展

根据 Zion 市场研究报告，PaaS 市场的全球需求到 2021 年年底将达到 91.2 亿美元，2016 年到 2021 年的年复合增长率超过 30%。

根据最新 IDC 的研究数据显示，在国内企业最需要的云服务类型中，PaaS 的需求量最高。

从上面的数据统计及预测分析可以看出，PaaS 作为未来应用开发的主要方向，在未来几年依旧会保持高速增长。PaaS 将逐渐成为各大企业在云计算产业中的主要角逐场。

PaaS 未来的发展方向主要有以下几个：

- 随着容器技术的出现，大量的开源 PaaS 项目迅速涌现，未来的开源 PaaS 平台将迎来快速发展期。
- 标准的不统一严重阻碍了 PaaS 平台的发展，未来 PaaS 平台在市场的推动下将逐渐走向标准化。
- PaaS 的使用大大降低了应用开发的难度和开发成本，未来的 PaaS 发展将逐渐占领中小企业市场。

3.2　弹性计算平台

本节主要介绍弹性计算平台的基本概念和实现方法，然后用典型的弹性计算平台——Amazon EC2 来讲一下弹性计算平台的优势。

3.2.1　弹性计算平台的概念

云计算作为一种高效按需供给的计算模式，重要特点之一是能够提供具有高度可伸缩的弹性服务。资源的按需供给和动态管理是构建一个高效可靠的云平台的核心问题之一。弹性计算平台通过虚拟化、容器等技术，实现对计算资源、存储资源和网络资源的合理调配，对外提供弹性计算服务。

很多厂商的云平台都对外提供弹性计算服务，如阿里云、华为、亚马逊 AWS 等。弹性计算服务器或实例基本都是按照应用类型来划分。例如，华为的弹性计算云服务器分为适合大数据分析的高内存场景、适合工程制图的 GPU 场景、适合数据密集计算的密集存储场景等。按照应用类型区分的主要原因是，不同类型的应用在资源占用方面存在很大的差异性。例如，一个在线数据处理系统应用主要变化的是对 CPU 资源的需求，而一个云存储服务器主要变化的是对存储资源的需求。基于应用类型分析能提供更加准确的资源预测，使云平台能够提供更优质的弹性服务。

3.2.2 弹性计算平台的实现方式

弹性计算平台主要解决以下几个问题：

- 资源自动伸缩，解决业务突发情况。
- 提高系统容错能力，发现实例异常，能迅速进行实例切换，保证应用能正常地对外提供服务。
- 节省成本，通过弹性计算平台的监控模块，实时监测资源使用情况，用户只需要按资源实际使用量付费。

为了实现上面的几个目标，并且综合几个弹性计算服务厂商提供的主要功能，我们把弹性计算平台的核心内容分为 5 个模块：监控模块、资源调度模块、用户模块、日志模块和计费模块，如图 3.3 所示。

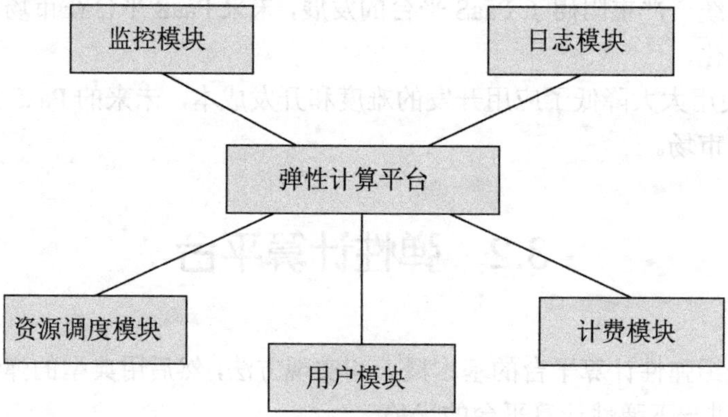

图 3.3 弹性计算平台模块划分

1．监控模块

监控模块的主要作用是和集群中监控器进行交互，实时获取当前实例的 CPU、内存、存储、带宽等物理资源的使用情况及实例的运行状态。实时采样频率与该实例的资源变化规律建立相关性。

2．资源调度模块

资源调度模块是弹性计算的核心模块，主要采用反馈与预测相结合的方法实现资源的动态调整，资源调度的依据主要有两个，资源预测和实时的资源监控。

资源预测是通过总结时间与实例的资源变化规律来实现的。

我们把资源预测拆分成两个预测模型来看，一个是基于时间的实例变化模型，一个是基于实例状态的资源变化模型。基于时间的实例变化模型很容易理解，指的是通过长时间的实例运行状态的监控，总结出时间与实例变化的模型。基于实例状态的资源变化模型，指根据当前实例的运行状态总结出的占用资源的模型。举个例子，对一个 Web 应用进行资源预测，基于时间的实例变化模型指的是时间与网页请求量的变化模型，基于实例状态的资源变化模型指的是网页请求量与占用资源的变化模型。当然也可以直接建立一个时间与实例占用资源的变化模型，但是灵活性要差一些。

虽然另外一个依据是实时的资源监控，但是不能只根据某个时刻监控到的资源状态来进行资源再分配或者动态迁移，这样会造成集群内的频繁迁移，增加不必要的开销。为了解决这个问题，可以利用统计学的方法，在一段时间内检测到多次超过设置的阈值时，再进行资源的调度。当然，阈值和资源调度的门限值均由用户指定，以满足不同的用户需求。

通过资源预测和实时的资源监控，来决策是否进行资源调度。资源调度的方式有两种：横向调整和纵向调整。横向调整是指增加实例数量来对外提供服务，这种方式往往需要重新启动应用，会带来大量的资源开销和成本浪费。纵向调整是通过增加现有实例的资源或动态迁移来提高处理能力。当作出资源调度的决策后，调度模块首先根据实例所在的物理主机资源的使用情况，来判断是否能够为实例重新分配资源。这种方式可以减少迁移所带来的资源开销。当然，如所在物理主机无法满足资源再分配的条件时，就需要考虑使用动态迁移。

3. 用户模块

用户模块包含 3 部分的内容：弹性资源变化的可视化呈现，用户对实例资源调度的阈值和策略的配置，以及实例的创建、启动、停止、暂停、保存和恢复。配置信息和调度最终通过发送到调度模块来实现。

4. 日志模块

日志模块主要记录监控模块的数据，内容包括各实例的运行状态、资源使用情况及用户的操作情况等。

5. 计费模块

计费模块是根据监控模块收集到的资源使用情况，按照预先设定好的资源使用价格计算出用户的费用，并发送到用户模块。

通过以上 5 个模块的配合，实现了 PaaS 平台的弹性计算服务。

3.2.3 弹性计算平台举例

提到弹性计算平台，不得不介绍具有代表性的弹性计算平台—亚马逊弹性计算云（Amazon Elastic Compute Cloud，Amazon EC2），其提供的更多的服务是 IaaS 服务。Amazon EC2 是亚马逊提供的可以通过 Web 服务接口轻松配置计算容量的云服务。

Amazon EC2 主要由 Chris Pinkham 领导的南非开普敦的一个团队开发的，Pinkham 提供了 EC2 的初步架构指导。Amazon 在 2006 年 8 月 25 日第一次对 EC2 进行有限的公开测试。之后的几年内陆续地补充大型和超大型等实例类型，并添加了静态 IP 地址、可用区域、EBS 等功能。现在的 Amazon EC2 的功能已经相当完善，通过 Amazon EC2，用户可以根据需要启动任意数量的虚拟服务器，运行任何软件和应用程序。而且用户可以自由地建立、运行、终止自已的虚拟服务器，完全控制计算资源。

Amazon EC2 弹性计算云的使用模式如图 3.4 所示。Amazon 云用户使用客户端通过 Web 服务接口来实现与 Amazon 弹性计算云内部的实例进行交互。

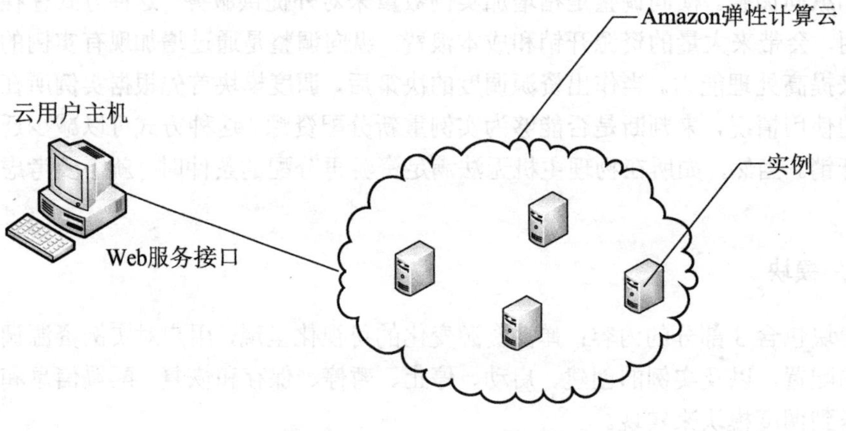

图 3.4　Amazon EC2 使用模式

Amazon 弹性计算云提供了多种强大的功能，这里我们仅举出部分功能进行说明。

1. EBS（Elastic Block Store）卷

EBS 是 EC2 提供的独立于实例生命周期的持久性存储卷。EBS 具有高可用性和可靠性，可以用作实例启动分区，当然也可以用作标准块存储设备。而且 EBS 卷在后台可进行单可用区的自动复制，避免用户受到组件故障的影响，大大提高了实例存储的耐久性。EBS 卷用作启动分区时，可以用作实例停止后的重新启动，用户仅需要支付维护实例状态时使用的存储资源的费用。

2．地理位置和可用区

为了提高用户实例的稳定性，保护应用程序不受单一位置故障的影响，EC2 把用户实例分布在不同的地理位置和可用区内。地理位置和可用区的关系如图 3.5 所示。

图 3.5　地理位置和可用区

3．弹性IP地址

EC2 每次启动实例时，会自动为实例分配 IP 地址。每次启动后，IP 地址都会变。这就需要重新建立 IP 地址和 DNS 的映射关系，等待 DNS 把这种变化传递到整个网络，这个时间可能会长达 24 个小时。为了解决这个问题，EC2 引入了弹性 IP 地址，弹性 IP 地址是与用户账户关联的静态 IP，而不是与实例相关联。如果用户不改变账号或主动释放，弹性 IP 地址是不变的。弹性 IP 地址可以通过编程的方法映射到任何实例，当一个实例发生故障后，可以快速将弹性 IP 地址映射到替换实例，大大提高了系统的容错能力，保证了服务的不间断性。

4．自动伸缩

EC2 的自动伸缩功能与其他的弹性计算平台的功能相差不大，都是为了提高应用程序的可用性并降低成本，根据用户自定义条件对 Amazon EC2 的容量进行自动伸缩，确保在需求高峰期能够自动增加实例数量以维持性能，又能在需求较低时自动减少容量来降低成本。

5．负载均衡

为了提高云平台的可用性、灵活性及安全性，EC2 引入了负载均衡。通过 EC2 的负载均衡，可以有效地检测不健康的实例，并在其余健康的实例间重新分配路由流量，使用户的应用程序达到更高的容错水平。而且 EC2 可以自动扩展请求处理能力，可满足各种流量水平的需求，无须人工干预。

Amazon EC2 平台通过这么多强大的功能，为用户提供了一个虚拟的集成环境，在保证充分灵活性的同时，也减轻了云平台运维管理的负担。Amazon EC2 在强大功能的支撑下，提供了多种使用不同场景的实例类型以供用户选择，从而使用户能够选择符合目标工作环境要求的实例。

3.3 智能监控运维平台

在云平台建设过程中，智能监控运维平台是必不可少的环节。本节介绍智能监控运维平台的主要作用及实现方法，然后分析智能监控运维平台的未来发展方向。

3.3.1 背景及概念

随着信息化建设的全面开展，在 IBM 提出“智慧地球”概念之后，“智慧园区”“智慧城市”“智慧医院”等相继出现。智慧化建设的核心是以物联网、云计算及大数据分析等信息技术为核心，构建一个环境全面感知、智慧型、数据化、网络化的一体化服务平台，实现更透彻的感知，更广泛的互联互通。

在智慧化建设的浪潮中，网络拓扑复杂、设备型号多样、设备数量的爆发式增长，以及产品复杂度的快速增长等都给运维管理系统提出了更高的要求。传统的运维管理系统面临着运维平台不统一、运维人力成本高、故障排查慢、对维修人员的技术水平要求高、系统不能自恢复等问题，已经无法满足当前飞速发展的网络应用需求。智能监控运维系统的重要性日渐凸显，通过智能监控运维系统能够快速地发现问题、分析定位和止损。

PaaS 平台作为一个分布式系统，运维管理对象由传统的单个服务器或单个系统转变为集群环境，同样面临智能监控运维系统的升级改造问题。PaaS 平台的智能监控运维的主要功能是：实现对云平台中的计算资源、存储资源、网络资源、云应用服务进行全方位、全时区、智能化的监控，保证云平台及应用实例的安全、稳定、可靠运行。

3.3.2 实现方法

智能监控运维平台的实现主要包括两个方面：数据采集和异常自动检测和处理。下面分别介绍它们的功能。

1. 数据采集

数据采集和处理是监控运维的核心。一个没有数据的监控运维无法做到异常情况的报警，更不用说对异常情况的处理了。因此，可靠的数据来源是智能监控运维平台的基础。

数据的来源主要分为两部分：一部分来自于实例的资源监控，另一部分是实例日志的监控。实例本身的监控主要是采用实例监控工具对应用实例进行监控数据的收集、分析，然后经过存储处理后以可视化界面进行展示，同时为应用实例的弹性伸缩提供数据依据。实例日志包含实例运行状态日志和应用运行日志。通过存储卷等形式对实例日志进行持久化存储，提供平台日志的导出功能，既能为平台负载均衡提供依据，又能帮助测试人员对应用故障进行排查。

2. 异常自动检测和处理

以往运维的业务数据出现环比异常、持续偏离等问题时，基本靠运维人员的经验进行排查。随着智能运维监控系统的发展，可以通过制定监控标准来实现运维的自动化，最终用智能化的方法实现对异常的自动处理。异常自动检测和处理部分分为异常检测、报警收敛、关联分析与故障定位、自动处理四个部分，如图 3.6 所示。

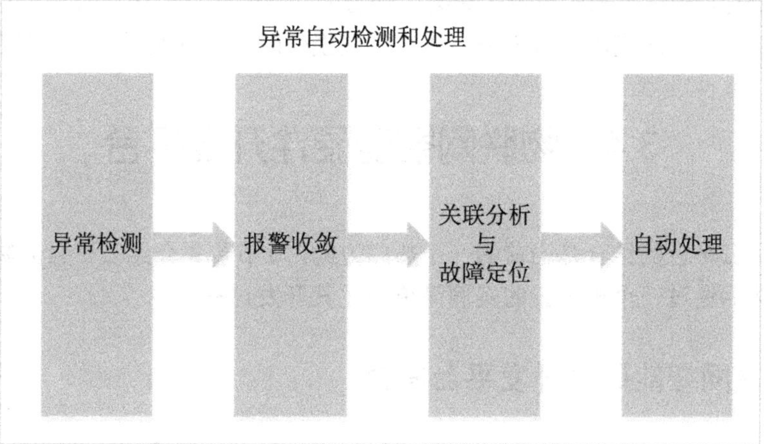

图 3.6　异常自动检测和处理示意图

我们在智能运维监控中常用的异常检测策略是通过阈值的比较。传统的异常检测是靠经验配置阈值，而现在通常采用统计学方式配置自动阈值，如三倍于标准差之上数据的为异常数据等。对于普通数据和周期性数据的阈值设定，又可以分为恒定阈值和动态阈值。

恒定阈值的设定参考方式有基于历史数据统计、假设正态分布和 3Sigma 策略 3 种。而动态阈值的设定通常采用将数据分段，然后再进行阈值比较的方法。

报警收敛通常是指精准报警，避免报警风暴。当某些报警频繁地且同时出现时，可以考虑是否为同一个报警，甚至进行一些关联挖掘，不再进行单独报警。另外，对于一些离散的异常点是否每次都报警，需要对系统干扰（毛刺）有一定的忍耐度，解决系统误报的问题。报警收敛的关键是进行报警合并，通常的策略是将时间相近、相同监控对象和相同监控策略的报警进行合并。对于不能使用上述方法进行报警合并的异常，通常采用关联挖掘的方法进行精准报警。

报警收敛仅仅是异常报警的一个策略，除此之外还要通过关联分析，辅助运维工程师做好定位问题。关联分析指的是通过把几个相关联的模块进行组合分析，找出事件与事件的关联，然后通过以前发现问题的经验沉淀，发现事件的强相关，最终做出故障诊断，定位问题。故障诊断的依据主要是来自领域专家的经验积累或者逻辑推导。

当异常发生后，根据问题的原因，选择预先定义好的策略，进行故障恢复。对于一些无法进行自动处理的异常，通常通过预定义的应急通道（短信通道、推送处理终端等方式）请求运维人员协助。

3.3.3 未来发展

当前的智能运维监控系统是通过对云平台全方位的数据采集，然后进行异常检测，最后实现故障处理。相信未来的监控系统会更加智能，能够通过对历史数据的自动学习并预测故障的趋势，在系统刚出现故障征兆还未造成损失时就能够及时发现并处理。

3.4 物联网智能硬件开发平台

物联网和云平台的结合是当前的一个热门方向。本节首先介绍云平台为物联网开发带来的便利，然后通过一个机智云的案例简单阐述其开发过程。

3.4.1 物联网智能硬件开发平台简介

什么是智能硬件？引用百度百科的定义是：

智能硬件是继智能手机之后的一个科技概念，通过软、硬件结合的方式，对传统设备进行改造，进而让其拥有智能化的功能。智能化之后，硬件具备连接的能力，实现互联网服务的加载，形成“云+端”的典型架构，具备了大数据等附加价值。

智能硬件是物联网的主要感知设备，它把传感器数据通过网络上传到数据中心，最终通过移动终端连接用户的方式，产生层出不穷的物联网应用。智能硬件的种类繁多，每款智能硬件产品都需要大量的研发人员投入研发，造成了企业的研发成本增大，承受的风险较大。

通过对身边的物联网公司的了解，传统的智能硬件开发可以分为两类：完全自主研发和外包。完全自主研发，可以进行持续的技术积累，但是研发周期较长，需要投入的成本较高。外包，可以进行产品的快速开发，可靠性、稳定性都有一定的保障，但是智能硬件变化较多，无法对产品功能进行迭代开发，对外包公司有一定的依赖性，从企业竞争力和综合成本考虑，不是较好的选择。而物联网智能硬件开发平台的出现，很好的解决了以上问题。

下面以一块机智云的开发板为例，介绍机智云智能硬件开发平台的使用过程。

3.4.2　物联网云平台服务案例——机智云

机智云是机智云物联网科技有限公司开发的面向个人、企业开发者的一站式智能硬件开发平台和云服务平台。该平台提供了覆盖智能硬件从接入到运营管理全生命周期服务的能力。而且机智云平台为开发者提供了代码自动生成工具与开放的云端服务，最大限度地降低了物联网开发的技术门槛，帮助企业缩短开发周期，降低开发成本。机智云的网络结构形式如图 3.7 所示。

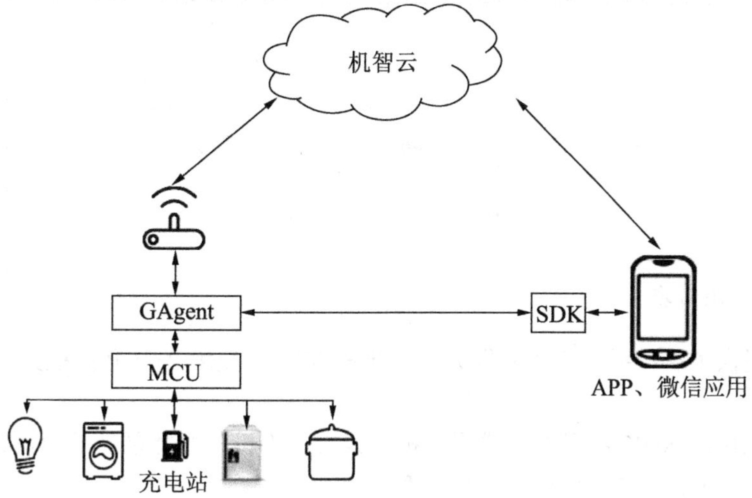

图 3.7　机智云网络结构形式

1．机智云的平台架构

机智云官网的机智云平台架构如图 3.8 所示。

从机智云的平台架构图中可以看出，机智云 PaaS 平台为开发者提供了设备接入、手机应用和企业应用的开发平台。下面我们就从这三个方面介绍机智云智能硬件开发平台的开发过程。

2．设备接入开发

用户只需要在机智云官网上利用自动代码生成工具，通过图表的形式选择对应的硬件平台，可以自动生成一套设备接入端的 SDK。SDK 中的内容包括设备与云端通信协议的解析与封包、传感器数据与通信数据的转换逻辑。开发者只需要把这套 SDK 的代码添加到自己的硬件平台上，并在指定的文件中编写硬件动作执行函数即可。

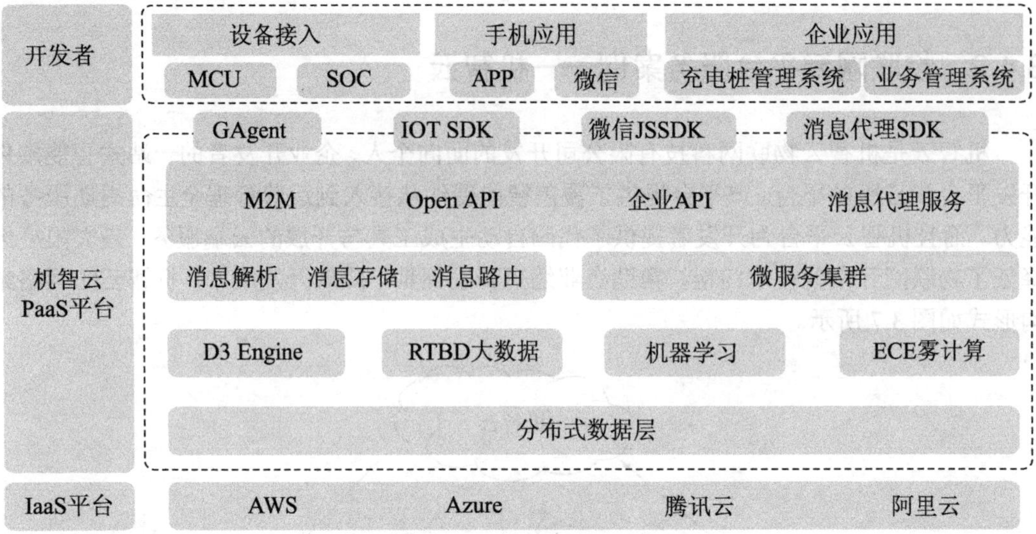

图 3.8　机智云平台架构

3．手机应用开发

机智云提供了 3 种手机应用开发方式：集成 SDK、使用 App 开源框架和使用 App 自动生成。

机智云在集成 SDK 中已经完成了手机与云端、手机与智能硬件的通信过程，开发者只需要关注手机应用的 UI 和 UE 设计即可。

开发者也可以利用机智云提供的 App 开源框架进行手机应用的开发。为了降低智能硬件手机应用的开发门槛，机智云在 App 开源框架的基础上，推出了提供项目完整控制功能的 App 自动生成服务。开发者使用 App 自动生成服务，可以生成对应产品的 App 参考代码，然后只需要在参考代码的基础上优化 UI 和设计设备控制逻辑，就可以快速完成对应产品的收集应用。

4．企业应用

企业应用是指企业通过获取接入机智云的设备数据来实现特定的业务管理功能。机智云提供一个 SNoti 实时设备消息传输服务，能够实时地将设备数据推送到企业的业务平台上。除此之外，机智云还提供了一个企业 API，为企业提供设备管理、数据统计分析等功能，让企业更关注业务管理系统本身，降低开发成本。

企业通过机智云提供的一站式智能硬件开发平台（即 PaaS），可以方便快捷地完成设备接入端、移动设备端及企业应用的软件开发工作，节省开发环境搭建工作，集中精力完成综合业务系统，更好地服务最终消费者。

3.5　本章小结

本章的 3.1 节首先介绍了云平台的基本概念及主要特性，然后围绕云平台的概念模型展开了详细的介绍，让读者对云平台有一个整体的认识。之后介绍了 PaaS 平台的几个关键技术：虚拟化、容器和分布式存储，并对它们的实现原理进行了简单的描述。最后介绍了云平台的未来发展趋势。

3.2 和 3.3 节分别介绍了 PaaS 平台建设必不可少的弹性计算服务平台和智能监控运维平台，并对它们的实现方法进行了描述。章节的最后回归到 PaaS 平台对物联网开发的影响，并举例介绍了机智云的智能硬件开发平台。

3.6　习题

1. 什么是云平台？云平台有哪些特点？
2. 传统的虚拟化技术和容器技术的区别是什么？
3. 分布式存储是如何分类的？
4. 什么是弹性计算平台？其主要解决什么问题？
5. 什么是智能监控运维平台？主要的实现方式是什么？
6. 智能硬件开发平台给物联网带来了哪些影响？

第 4 章　云平台搭建实战

云平台建设的目的是为最终用户提供服务，因此云平台的建设与服务内容密切相关。本章不仅介绍了云平台部分，还介绍了其基础设施和应用服务。本章首先介绍云平台的基础建设，然后对当前热门的云平台应用（智慧校园云、智慧城市云、智慧医疗云和智慧交通云）进行介绍，内容包括基本概念及背景、云框架结构、云建设内容及云未来发展趋势。

4.1　云平台的基础建设

云平台中的基础设施部分包括：云服务器、云存储和高速光纤网络。本节给出了云数据中心的概念和基本框架，通过与传统数据中心对比，阐述其优势。

4.1.1　云服务器介绍

提到服务器，人们首先会想到其具有超强的运算性能，具有大内存和高容量的存储。云服务器同样具备这些特点，但是与传统的实体服务器也有明显的区别。云服务器是整合了计算、存储和网络资源，为用户提供处理能力可弹性伸缩的计算服务。与传统服务器相比，大大提高了灵活性、可扩展性，降低了用户的管理成本。

讲到这里有人会提出疑问：云服务器是否是 VPS（Virtual Private Server，虚拟专用服务器）？其实这两者有明显的区别。VPS 是利用虚拟软件将一台服务器虚拟成多台虚拟服务器；而云服务器是一个分布式系统，并不是一台服务器。

云服务器也被称为计算单元，在云平台中的角色就如同人的大脑一样。**云服务器并不是真实的某一台或某一类服务器，而是由一组集群服务器利用虚拟化技术虚拟出来的，为用户提供弹性资源配置服务的虚拟服务器。**

云服务器实现的主要技术是虚拟化技术、分布式存储和弹性资源调度。这些内容第 3 章已经介绍过了，这里不再赘述。下面通过对云服务器与传统服务器的比较，来看一下云服务器有哪些优点。

- 随着业务的增多，服务器的升级改造成为难题，尤其当传统的服务器不能满足使用要求时，需要进行更换，就要对服务器的系统、环境和数据进行再安装或移植，非常不方便。而云服务器提供的弹性资源扩展能力很好地解决了这一问题，随着性能需求的不断提高，无须考虑系统升级问题，云服务器可以动态地进行资源伸缩，满足业务需求。

- 云服务器可以根据用户需求，更加灵活地提供与用户业务相匹配的服务器，如计算型服务器、内存型服务器、通用网络增强型服务器和大数据型服务器等，并能提供更高的灵活性。
- 云服务器提供灵活的计费方式，主要有包年、包月、按量付费等形式，而不像传统服务器，需要一次性付费。云服务器的这种按需付费方式，节省了用户一次性购买设备的成本，与传统服务器相比，有明显的优势。
- 传统服务器需要投入大量的运维人员，要时刻对服务器的状态进行监控，对大量的告警信息进行处理。一旦发生故障，恢复时间较长，给用户造成了一定的损失。而云服务器减少了用户的运维工作，使用户能够专注于核心业务的开发。云服务器提供商通常不仅提供 24 小时客服支持，而且提供更快捷的云服务器备份和升级、故障的自动检测和恢复、在线迁移保证业务不中断等高级功能，大大降低了用户的运维人力成本，提供更优质的业务。

4.1.2　云存储介绍

在这个信息爆炸的时代，数据存储是云平台建设中重要的一个环节。云存储的出现解决了大规模数据持久化存储的问题，为企业及个人提供成本更低、存储更安全的解决方案。本节主要介绍云存储。那么什么是云存储？云存储系统结构是什么样的?云存储的优点是什么?云存储提供的服务有哪些？下面就对这些问题一一解答。

云存储不仅仅是一个硬件设备，而是一个提供云存储服务的复杂系统。云存储是软件和硬件的结合体，包括服务器、存储单元和操作系统等。

云存储是利用集群、分布式等技术，将网络中不同类型的存储设备协同起来，共同对外提供数据维护、管理和存储功能的服务模式。

云存储就是一种以数据存储和管理为核心，应用软件和存储设备相结合，为用户提供数据存储和业务访问功能的一种服务。

4.1.3　云存储结构

云存储的结构可以分为 4 层：存储层、基础管理层、存储服务层和用户访问层，如图 4.1 所示。

存储层由存储设备和一个存储设备管理系统组成。存储设备通常是由磁盘阵列、磁带库、光盘塔或光盘库组成。采用的存储结构形式主要包括 NAS（Network Attached Storage，网络连接存储）、DAS（Direct Attached Storage，直接连接存储）和 SAN（Storage Area Network，存储区域网络）。而存储设备管理系统包含存储虚拟化、存储集中管理、状态监控、维护升级等内容。

图 4.1　云存储结构

基础管理层实现云存储设备的协同工作，实现的主要功能有集群、分布式文件系统、网格计算、内容分发、重复数据删除、数据压缩、数据加密、数据备份、数据容灾等，是云存储实现的难点，同时也是云存储的核心部分。

存储服务层不仅为用户提供公用的 API 接口、用户软件和 Web 服务等，同时提供网络接入、用户认证、权限管理服务。根据业务类型的不同，云存储提供的应用接口是灵活多变的。

用户访问层是指云存储服务供应商提供的访问类型和访问方式。授权用户可以通过这些访问手段，接入云存储系统，享受云存储服务。

4.1.4　云存储的优、缺点

云存储相对于传统存储的优、缺点，可以从以下几个方面进行分析。

1．存取性能

由于云存储对网络环境的依赖性，使云存储无法实现传统存储的高存取速度。但是在存储容量的弹性扩展方面，云存储通过集群等技术，可以更加轻松实现存储容量的扩展。

2. 安全性

很多企业或个人用户担心云存储的信息安全问题，其实大多数的云存储都提供有安全加密措施，而且由于信息采用分布式存储方式，相比传统存储的不加密的单一存储空间，安全性更高，并且云存储服务提供数据备份功能，在可靠性方面也有明显的优势。

3. 成本

云存储服务根据用户使用容量进行计费，不需要用户在前期的一次性投入，而且用户无须为设备故障支付费用，大大降低了使用成本。

4. 管理

云存储服务提供商提供所有的升级维护工作，帮助企业节省了在传统存储所需要考虑的管理工作。

4.1.5 云存储的应用

根据用户不同，云存储服务可以分为两类：个人云存储服务和企业云存储服务。个人云存储服务包括以下两部分内容。

- 网络云盘。用户可以使用网络云盘进行信息同步、数据存储和版本控制等功能，目前提供这类功能的有百度云、Dropbox、坚果云等。
- 云文档。提供文档的在线浏览和编辑功能，使用户能够实时地对文档进行快速编辑，而不用考虑同步问题，如 360 云文档等。

企业云存储服务包含以下 3 部分内容。

- 存储空间租赁。在这个数据爆发式增长的时代，云存储为企业用户提供价格低廉的存储空间租赁，降低了企业的运营成本。
- 数据备份。云存储服务提供商为企业提供数据备份、容灾能力，增加数据存储的安全性和可靠性。

实际上，企业云存储服务往往也包含云文档协同等服务，个人云存储服务也包括数据备份、空间租赁等，两者并没有明显的界限。

在云平台快速发展的大潮下，各大网络运营商纷纷推出了面向个人的云存储服务。但自 2015 年以来，酷盘、华为网盘等陆续停止了对个人的云存储服务，只剩有限的几家网络运营商还提供面向个人的云存储服务。究其原因是个人的云存储服务找不到合适的盈利模式，很难持续发展。

随着云存储技术的不断完善，面向企业的云存储服务正进入快速发展阶段，这是由于企业更加看重云存储的安全性、协同性、易用性等优势。

4.1.6 高速光纤网络

云服务作为一种基于 Web 提供的服务，网络是影响云服务质量的最重要因素之一。高速光纤网络是提供优质、可靠的云服务的基础。

高速光纤网络由两部分组成：传输介质（光纤）和交换设备。

光导纤维，简称光纤，是一种利用光在玻璃或塑料制成的纤维中的全反射原理而制成的光传导介质。光纤种类很多，分类也有很多种，按材料划分可以分为石英光纤、玻璃光纤、塑料光纤和复合材料光纤等。

传输光纤的出现引起了通信技术的一场革命，为信息社会的到来奠定了基础。下面来看一下光纤的发展历史及其潜存的价值。

- 1966 年美籍华人高锟提出用石英玻璃纤维来进行信号传输。
- 1970 年康宁公司花费 3000 万美元，研制出 30 米的光纤样品，引起了通信界的震动。
- 1976 年贝尔实验室建立了第一条光纤线路，速率是 45Mbps。
- 1996 年贝尔实验室发展了 WDM（Wavelength Division Multiplex，波分复用）技术，光纤通信速率从单波长的 Gbps 爆炸性地增长到多波长的 Tbps 传输。

光纤的理论传输速度常用的 1.3 微米和 1.55 微米波长窗口的容量就有至少 25 000GHz，几乎是取之不尽，用之不竭的。光纤是现代高速网络传输的主要介质，具有通信容量大，重量轻、抗干扰能力强、成本低、损耗低等特点，随着高网络带宽需求的不断增长，在未来的网络通信中的应用会更加广泛。

在云服务平台中的交换设备主要指交换机。目前业界主流的数据中心交换机的交换容量已经达到上千 Tbps，单接口的速率达到 100Gbps，完全能够满足云服务的高带宽需求。

4.1.7 云数据中心建设

数据中心，顾名思义就是用来做数据的集中式管理的地方。管理的主要内容包括存储、计算和交换等内容。传统的数据中心是一堆分立的物理设备的堆砌，统称为数据中心，只是为了进行更好的资源管理。由于它是静态的物理资源，因此只能提供静态的工作负载能力。传统数据中心这种静态结构的问题很多，已经难以支撑企业快速发展的业务需要。

云数据中心是基于云计算架构的新型数据中心，其将计算、存储及网络资源虚拟化，提供的自动化程度和模块化程度高，扩展能力强，具备较高的节能程度。与传统数据中心相比，云数据中心提供更高效率，更低能耗，更多的业务能力。

云数据中心由 4 部分组成：硬件基础设施、云平台模块、业务体系、数据中心的管理和服务，如图 4.2 所示。

- 硬件基础设施，也称之为绿色数据中心机房，内容包括机房布局、综合布线、机柜、电力系统、消防系统、运维中心、制冷系统和监控门禁等，提供数据中心的基础物理设施。

- 云平台模块是指云平台部分的实现内容，包括提供计算、存储、网络、安全、负载均衡等服务的基本物理设备，以及基于这些物理设施实现的虚拟化、分布式管理等软件平台。

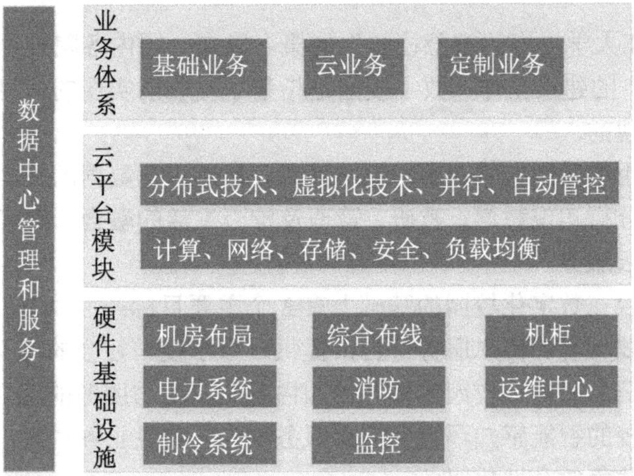

图 4.2　云数据中心

- 业务体系包括基础业务、云业务和安全业务等。基础业务主要包含基础办公桌面、运营办公系统和外部网站等内容。云业务包括 3 种云服务提供的业务。安全业务指数据中心的安全服务、故障恢复及数据备份等业务。
- 数据中心的管理和服务，主要提供数据中心的业务管理和专业的服务，内容包括数据中心提供的专业咨询、云平台管理、综合网管、机房管理和安全管理等。

从数据中心结构的组成看，其与传统数据中心相比具有以下优势：

- 效率更高。由于云数据中心的弹性资源调度，大大提高了资源的利用率。而且由于云数据中心的模块设计和容错机制，使得运维效率也大大提高。
- 能耗更低。云数据中心采用绿色节能技术建设绿色机房，并且实现基础设施与 IT 设备联动节能，降低了系统能耗。
- 业务能力更强。传统的数据中心，新业务上线时需要大量的配置工作，尤其在复杂的网络环境中。如何缩短上线时间？如何保证配置的可靠性？云数据中心完全采用自动化的方式实现，增强了配置的可靠性，缩短了产品上线时间。

4.2　智慧校园云平台搭建

本节首先讲述智慧校园云平台的背景及概念，根据云平台的基本模型，介绍智慧校园云平台的特点。然后详细介绍智慧校园云平台的建设内容，包括智慧教室、智慧实验室、智慧图书馆和绿色节能等内容。最后对未来智慧校园云平台的发展进行简要描述。

4.2.1 智慧校园云概念

自 2010 年浙江大学提出“智慧校园”的概念以来，国内各院校纷纷开展从“数字校园”到“智慧校园”的建设工作。数字校园是指基于互联网实现的信息化建设，而智慧校园是基于物联网实现的。

智慧校园是利用物联网技术，实现网络互联，然后进行数据的采集和分析，最终通过人工智能和大数据分析实现教学、教研、管理及校园生活的融合。而智慧校园云平台是提供智慧校园功能的云服务。

智慧校园云平台在数字化校园的基础上有 3 个主要目标：

- 利用智能感知环境和信息服务平台，提供一个学校与社会的相互感知的接口。
- 促进校园内信息服务、校园实体及校园内各个应用与服务的融合，实现互联。
- 提供覆盖全校的智能感知环境和信息服务平台，实现业务互联，最终能够为广大师生提供基于角色的个性化服务。

4.2.2 智慧校园云框架

智慧校园云作为云计算服务的一个现实应用，我们按照三层云服务（IaaS、PaaS 和 SaaS）对它的整体结构进行分解，如图 4.3 所示。

智慧校园云平台分为基础设施层、平台服务层、软件服务层和用户服务层。下面针对校园特点分解各层，对各层包含的内容进行简要说明。

1. 基础设施层

基础设施层包括两部分：云平台基础设施和智慧校园基础设施。智慧校园基础设施主要指校园内的温度传感器、声音传感器、水电表、监控设备、消防设备和 RFID 等。云平台基础设施包括云服务器、云存储、网络设备、安全设备、传感器设备和监控设备等，为智慧校园的建设提供数据支持，为上层服务提供计算、存储和网络资源。

2. 平台服务层

平台服务层分为两部分：数据管理平台和服务平台。数据管理平台提供数据的统一管理，包含学生数据库、教师数据库、资产数据库、教学数据库、传感数据库和业务数据库等。平台服务的内容包含统一授权、数据订阅、系统日志、账户管理、系统集成接口和统一消息等功能。

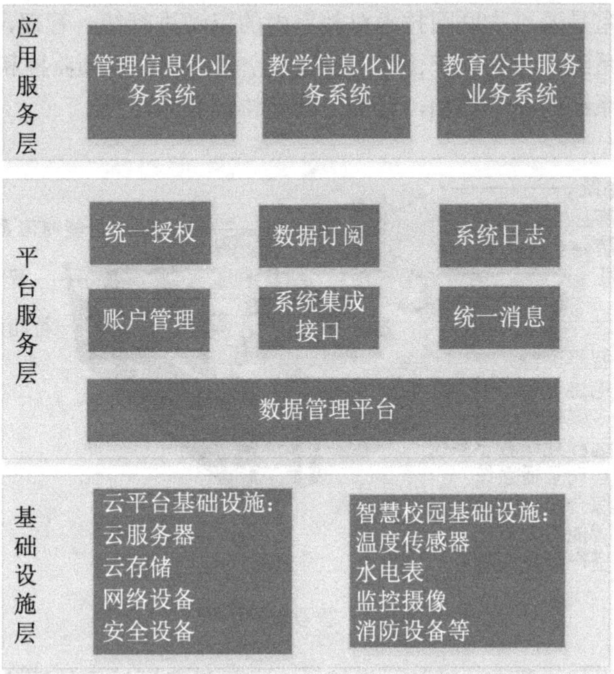

图 4.3　智慧校园云平台框架

3. 应用服务层

应用服务层主要是指教育信息化业务系统，主要包含 3 个部分内容：管理信息化业务系统、教学信息化业务系统和教育公共服务业务系统。

管理信息化业务系统包含资产管理、人事管理、电子政务、校舍管理、后勤服务等校园管理内容。教学信息化业务系统包括电子备课、选课系统、数字图书馆、视频教学、电子课堂、录播系统等教学内容。教育公共服务业务系统包含校车安全、家校通、平安校园等面向社会的公共服务。

4.2.3 智慧校园云的建设内容

智慧校园云是一个结合物联网技术的云平台，建设内容包含校园内的方方面面，智慧化建设的方案也各式各样，下面仅以笔者的认知着重对智慧教室、智慧科研、智慧课堂、智慧实验室、绿色节能、网络支撑、智能安防和生活服务等方面进行阐述。

1. 智慧教室

教学环境的建设是智慧校园建设的主要内容，教室作为主要的教学场所，自然就成为建设重点。智慧教室是通过物联网技术对教室内的资源进行统一管理，如图 4.4 所示。智慧教室又包括教学系统、考勤系统、灯光控制、空调控制、视频监控和通风换气等。智慧教室不仅仅是这些系统的简单叠加，它们之间是协同关系。

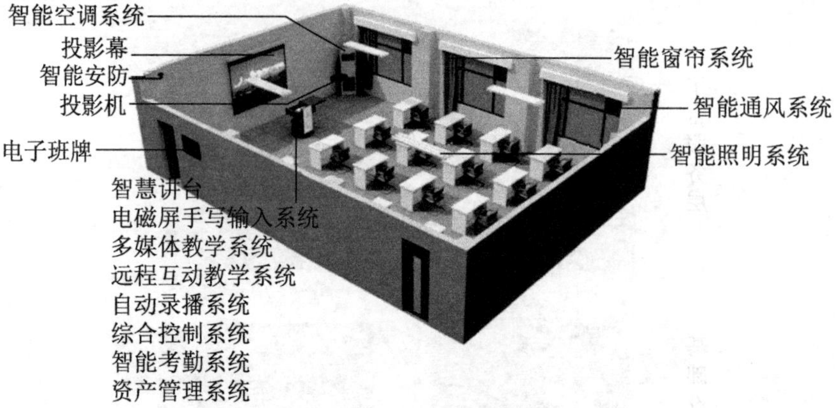

图 4.4　智慧教室结构

教学系统把投影仪、幕布、功放、音箱、麦克等设备通过无线网络技术连接到智慧校园云平台上。教学系统通过课程管理系统获取当前教室的课程与教师，提前下载教师的课件与相关资料。当教室内的考勤系统检测到教师到来时，会自动打开投影仪等设备，将教师的课件投放到幕布上。

考勤系统通过 RFID、人脸识别和指纹等技术对学生和教师进行考勤，替代传统的点名方式，节省了课堂时间。

灯光控制是通过声音传感器、光照传感器、红外传感器及教室内人数识别系统等实现灯光的区域性开关控制。

空调控制通过教室内的温度传感器，感知当前内的教室温度并检测当前教室内是否有人，实现空调的开关及模式控制。

视频监控设备主要是在教室内安装监控设备，通过网络摄像头，对教室内的人员及资产进行实时监控。

通风换气是指通过 PM2.5 或 CO_2 传感器，感知当前的空气质量，对空气净化系统或换气系统的开关状态进行控制。

2. 智慧科研

智慧科研不仅仅为科研人员提供课题申报、结题审查、学术交流，同时利用大数据技术为科研人员提供数据收集和整理功能。

科研人员的数据整理工作烦琐，需花费大量时间筛选有用信息。而利用智慧科研提供的大数据平台，可以实现对预设的数据源进行数据的抓取、分类，把相关信息提供给科研人员，使他们获取的数据更加全面，效率更高。

3. 智慧课堂

信息化技术在各个方面都影响着人们。智慧课堂是一种现代化的教育方式，通过帮助学生更好地理解概念、细化概念、提高阅读技能和学业成绩来为学生提供优质的教育。

随着教育现代化的发展，传统的讲课方式和笔记已经跟不上时代的需求。在努力促进学术发展的过程中，必须考虑到教学的差异化模式是实现更深层次的个性化教学的必要条件。由于每个学生并不是对所有学科都感兴趣，因此教育机构有责任为学生提供各种机会以提高学生的兴趣，协调学生的学习。

互联网和电子学习设备给教育带来了巨大的改变。通过计算机、互联网和多媒体设备进行教学将是一件很平常的事情，在教学过程中使用互联网不再是一个梦想，而是时代的必然发展趋势。

智慧课堂提供一个虚拟的教学环境，是利用当前学校积累的海量的教学数据，采用大数据、云计算等技术实现对学生的个性化教学。智慧课堂通过使用信息和通信技术，提供一个支持学生学习及与教师、同学互动的虚拟教室环境。智慧课堂的特点有以下几个。

- 个性化学习：任何课堂都有不同学习能力的学生，这往往使教师难以确保所有的学生都能理解所讲的知识。 个性化学习的现代化方法使学生能够以自己的节奏和最舒服的方式自由学习，能够在自己的弱项投入更多的时间。
- 协作学习：协作学习是最有效的学习方式之一。孤立的教学是非常限制和阻碍学习进步的。协作学习有利于拓宽学习的知识面，培养批判性思维。协作学习的内容包括小组项目、合作解决问题、辩论等。协作学习重新定义了课堂上传统的师生关系。
- 以学生为中心：在智慧课堂中，教师扮演促进者角色，帮助学生批判性地思考，鼓励学生自主地发现和掌握新概念。 以学生为中心的教室环境，把学生的兴趣放在首位，注重学生自身素质的培养。

4. 智慧实验室

智慧实验室的建设内容包括实验室门禁、实验台控制、实验室主控机、实验室信息监控及软件预约平台等，如图 4.5 所示。

学生通过软件预约平台预约实验，经管理员批准后，通过 RFID、人脸识别等技术识别身份后，可以通过实验室门禁进入实验，同时实验室主控机自动打开学生预约的控制台。实验过程中对实验内容的特征信息进行数据采集，当发生异常时，通过实验室紧急处理系统解决异常。

例如，化学实验室需要对烟雾、空气质量及空气内有毒气体进行检测，当发现有毒气体含量超过某一指标时，会打开抽风机或告警，疏散学生。而物理实验室需要对实验台的电压、电流等进行监控，当实验过程中发生电流过大等异常现象时，会自动切断实验室电源。

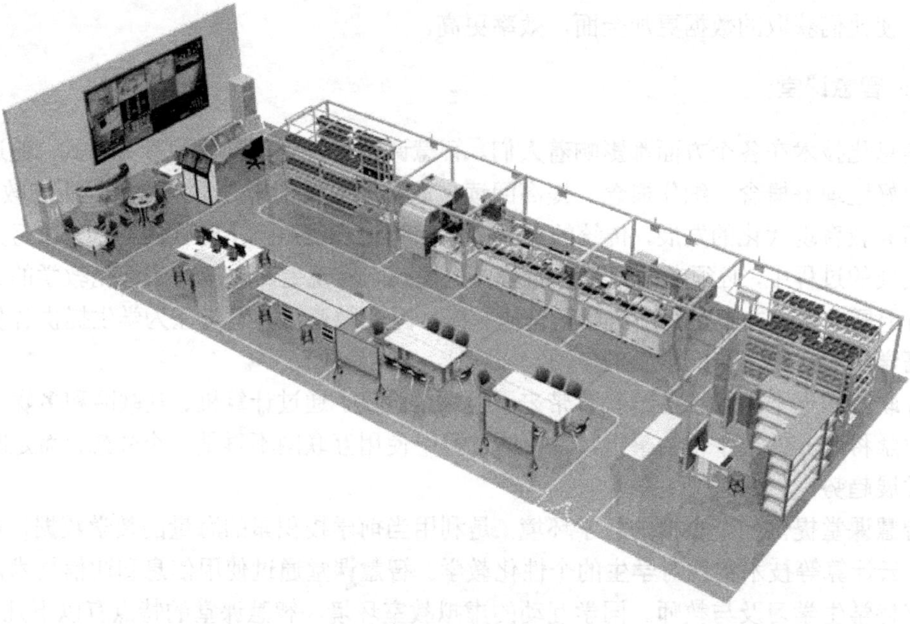

图 4.5　智慧实验室

学生实验完成后，提醒学生恢复实验台初始状态，之后自动切断实验台电源，开放允许其他学生预约实验。整个实验过程无须人工监控，提高了实验效率。

5. 绿色节能

绿色节能的内容包含水、电、暖等控制。

水的控制通过安装红外线感应水龙头实现单一水龙头的节能。通过水表的数据采集，把各水表的数据进行可视化呈现，并分析出各时间段的用水信息，利用统计学分析出用水异常，提供准确告警。干线的水表异常利用查漏设备等进行漏水点的精确定位，为维修人员提供准确信息，最终实现校园水资源的节能控制。

电能的控制也分为数据分析平台和终端的节能控制两部分。终端的电能控制主要根据预设时间段、人员分布、声音和光照等条件对校园、教室、走廊、宿舍的照明灯进行开关控制。同时利用电表对电能的数据进行采集分析，找出校园内的电能损耗异常点，辅助维修人员进行问题定位等。

供暖系统的智能化控制也是绿色节能的重点建设内容之一。内容包括对教室、宿舍、实验室等进行分时、分区的自动化控制。例如当教室内夜晚无人的时候可以断掉供暖，等第二天早晨上课时提前一段时间打开教室的供暖控制开关，实现分时、分区控制。当供暖开关打开时，对教室内的温度进行实时监测，当教室内的温度偏高时，可以适当降低供暖流量，避免给学生造成不适和资源浪费。

6. 网络支撑

网络全覆盖是实现智慧校园云平台的基础。通过有线和无线网络进行全网内的覆盖，把数据采集、数据分析、数据处理等模块有效地关联在一起，为智慧校园建设提供网络支撑。

7. 智能安防

智能安防是智慧校园建设的重点之一。智能安防系统包括 3 部分内容：门禁、视频监控和报警。门禁系统可以有效地对进出人员权限进行管控，并准确记录人员信息，而且当发生紧急事件时，可以实现人员的快速疏散。视频监控实现对校园全天无死角的监控。报警是指对已经发生的异常情况或预测到即将发生的险情进行告警或紧急处理。

4.2.4　智慧校园云的发展

随着智慧校园建设的不断发展，不仅需要保证校园网内的高带宽、高可靠性，还需要在校园网内建设一整套从用户接入控制、攻击病毒类报文识别到主动防御的一系列安全措施，有效地防御病毒和黑客的攻击，保证校园网内的安全。

随着校园网络规模的增大，校园内的网络管理工作越来越繁重，现代校园网内还需要提供更加智能的网络管理解决方案，将网络管理人员从繁重的工作中解脱出来。

智慧校园云的建设促进了信息化技术与其他教学元素的结合使用，建立一个个性化的教育环境，实现学生的自定义学习进度、自主学习。在这个过程中，仍然需要进行更多的研究内容，以确定哪些教学要素对学生学习有最大的影响。而且，这些教学要素的影响力尚不清楚，进一步研究将对智慧教育的发展有重要意义。

随着信息化技术在社会及校园内的普遍应用，校园内的智能产品不断增多，因此建设一个安全可靠、性能卓越、易于管理的智慧校园云平台是必然发展趋势。

4.3　智慧城市云平台搭建

智慧城市是当前城市建设的主要方向。本节首先介绍智慧城市云平台的基本概念、框架和建设内容，然后根据当前智慧城市建设的现状，分析智慧城市云平台的未来发展方向。

4.3.1　智慧城市云概念

随着城市的不断发展，人口的不断增加，需要认真考虑面临的挑战，妥善应对，以适应人口增长、经济发展和社会进步。尽管全球大部分 GDP 都是在城市中产出的，但并不意味着城市环境比其他地方要好。城市是人们关注的焦点，而且两极分化严重，如果管理不善，所造成的负面影响是难以想象的。智慧城市可以带来更好的城市规划和管理，从而实现城市的可持续发展。

智慧城市，融合信息和通信技术，能有效提高城市各行各业的工作效率，提高城市本身的竞争力，并为解决环境治理、交通拥堵、应急指挥等问题提供新方法、新思路。

关于智能城市的定义有很多种，但是业界有一种共识是说智慧城市代表了城市管理、服务和基础设施方面的创新性建设。一个智慧城市的最终目标是提供一种新的城市管理方法，包含城市中所有问题的发现与处理。

有很多人认为智慧城市就是把城市的各个方面互联，这个理解是有偏差的。城市中的基础设施建设和互联是智慧城市的基础部分，利用这些基础设施建立一个“高效、安全、节能、环保”的城市环境才是智慧城市云平台的目标。

4.3.2 智慧城市云框架

智慧城市云通过对城市应用所使用的资源的弹性管理，为建设智慧城市各类应用如数字城管、平安城市、智慧贸易、智慧交通提供高计算能力及海量存储资源，有效提高了系统资源的利用率。

智慧城市云框架如图 4.6 所示。

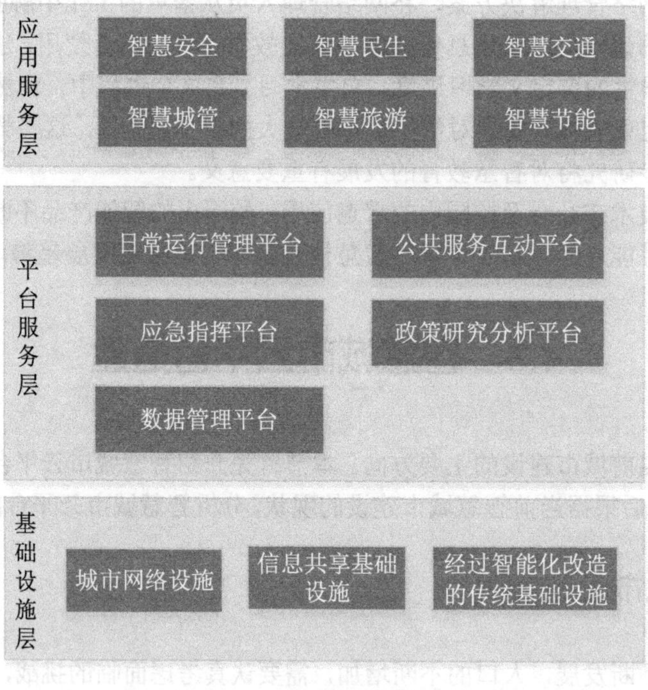

图 4.6 智慧城市云框架

1．基础设施层

智慧城市云的基础设施层包括信息网络设施、信息共享基础设施和经过智能化改造的传统基础设施。

信息网络设施是智慧城市云的信息传输系统，包括有线宽带、无线宽带、城市物联网及三网融合。信息共享服务设施包括云平台所需要的云服务器、云存储、网络设备、安全设备、测试中心及地理信息系统等，为智慧城市内的公共数据存储、信息安全提供基础。通过对水、电、气、热管网，以及医院、道路、桥梁、车站、机场、公园等基础设施的智能化改造，构成智慧校园云平台的基础设施层。

2．平台服务层

平台服务层包括数据管理平台、日常运行管理平台、公共服务互动平台、应急指挥平台和政策研究分析平台等。

3．应用服务层

应用服务层包括智慧安全、智慧民生、智慧交通、智慧城管、智慧节能和智慧旅游等建设内容。

4.3.3　智慧城市云的建设内容

智慧城市云的建设内容涉及智慧安全、智慧民生、智慧交通、智慧城管、智慧节能、智慧旅游等方面。

- 智慧安全：城市内的安全管理服务，包括监控联动、工地安全和设施管理等。
- 智慧民生：城市内的公共服务、社区、医疗、养老、食品安全和污染治理等。
- 智慧交通：公交车辆运行、交通导流和智能出行等。
- 智能城管：桥梁监测、地下管网和停车管理等。
- 智慧节能：工业节能、建筑节能和照明节能等。
- 智慧旅游：游客服务和行业管理等。

智慧城市的内容涉及方面很广，这里仅对以下几部分进行介绍。

1．智慧公共服务

建设一个更加高效、更加智能、更加环保、更加生态的公共服务环境是智慧城市云建设中的关键一环，包括建设面向全民的医疗、养老、教育、文化等智慧服务软件，提高城市运行效率和综合服务水平，全面推进城市的智慧公共服务体系的建设。下面以市民公共服务信息平台和社会保障信息平台为例，介绍智慧公共服务平台的建设。

智慧公共服务平台进一步完善了市民公共服务信息平台，把相关的企、事业单位加入到公共服务平台中，市民通过一个系统就可以完成一系列的公共服务，做好对市民的服务工作。

智慧公共服务平台建立了完善的社会保障服务体系，全面推进社保卡的应用，解决部分药店、卫生服务站不能使用的问题，确保对市民的服务质量。

2．智慧停车

据公安部发布的数据，2016年底，全国的汽车保有量是1.94亿辆。而《2016停车行业发展白皮书》显示，2016年全国停车市场消费达4000亿元。车主普遍反映“停车难”“停车贵”。因此如何实现停车资源的时空错位共享就成为了热点研究方向。很多城市在进行智慧化建设时，也都对智慧停车进行了一些尝试。

智慧停车可以解决驾驶员在出行前或出行过程中，实时获取目的地附近的停车位情况，根据系统推荐的车位情况，可选择提前预定车位。当发现没有空车位时，可提前改变出行计划。

从停车场的角度看，由于车辆对车位信息的实时查询，提高了车位的使用效率，产生了更多的经济效益。

3．智慧社区

社区是城市的基本组成部分，是城市居民生存和发展的载体，是城市智慧水平的集中体现。智慧社区的建设目标是以社区居民为服务核心，建设一个安全、高效、智慧化的服务体系，满足居民的生存和发展需要。从技术角度来讲，智慧社区是物联网、云计算等技术，为居民提供了一个舒适、便利、现代化的服务体系。

智慧社区可以分为4部分的内容：智慧家庭、智慧政务、智慧民生和智慧物业。智慧家庭不仅包括智能家居内容，还包括家庭内的视频监控、实时报警、告警联动等家庭安防的内容。智慧政务不仅提供社区信息通知、公告等内容，还增加了社区互动办公，让社区居民充分参与到社区建设中。智慧民生包括社区内的健康、医疗、公用查询等便民服务。智慧物业是依托信息化技术，实现小区物业的统一管理，包括日常物业工作公示、物业费收缴、物业保修服务等内容，为居民提供更优质的物业服务。

4．智慧物流

在2017年举办的全球智慧物流峰会上指出，我国2016年全国物流总额达到230万亿元，物流总费用超过美国，是全球最大的物流市场。物流从业人员超过5000万人，占全国就业人数的6.5%。物流行业的建设也是智慧城市建设的重要内容。

智慧物流不仅包括运输，还包括分拣和配送等阶段。物品分拣采用自动分拣系统，在保证可靠性的前提下，提供较高的分拣速度。在物流货车上安装定位系统，并且把物流货车、货物信息接入互联网，使物流公司和用户可以准确地获取货物位置。配送人员可以通过扫描条形码和云柜完成货物的配送和通知。

不仅如此，智慧物流云平台可以依照地域性用户消费特征、历史消费数据进行消费预测，通过大数据等技术建立预测模型，为仓库备货及运营策略制定提供依据，典型的有京东仓库、苏宁云仓等。

智慧物流通过使用射频识别（RFID）、多维条码、卫星定位、货物跟踪、电子商务等信息技术，整合物流资源，推动物流产业的信息化、标准化和智能化。

4.3.4　智慧城市云的发展

在全球智慧风暴和国家政策的鼓励下，智慧城市被列入了重点课题，纷纷开展智慧城市的建设工作，相继出现了“智慧南京”“智慧深圳”等示范工程。尽管如此，我国的智慧城市建设还存在许多问题。

据了解，全球智慧城市建设的投资比例服务占 56%，软件占 18%，硬件只有 26%，而我国刚好与之相反，硬件占 73%，服务仅占 20%，而软件只有 7%。从这份数据可以看出，我国的智慧城市建设存在重视硬件，轻视软件和服务的特点，缺乏市场导向。智慧城市的建设不仅包含基础设施的升级改造，还包括城市各行各业的信息资源整合，否则称不上智慧城市。

当前国内各城市都在开展智慧城市的建设工作，但是大部分城市存在盲目建设的问题，发展思路不明确，缺乏对智慧城市的正确认识。而且，当前大部分的智慧城市建设普遍存在设计分散、各自运营的特点，更多的是政务方面的建设，很难成为协同高效的整体，这让智慧城市的整体性和系统性大打折扣。

4.4　智慧医疗云平台搭建

本节主要阐述智慧医疗云产生的背景，阐述智慧医疗云的架构，然后根据各厂商提供的智慧医疗云的解决方案总结智慧医疗的建设内容，最后简单介绍智慧医疗云的发展趋势。

4.4.1　智慧医疗云概念

随着生活节奏加快、生活压力增大，人们的生活越来越不规律。这种不规律的生活方式严重危害人们的健康。据相关统计数据表明，我国亚健康人数逐年上涨，目前已经超过总人数的 75%。因此为人们提供良好的医疗卫生服务，满足社会大众的健康需求势在必行。但是我国的人口基数大，医疗投入较低，导致当前我国的医疗卫生服务仍然存在很多问题：

- 信息系统资源分散，缺乏信息共享和整合。
- 医生对病人的历史病情很难掌握，大多靠询问的方式。
- 对于医院的历史病历数据没有发挥应有的作用。

● 病人出院后，无法对后续的健康状况进行监测。
● 医患关系紧张。
● 医疗资源分配不均，大医院人满为患，小医院无人问津。

医疗体系改革迫在眉睫，是当前社会关注的热点话题。国家在政策上对医疗行业的信息化建设也有支持。在《2006—2020 年国家信息化发展战略》中明确提出要加强医疗卫生信息化建设，建设并完善覆盖全国、快捷高效的公共卫生信息系统，增强防疫监控、应急处置和救治能力；推进医疗服务信息化，改进医院管理，开展远程医疗；统筹规划电子病历，促进医疗、医药和医保机构的信息共享及业务协同，支持医疗体制改革。

因此，在信息化改革的大潮下，利用先进的大数据、云计算等技术来提高医疗资源的使用效率，解决现存的医疗服务问题，是我国医疗卫生行业发展的主要方向。在这种大环境下，智慧医疗云应运而生。

4.4.2 智慧医疗云框架

智慧医疗云框架如图 4.7 所示。

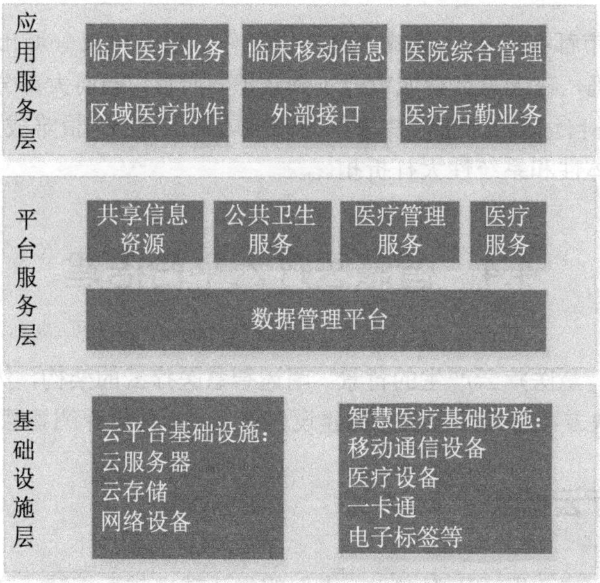

图 4.7 智慧城市云框架

1. 基础设施层

基础设施层分为两部分：感知层设备、云平台基础设施。

● 感知层设备：包括移动通信设备、医疗设备、一卡通、PC、传感器、摄像头、电子标签和条形码等。

- 云平台基础设施：指云服务器、存储设备、网络设备等。

2. 平台服务层

平台服务层包含医疗服务、公共卫生服务、医疗管理服务、共享信息资源和数据管理平台等内容。

3. 应用服务层

应用服务层包含临床医疗业务、临床移动信息、医院综合管理、区域医疗协作、外部接口和医疗后勤业务系统。临床医疗业务系统包含数字化手术室、电子病历、手术麻醉系统、医生工作站、护士工作站、RI 和 PACS 等。临床移动信息包含移动门诊输液系统、移动临床信息系统、婴儿安全系统、移动查房、一卡通、病人无线定位管理系统和设备药品定位系统等。医院综合管理系统包括决策管理系统、客户关系管理、办公自动化系统、查询与分析系统和医院门户系统。区域医疗协作系统包括远程会诊系统、影像中心、检验中心、健康管理、病理中心和医疗联盟等。外部接口包括区域卫生信息系统接口、医保接口、银行、计生、民政和公安等。医疗后勤业务系统包括公共安全系统、信息设施系统、机房工程和信息化应用系统等。

4.4.3　智慧医疗云的建设内容

智慧医疗云的建设内容包括临床医疗业务、临床移动信息、医院综合管理、区域医疗协作、基础建设等各个方面。前面介绍过水、电、暖、安防等方面，下面着重介绍电子病历、远程医疗、抗震救灾、远程教育、健康管理、自动化药房等具有医院特色的信息化建设。

1. 电子病历

手写病历存在浪费时间、容易出错且不工整、不易保存等缺点。电子病历的建设是医院现代化建设不可或缺的一部分。电子病历不仅是对纸张病历的替代，它是实现医疗过程全面信息化的基础。

电子病历包含患者从就诊到治愈全周期、从下达医嘱到执行的全过程及各种医疗过程的所有信息。

电子病历为医护人员提供完整的、实时的、准确的病人信息，有效提供医疗质量，并且可以结合医疗知识库，通过告警、提示等手段，为医生提供理论依据，降低医疗事故的发生率。

2. 远程医疗

远程医疗是利用网络技术进行远程诊断、专家会诊、信息服务、在线检查和远程交流等。远程医疗依靠网络技术、音像多媒体技术、全息影像技术等终端技术查看医学资料及病人的身体状况，实现远程医疗服务，如图 4.8 所示。

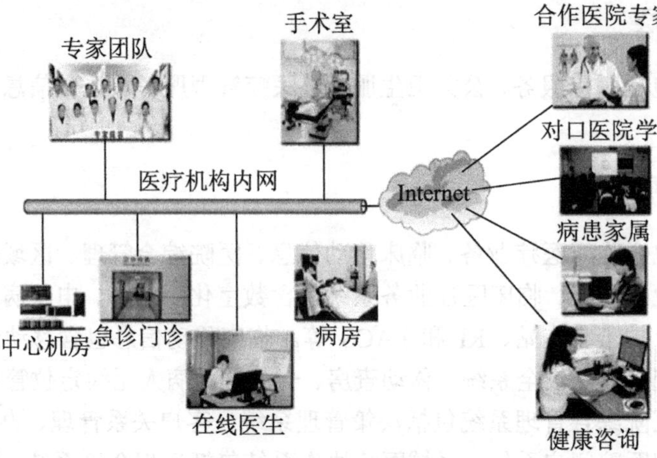

图 4.8　远程医疗示意图

经国际非营利组织 Healthcare Information and Management Systems Society（HIMSS）在美国进行的远程医疗调查研究结果显示，远程医疗技术中使用视频交流和影像传输的比例最高。这一技术看似是最简单的，却是作为线下服务补充最有效的方法。下面举几个现实的例子说明：

3．抗震救灾

在九寨沟地震发生后，相关医疗救援工作迅速展开。与以往的救灾工作不同的是，除了一些医院迅速派遣医护人员赶往受灾现场进行一线援助外，还有一些医院和医疗机构通过互联网医疗技术，开展网络医疗救助通道，以在线方式为灾区病患提供在线医疗救助，如图 4.9 所示。

图 4.9　九寨沟地震远程医疗图

通过智慧医疗云平台上的远程医疗，不仅能够实现对病人进行疏导和初步分诊之外，还可以将医院可用的医疗资源，通过更快捷的方式向病人开放，实现在线转诊，提高灾后救助工作的效率。

4. 远程教育

医疗人员作为医院的主要工作人员，医疗水平的提高也是智慧医疗云建设的重要部分。

1）远程手术观摩

远程手术直播是把专家经典手术案例进行全程直播，让医护人员及医学院学生观看，学习到更多的临床手术经验。

在 2004 年的上海国际心血管病研讨会期间，上海瑞金医院会场的国内外专家通过网络技术现场观摩了一个心脏接入手术演示，演示同时将几个地方的手术现场和手术显影图像实时传输到会场中，并实现了会场和手术现场的通话。

2）网上阅片

医学影像管理系统通过保留病人的医学图像和诊断结果，在保护病人隐私的基础上，将一些经典案例分享给相关人员研究学习，如图 4.10 所示。

图 4.10　网上阅片

3）经验分享

医院各部门可以通过智慧医疗云平台进行经验分享和交流，有助于提高医疗人员的疾病诊断水平。

5. 健康管理

智慧医疗云为公众提供无所不在的全生命周期的健康医疗服务。健康服务体系可以分为 3 部分：健康感知设备、健康数据管理及健康服务。

健康感知设备不仅包括体脂称、血糖仪、血压计、心率手表等专用健康设备，也包括手机的运动健康等服务，可以对用户的健康数据进行采集，然后上报到智慧医疗云数据中心。

健康数据管理负责管理用户的健康档案、电子病历、健康知识库等内容，方便居民查询自己的健康状况，并获取一些经验指导。

当用户的健康数据传送到用户的手机上之后，用户可以根据自己的健康状况进行健康咨询，并且还能为以后的就诊提供数据支撑。同时各医院、社区卫生服务中心、健康顾问、健康管理公司、康复中心等机构，可以根据用户的健康数据进行慢病管理、健康评估、健康干预、健康教育、就医服务、风险预测、健康跟踪、专家互动等服务。

6．自动化药房

药房可以说是医院内到访率最高的科室，是体现医院医疗水平、服务质量的重要环节。传统的药房存在以下几个缺点。

1）管理困难

医院药房大多存放在无顶的货架上，存在灰尘大、环境脏等缺点，需要定期打扫。而且药房内的药物种类繁多，摆放较乱，增加了管理人员的负担，同时也影响药房的服务质量。

2）配药累

配药师的工作是辅助药师制定药物治疗方案并给予患者用药指导。然而传统的药房配药师经常为快速找出所需药品的准确存放位置而烦恼，工作强度大并且严重影响了服务质量，造成了患者多、排队长的结果。而且高强度的体力劳动还有可能导致配药师发错药，引起医患纠纷。

药房的自动化管理实现了医院对药房的信息化管理，可以方便地查询日常的出药、入药、储药量等信息，并且减少了由于抓药过程中造成的药品损耗问题，有效地降低了配药差错，缩短了病人的等待时间，提高了服务质量。

自动化药房包含药物存取和药物存储功能。自动化药房的实现方式多种多样，大多是采用真空吸附、标准药瓶、数控回转柜、储药滑落槽、机械手、传动带和升降机等方式。药物的识别依靠 RFID、二维码、超声波等技术。

4.4.4　智慧医疗云的发展

随着国家多项医疗信息化政策的出台及医改的不断深入，医疗信息化成为了一个必然的发展趋势。智慧医疗是贯彻实施医疗产业信息化的重要手段，也是智慧城市建设的重要内容。智慧医疗在未来的一段时间内将迎来爆发式增长。

从人才的角度来思考，国内的医疗信息学已经作为一门独立的学科存在，是将医学与信息化技术结合的一门学科，有着大量的人才和资源投入，为智慧医疗的进一步发展提供了人才保证。

虽然如此，我国的智慧医疗建设仍然存在一些不足。例如健康管理还未真正地普及。随着人们生活水平的提高，人们对自身健康越来越关注。建立个人的健康档案，利用现有的健康设备对个人的健康状况进行检测，将是未来智慧医疗云发展的重点。

4.5　智能交通云平台搭建

为了解决当前的道路拥堵问题，智能交通的建设是一个必然趋势。本节首先介绍当前的城市交通面临的问题，进而引出智能交通云的概念。然后阐述智能交通云平台框架和建设内容，最后结合国外的发展经验，思考国内交通未来的发展方向。

4.5.1　智能交通云背景

近年来，随着城市经济的快速发展和人民生活水平的不断提高，机动车数量急剧增长，使得发展相对滞后的道路建设难以满足需要，道路交通拥堵问题日益严重，引起了社会各界的广泛关注。

交通拥堵早已是大城市的通病。政府决策者也出台了相应的策略来限制机动车数量，如摇号等策略，但是交通状况仍是起色不大。瑞银集团曾对超大型的城市交通进行了调查，中国城市的平均行车速度全球最慢。那么其他国家是如何解决城市交通拥堵难题的呢？国外一些国家也曾通过推出出行方式变革、加强基础设施建设、出台相关法律等措施，但收效都不尽人意，直到智能交通的出现，交通拥堵情况才得到明显改善。

智能交通是建立在相对完善的基础设施建设基础上，将信息技术、通信技术、传感技术、控制技术运用到交通管理体系中，从而建立一个在大范围、全方位的实时、准确、高效的综合交通管理体系，有效地减少了交通拥堵。

然而传统的智能交通系统，由于信息化改造所采用的设备、平台都来自不同的厂家，融合度不高，无法进行集中化管理和资源的统一配置。智能交通云可以有效地解决这一问题，不仅能够实现数据的统一存储，而且通过大数据分析可以实现更加高效的交通管理。

4.5.2　智能交通云框架

智能交通云框架如图 4.11 所示。

1．基础设施层

智能交通云的基础设施层除了包含基本的云平台设备，如云服务器、云存储、网络设备等之外，还包括城市交通网中的信号灯、122 报警服务台、摄像头、GPS 车载终端、读卡器、可变限速牌、诱导屏等设备。

2．平台服务层

平台服务层的内容包括大数据技术平台、交通视频服务分析平台、时空分析服务平台、信号控制服务平台、违章智能分析平台和车辆定位服务平台等。

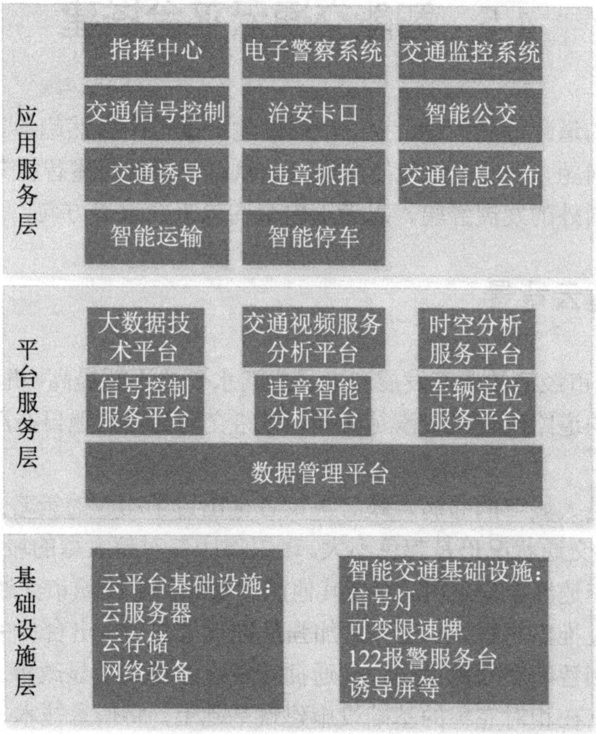

图 4.11　智能交通云框架

3. 应用服务层

智能交通云的应用服务层包括指挥中心、电子警察系统、交通监控系统、交通信号控制系统、治安卡口系统、智能公交系统、交通诱导系统、违章抓拍系统、交通信息发布系统、智能运输和智能停车等。

4.5.3　智能交通云的建设内容

下面对智能交通云的几个主要建设内容进行介绍。

1. 指挥中心应急处理

指挥中心应急处理是交通管理体系的重要职责之一。如何能够快速地定位事故现场，协调相关部门迅速参与应急工作，减少人员和财产损失，迅速疏通道路，降低应急事件的影响，是指挥中心的重要功能。

当警报某位置有事故且情况紧急时，指挥中心能够迅速对事故现场进行定位，并将大屏幕切换到离事故现场最近的几个视频监控，启动应急预案。指挥中心在将紧急情况上报上级政府、专家的同时，联动几个协同部门，如消防、医疗、后勤、武警、媒体等，迅速展开讨论并进行决策。讨论的同时，调度最近的应急指挥车辆和交警赶往事故现场，并将事故处理现场通过视频图像和现场情况传回指挥中心，辅助决策。决策完成后，相关部门迅速赶往现场，同时交警对道路实施交通管制。指挥中心发布交通管制信息，提醒驾驶人员绕行。事故处理完成后，现场交警人员进行车辆疏通，并通过媒体和诱导显示屏的方式，发送交通管制取消的信息。

通过指挥中心的协调功能，能够迅速对应急事故进行处理，减少突发事件带来的损失，更好地为政府和社会服务。

2. 智能公交

智能公交的建设目标是利用 GPS、北斗、无线网络通信、GIS 地理信息技术，实现城市公共交通管理规范化、运行监督自动化、决策科学化、运营调度合理化、信息服务一体化，全面提升城市公共交通的服务和管理水平，保证市民出行的安全、便捷、环保。

我国目前主要的公共交通工具包括轨道交通、公共汽车、出租车等系统，其中公共汽车仍然是大部分城市居民出行的主要交通工具。我们以公共汽车为例介绍智能公交的建设内容。

传统的公交车辆调度是根据车辆进出站的情况来判断线路状况，然后适当地增加或减少公交车辆。智能交通提供的智能调度功能可以通过摄像头、红外传感器等设备实时掌握线路车辆的运营情况，如图 4.12 所示。

图 4.12　智能公交

根据运营情况，准确地发送调度指令，调整行车时间，增加或取消车次，不仅能够提高车辆的利用率，而且提高了乘车舒适度，增加了城市公共交通的吸引力。而且监控中心通过对客流数量的长时间统计分析，能够准确地了解各路段的拥挤程度，为公交公司的调度车辆和线路优化提供数据支撑。

市民可以通过手机 App 对公交线路的运行情况进行实时查询，方便出行。公交车内使用无死角视频监控系统，以保障乘客的人身财产安全。公交公司对车辆运行情况（如车速、位置、行驶路线等）进行实时监控，可以作为对公交司机的考核依据，并且可以根据定位系统和视频监控，实现按路段收费。

3. 智能信号灯

解决交通拥堵情况，智能信号灯的应用是一个重要途径。传统的交通信号灯需要对时长进行预设置，一旦设置完成后，不能随着车流量进行实时调整。而智能信号灯可以车流量、时间段对信号灯时长进行动态调整，而且相邻信号灯之间可以互相通信，使交通秩序变得高度协调，如图 4.13 所示。

智能信号灯多采用视频图像采集设备，收集机动车流量、车头间距和车道占有率等信息，并实时传输到路口交通信号机上，在保证行人和非机动车辆安全通行的前提下，动态调整红绿灯的时长。假如检测到当前放行方向车辆仍然较多，可适当延长绿灯时间，当检测到当前放行方向无车或车辆距离较大时，可转为红灯，放行其他方向车辆。

4. 智能交通诱导

智能交通诱导是提升城市道路交通效率的重要手段。智能交通诱导系统是通过 GPS 导航和现代无线通信技术的集成，有效地引导车辆运行，舒缓交通压力，提高道路交通的服务质量。智能交通诱导的方式有车载终端、电台、网络、外场诱导显示设备（可变交通信息板和交通诱导显示屏）等，如图 4.14 所示为智能交通诱导显示板。

图 4.13　智能信号灯

图 4.14　智能交通诱导显示板

智能交通诱导不仅能够为驾驶员提供实时的路线指引，有效地避开道路拥堵路段，而且能够为用户出行制定最优的路线计划，极大方便了出行者。

4.5.4 智能交通云的发展

智能交通是全世界都在探索的重点课题之一，在当前全世界都面临的交通拥堵的情况下尤显重要。国外的交通建设比国内开展较早，通过对国外智能交通文献的研究，笔者认为未来的智能交通云将具有以下两个特点。

- 依靠物联网、云计算等先进技术手段，能够让市民即时、准确地获取到实时的交通信息，最终实现各种交通信息在人、车、路之间相互传递，改变以往的信息推送服务模式，实现交通信息无处不在的目标。
- 利用大数据分析技术进行交通预测，判断交通发展态势，为市民的出行提供可靠而准确的指导，实现交通资源利用率的最大化。

4.6　本章小结

本章先介绍了云平台的基础建设，包括云服务器、云存储、高速光纤网络、云数据中心等内容，然后重点介绍了智慧校园云、智慧城市云、智慧医疗云、智能交通云的概念、框架、建设内容以未来发展方向。

4.7　习题

1. 么是云服务器？什么是云存储？
2. 慧校园云的应用服务层包括哪些内容？
3. 慧城市云的概念是什么？
4. 慧医疗云解决了哪些传统医疗中存在的问题？
5. 么是智慧交通云？智慧交通云的优势有哪些？

第 5 章　大数据基础

物联网领域中的某些应用环境，有可能会面临海量数据的场景。本章便引领大家了解一下物联网分析技术之一的大数据技术。大数据技术是随着数据量急剧膨胀而产生的对海量数据的使用和提取有效信息的一种方法。本章首先讲解其理论部分，后面几节将介绍大数据处理技术在各个领域中的应用。

5.1　数据仓库

数据仓库是大数据分析的基础，本节带大家了解一下数据仓库的历史和定义。

5.1.1　从数据库到数据仓库

1. 数据库的“分家”

随着关系数据库理论的提出，诞生了一系列经典的 RDBMS（关系数据库管理系统），如 Oracle、MySQL 和 SQL Server 等。这些 RDBMS 被成功推向市场，并为社会信息化的发展做出了重大贡献。然而随着数据库使用范围的不断扩大，它被逐步划分为两大基本类型。

1）操作型数据库

操作型数据库用于业务支撑，主要是基本的日常事务处理。一个企业、公司或组织往往会使用并维护若干个数据库，这些数据库保存着用户的日常操作数据，如商品购买、酒店预订和学生成绩录入等。

2）分析型数据库

分析型数据库用于历史数据分析。这类数据库作为企业、单位或组织的单独数据存储，负责利用历史数据对用户各主题域进行统计分析。

数据库为什么要“分家”？在一起不合适吗？能不能构建一个同样适用于操作和分析的统一数据库？

答案是 NO。一个重要的原因是它们会“打架”。如果操作型任务和分析型任务抢资源怎么办呢？并且操作型数据库和分析型数据库有太多不同之处，以至于早已“貌合神离”。接下来看看它们到底有哪些不同。

2. 操作型数据库与分析型数据库的区别

因为主导功能的不同（面向操作/面向分析），两类数据库就产生了很多细节上的差异。就好像同样是人，一位公司白领和一位农民，他们肯定有很多行为和观念上的不同。

接下来详细分析两类数据库的不同点。

1）数据组成差别——数据时间范围差别

一般来讲，操作型数据库只会存放 90 天以内的数据，而分析型数据库存放的则是数年内的数据。这一点也是将操作型数据和分析型数据进行物理分离的主要原因。

2）数据组成差别——数据细节层次差别

操作型数据库存放的主要是细节数据，而分析型数据库中既有细节数据，又有汇总数据，但对于用户来说，重点关注的是汇总数据部分。

操作型数据库中自然也有汇总需求，但不存储汇总数据本身而只存储其生成公式。这是因为操作型数据是动态变化的，因此汇总数据会在每次查询时动态生成。

对于分析型数据库来说，因为汇总数据比较稳定，不会发生改变，而且其计算量也比较大（因为时间跨度大），因此它的汇总数据可考虑事先计算好，以避免重复计算。

3）数据组成差别——数据时间表示差别

操作型数据通常反映的是现实世界的当前状态；而分析型数据库既有当前状态，还有过去各时刻的快照，分析型数据库的使用者可以综合所有快照对各个历史阶段进行统计分析。

4）技术差别——查询数据总量和查询频度差别

操作型数据库查询的数据量少但频率多，分析型数据库查询则相反，查询的数据量大但频率少。要想同时实现这两种情况的配置优化是不可能的，这也是将两类数据库物理分隔的原因之一。

5）技术差别——数据更新差别

操作型数据库允许用户进行增加、删除、修改、查询的操作；分析型数据库则只能允许进行查询。

6）技术差别——数据冗余差别

数据的意义是什么？就是减少数据冗余，避免更新异常。而如上面第 5 点所述，分析型数据库中没有修改（更新）操作，因此减少数据冗余也就没那么重要了。

现在回答另一个问题：“某大公司 Hadoop Hive 里的关系表不完全满足完整/参照性约束，也不完全满足范式要求，甚至第一范式都不满足。这种情况正常吗？”回答是正常的。因为 Hive 是一种数据仓库，而数据仓库和分析型数据库的关系非常紧密（后面会讲到）。它只提供查询接口，不提供更新接口，这就使得消除冗余的诸多措施不需要被特别严格地执行了。

7）功能差别——数据使用者差别

操作型数据库的使用者是业务环境内的各个角色，如用户、商家和进货商等；分析型数据库则只被少量用户用来做综合性决策。

8）功能差别——数据定位差别

这里说的定位，主要是指数据库以何种目的组织起来。操作型数据库是为了支撑具体业务创建的，也被称为“面向应用型数据库”；分析型数据库则是针对各特定业务主题域的分析任务创建的，因此也被称为“面向主题型数据库”。

3．数据库和数据仓库的区别

数据库：传统的关系型数据库的应用，主要是基本的、日常的事务处理，如银行交易。

数据仓库：数据仓库系统的应用主要是OLAP（On-Line Analytical Processing），支持复杂的分析操作，侧重决策支持，并且提供直观、易懂的查询结果。

下面举个最常见的例子（以电商行业为例），帮助大家理解。

基本每家电商公司都会经历从只需要业务数据库到需要数据仓库的阶段。电商早期启动非常容易，入行门槛低，找一个外包团队，做一个可以下单的网页前端 + 几台服务器 + 一个 MySQL，就可以开门迎客了。这一阶段好比手工作坊时期。

第二阶段：流量来了。客户和订单都多起来了，普通查询已经有压力了，这个时候就需要升级架构变成多台服务器和多个业务数据库（量大+分库分表），这个阶段的业务数字和指标还可以勉强从业务数据库里查询。这一阶段初步进入工业化。

第三个阶段，一般需要3～5年左右的时间。随着业务指数级的增长，数据量的陡增，公司角色也开始多了起来，开始有了CEO、CMO、CIO，大家需要面临的问题越来越复杂，越来越深入。高管们关心的问题从最初非常“粗放”的：“昨天的收入是多少”“上个月的PV（访问量）、UV（独立访客）是多少”，逐渐演化到非常精细化和具体的用户集群分析，如“20~30岁女性用户在过去五年的第一季度化妆品类商品的购买行为与公司进行的促销活动方案之间的关系”。

这类非常具体，且能够对公司决策起到关键性作用的问题，基本很难从业务数据库中调取出来。原因在于：业务数据库中的数据结构是为了完成交易而设计的，不是为了查询和分析的便利而设计的。业务数据库大多是读写优化的，即又要读（查看商品信息），也要写（产生订单、完成支付）。因此对于大量数据的读（查询指标，一般是复杂的只读类型查询）是支持不足的。而怎么解决这个问题，此时就需要建立一个数据仓库了，而公司也算开始进入信息化阶段。数据仓库的作用在于：数据结构为了分析和查询的便利；只读优化的数据库，即不需要写入速度多么快，只要做大量数据的复杂查询的速度足够快就可以了。那么在这里前一种业务数据库（读写都优化）就是业务性数据库，后一种则是分析性数据库，即数据仓库。

5.1.2 数据仓库的定义

20世纪80年代中期，“数据仓库之父”William H.Inmon先生在其《建立数据仓库》

一书中定义了数据仓库的概念，随后又给出了更为精确的定义：数据仓库是在企业管理和决策中面向主题的、集成的、与时间相关的、不可修改的数据集合。与其他数据库应用不同的是，数据仓库更像一种过程，是对分布在企业内部各处的业务数据的整合、加工和分析的过程，而不是一种可以购买的产品。

数据仓库有如下特点：

- 面向主题特性是数据仓库和操作型数据库的根本区别。操作型数据库是为了支撑各种业务而建立的，而分析型数据库则是为了对从各种繁杂业务中抽象出来的分析主题（如用户、成本、商品等）进行分析而建立的。
- 集成性是指数据仓库会将不同源数据库中的数据汇总到一起。
- 数据仓库内的数据是面向公司全局的。例如某个主题域为成本，则全公司和成本有关的信息都会被汇集进来。
- 相比操作型数据库，数据仓库的时间跨度通常比较长。前者通常保存几个月，后者可能几年甚至几十年。

时变性是指数据仓库包含来自其时间范围不同时间段的数据快照。有了这些数据快照以后，用户便可将其汇总，生成各历史阶段的数据分析报告。

5.1.3　数据仓库的组成

数据仓库的核心组件有 4 个：各个源数据库、ETL（数据仓库技术）、数据仓库和前端应用，如图 5.1 所示。

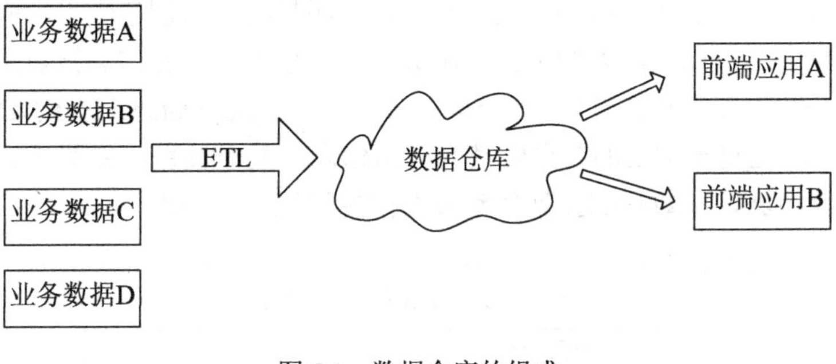

图 5.1　数据仓库的组成

业务系统包含各种源数据库，这些源数据库既为业务系统提供数据支撑，同时也作为数据仓库的数据源（除了业务系统，数据仓库也可从其他外部数据源获取数据）。

数据仓库是整个数据仓库环境的核心，是数据存放的地方和提供对数据检索的支持。相对于操纵型数据库来说，其突出的特点是对海量数据的支持和快速的检索技术。

ETL 数据提取（Extract）、转换（Transform）、清洗（Cleansing）、加载（Load）的过程是构建数据仓库的重要一环，用户从数据源中抽取出所需的数据，经过数据清洗，最终按照预先定义好的数据仓库模型，将数据加载到数据仓库中。

其中，提取过程表示操作型数据库搜集指定数据。转换过程表示将数据转化为指定格式并进行数据清洗保证数据质量。数据转换过程包括删除对决策应用没有意义的数据段；转换到统一的数据名称和定义；计算统计和衍生数据；给缺值数据赋予默认值；把不同的数据定义方式进行统一。加载过程表示将转换过后满足指定格式的数据加载进数据仓库。数据仓库会周期不断地从源数据库提取清洗好的数据，因此也被称为“目标系统”。

5.2 数据挖掘

数据挖掘既是建立数据仓库的方法，也是使用和分析数据的方法，本节主要介绍数据挖掘的知识。

5.2.1 什么是数据挖掘

数据挖掘是在大型数据存储库中，自动地发现有用信息的过程。数据挖掘技术用来探查大型数据库，发现先前未知的有用模式。数据挖掘还可以预测未来观测结果，例如，预测一位新的顾客是否会在一家百货公司消费100美元以上。

并非所有的信息发现任务都被视为数据挖掘。例如，使用数据库管理系统查找个别的记录，或通过互联网的搜索引擎查找特定的Web页面，则是信息检索（Information Retrieval）领域的任务。虽然这些任务非常重要，可能涉及使用复杂的算法和数据结构，但是它们主要依赖传统的计算机科学技术和数据的明显特征来创建索引结构，从而有效地组织和检索信息。尽管如此，人们也在利用数据挖掘技术来增强信息检索系统的能力。

数据挖掘是数据库中知识发现（Knowledge Discovery in Database，KDD）不可缺少的一部分，而KDD是将未加工的数据转换为有用信息的整个过程，如图5.2所示。该过程包括一系列转换步骤，从数据的预处理到数据挖掘结果的后处理。

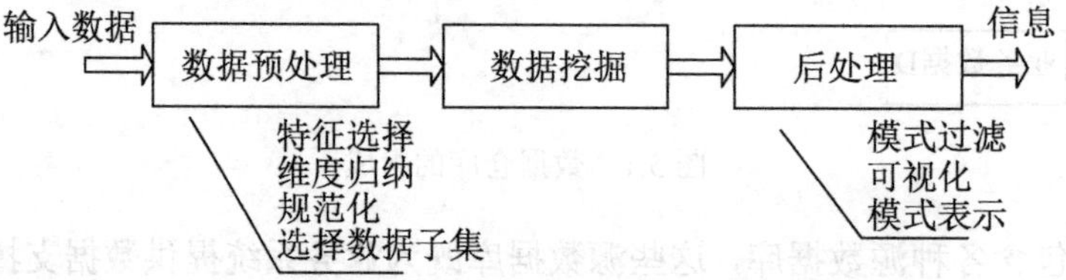

图5.2 数据库中的知识发现（KDD）过程

输入数据可以以各种形式存储（如平展文件、电子数据表或关系表），并且可以驻留在集中的数据存储库中，或分布在多个站点上。数据预处理（Preprocessing）的目的是将未加工的输入数据转换成适合分析的形式。数据预处理涉及的步骤包括融合来自多个数据源的数据（参考图5.1），清洗数据以消除噪声和重复的观测值，选择与当前数据挖掘任务相关的记录和特征。由于收集和存储数据的方式多种多样，数据预处理可能是整个知识发现过程中最费力、最耗时的步骤。

结束循环（Closing the Loop）通常指将数据挖掘结果集成到决策支持系统的过程。例如，在商业应用中，数据挖掘的结果所揭示的规律可以结合商业活动管理工具，从而开展或测试有效的商品促销活动。这样的结合需要后处理（Post Processing）步骤，确保只将那些有效的和有用的结果集成到决策支持系统中。后处理的一个例子是可视化，它使得数据分析者可以从各种不同的视角探查数据和数据挖掘结果。在后处理阶段，还能使用统计度量或假设检验，删除虚假的数据挖掘结果。

5.2.2　数据挖掘要解决的问题

前面提到，面临新的数据集带来的问题时，传统的数据分析技术常常遇到实际困难。下面是一些数据挖掘面临的具体问题。

1．可伸缩性

由于数据产生和收集技术的进步，数吉字节、数太字节、数拍字节的数据集越来越普遍。如果数据挖掘算法要处理这些海量数据集，则算法必须是可伸缩的（Scalable）。许多数据挖掘算法使用特殊的搜索策略处理指数级搜索问题。为实现可伸缩可能还需要实现新的数据结构，才能以有效的方式访问每个记录。例如，当要处理的数据不能放进内存时，可能需要非内存算法。使用抽样技术或并行开发和分布算法也可以提高数据的可伸缩程度。

2．高维性

大数据时代下，常会遇到具有成百上千属性的数据集，而不是几十年前只具有少量属性的数据集。在生物信息学领域，微阵列技术的进步已经产生了涉及数千特征的基因表达数据。具有时间或空间分量的数据集也经常具有很高的维度。例如，考虑包含不同地区的温度测量结果的数据集，如果在一个相当长的时间周期内反复地测量，则维度（特征数）的增长正比于测量的次数，而为低维数据开发的传统的数据分析技术，通常不能很好地处理这样的高维数据。此外，对于某些数据分析算法，随着维度（特征数）的增加，计算复杂度也在迅速增加。

3．异种数据和复杂数据

传统的数据分析方法通常只处理包含相同类型属性的数据集，或者是连续的，或者是分类的。随着数据挖掘在商务、科学、医学和其他领域的作用越来越大，越来越需要能够处理异种属性的技术。近年来已经出现了更复杂的数据对象。这些非传统的数据类型的例子有：含有半结构化文本和超链接的 Web 页面集、具有序列和三维结构的 DNA 数据、包含地球表面不同位置上的时间序列测量值（温度、气压等）的气象数据。为挖掘这种复杂对象而开发的技术应当考虑数据中的联系，如时间和空间的自相关性、图的连通性、半结构化文本和 XML 文档中元素之间的父子联系。

4．数据的所有权与分布

有时需要分析的数据并非存放在一个站点或归属一个机构，而是地理上分布在属于多个机构的资源中。这就需要开发分布式数据挖掘技术。分布式数据挖掘算法面临的主要挑战包括：如何降低执行分布式计算所需的通信量；如何有效地统一从多个资源得到数据挖掘结果；以及如何处理数据安全性问题。

5．非传统的分析

传统的统计方法基于一种假设检验模式，即提出一种假设，设计实验来收集数据，然后针对假设分析数据。但是这个过程耗精力。当前的数据分析任务常常需要产生和评估数千种假设，因此需要系统能自动地产生和评估假设，这就促使人们开发出了一些数据挖掘技术。此外，数据挖掘所分析的数据集通常不是精心设计的实验结果，并且它们通常代表数据的时机性样本（Opportunistic Sample），而不是随机样本（Random Sample）。而且，这些数据集常常涉及非传统的数据类型和数据分布。

5.2.3 数据挖掘的任务和方法

数据挖掘任务通常分为下面两大类。

1．预测任务

这些任务的目标是根据其他属性的值，预测特定属性的值。被预测的属性一般称为目标变量（Target Variable）或因变量（Dependent Variable），而用来做预测的属性称为说明变量（Explanatory Variable）或自变量（Independent Variable）。

2．描述任务

描述任务的目标是导出概括数据中潜在联系的模式（相关、趋势、聚类、轨迹和异常）。本质上，描述性数据挖掘任务通常是探查性的，并且常常需要后处理技术验证和解释结果。

如图 5.3 所示为 4 种主要数据挖掘任务。

1）预测建模（Predictive Modeling）

预测建模涉及以说明变量函数的方式为目标变量建立模型。有两类预测建模任务：分类（Classification），用于预测离散的目标变量；回归（Regression），用于预测连续的目标变量。例如，预测一个 Web 用户是否会在网上书店买书是分类任务，因为该目标变量是二值的，而预测某股票的未来价格则是回归任务，因为价格具有连续值属性。两项任务目标都是训练一个模型，使目标变量预测值与实际值之间的误差达到最小。预测建模可以用来确定顾客对产品促销活动的反应，预测地球生态系统的扰动，或根据检查结果判断病人是否患有某种疾病。

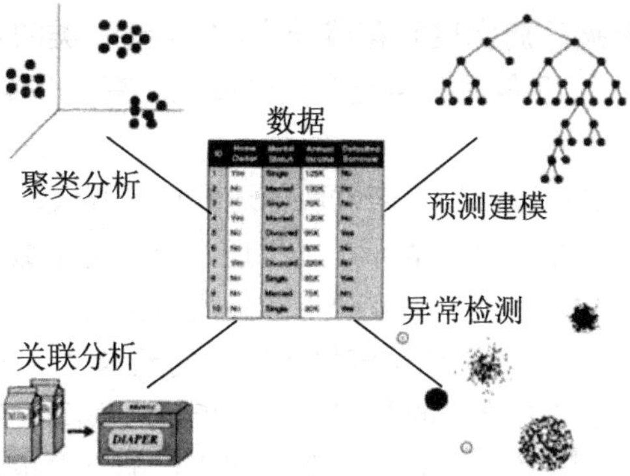

图 5.3 数据挖掘的任务

例 1 预测花的类型。考虑如下任务：根据花的特征，预测花的种类。本例考虑根据是否属于 Setosa、Versicolour 和 Virginica 这 3 类之一，对鸢尾花（Iris）进行分类。为进行这一任务，需要一个数据集，包含这 3 类花的特性。具有这类信息的数据集是著名的鸢尾花数据集，可从加利福尼亚大学欧文分校的机器学习数据库中得到（http://www.ics.uci.edu/~mlearn）。除了花的种类之外，该数据集还包含萼片宽度、萼片长度、花瓣长度和花瓣宽度 4 个其他属性。如图 5.4 给出了鸢尾花数据集中 150 种花的花瓣宽度与花瓣长度的对比图。花瓣宽度分成 low、medium、high 这 3 类，分别对应于区间[0，0.75)、[0.75，1.75)和[1.75，∞)。花瓣长度也分为 low、medium 和 high 这 3 类，分别对应于区间[0，2.5)、[2.5，5)和[5，∞)。

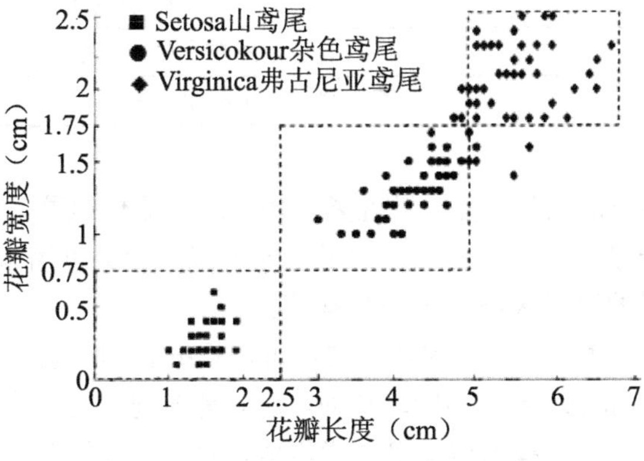

图 5.4 鸢尾花数据分布图

根据花瓣宽度和长度的这些类别，可以推出如下规则。

- 花瓣宽度和花瓣长度为 low 蕴涵 Setosa。
- 花瓣宽度和花瓣长度为 medium 蕴涵 Versicolour。
- 花瓣宽度和花瓣长度为 high 蕴涵 Virginica。

尽管这些规则不能对所有的花进行分类，但是已经可以对大多数的花很好地进行分类（尽管不完善）。注意：根据花瓣宽度和花瓣长度，Setosa 种类的花完全可以与 Versicolour 和 Virginica 种类的花分开，但是后两类花在这些属性上有一些重叠。

2）关联分析

关联分析（Corrlation Analysis）用来发现描述数据中强关联特征的模式。所发现的模式通常用蕴涵规则或特征子集的形式表示。由于搜索空间是指数规模的，关联分析的目标是以有效的方式提取最有趣的模式。关联分析的应用包括找出具有相关功能的基因组、识别用户一起访问的 Web 页面、理解地球气候系统不同元素之间的联系等。

例 2 购物篮分析。表 5.1 给出的是在一家杂货店收银台收集的销售数据。关联分析可以用来发现顾客经常一起购买的商品。例如，我们可能会发现规则{尿布}→{牛奶}。该规则暗示购买尿布的顾客多半会购买牛奶。这种类型的规则可以用来发现各类商品中可能存在的交叉销售的商机。

表 5.1 购物篮数据

事　务	商　品
1	{面包，黄油，尿布，牛奶}
2	{咖啡，糖，小甜饼，鲑鱼}
3	{面包，黄油，咖啡，尿布．牛奶，鸡蛋}
4	{面包，黄油，鲑鱼，鸡}
5	{鸡蛋，面包，黄油}
6	{鲑鱼，尿布，牛奶}
7	{面包，茶，糖，鸡蛋}
8	{咖啡，糖，鸡，鸡蛋}
9	{面包，尿布，牛奶，盐}
10	{茶，鸡蛋，小甜饼，尿布，牛奶}

3）聚类分析

聚类分析（Cluster Analysis）旨在发现紧密相关的观测值组群，使得与属于不同簇的观测值相比，属于同一簇的观测值相互之间尽可能类似。聚类可用来对相关的顾客分组、找出显著影响地球气候的海洋区域及压缩数据等。

例 3 文档聚类。如表 5.2 给出的新闻文章可以根据它们各自的主题分组。每篇文章表示为词～频率对(w，c)的集合，其中 w 是词，而 c 是该词在文章中出现的次数。在该数据集中有两个自然簇。第一个簇由前 4 篇文章组成，对应于经济新闻，而第二个簇包含后 4 篇文章，对应于卫生保健新闻。一个好的聚类算法应当能够根据文章中出现的词的相似性，识别这两个簇。

表 5.2　新闻文章集合

文　章	词
1	dollar: 1，　industry: 4，country: 2，loan: 3，deal: 2，government: 2
2	machinery: 2，labor: 3，market: 4，industry 2，work: 3，country: 1
3	job: 5，inflation: 3，rise: 2，jobless: 2，market: 3，country: 2,index: 3
4	domestic: 3，forecast: 2，gain: l, market: 2, sale: 3，price: 2
5	patient: 4，symptom: 2，drug: 3，health:　2，clinic: 2，doctor: 2
6	pharmaceutical: 2，company: 3，drug: 2，vaccine: 1，flu: 3
7	death: 2，cancer: 4，drug: 3，public: 4．health: 3，director: 2
8	medical:2，　cost: 3，increase: 2，patient:2，health:3，care: 1

4）异常检测

异常检测（Anomaly Detection）的任务是识别其特征显著不同于其他数据的观测值。这样的观测值称为异常点（Anomaly）或离群点（Outlier）。异常检测算法的目标是发现真正的异常点，而避免错误地将正常的对象标注为异常点。换言之，一个好的异常检测器必须具有高检测率和低误报率。异常检测的应用包括检测欺诈、网络攻击、疾病的不寻常模式和生态系统扰动等。

例 4　信用卡欺诈检测。信用卡公司记录了每个持卡人所做的交易，同时也记录了持卡人信用限度、年龄、年薪和地址等个人信息。由于与合法交易相比，欺诈行为的数目相对较少，因此异常检测技术可以用来构造用户的合法交易的轮廓。当一个新的交易到达时就与之比较。如果该交易的特性与先前所构造的轮廓不相同，则把该交易标记为可能是欺诈行为。

5.3　社交媒体指挥中心

从本节开始，将介绍大数据技术的一些应用场景。

2011 年，黑莓的电子邮件服务器停机超过一天，造成了严重的停机事故。Bob 先生试着关闭和打开的黑莓手机的电源，因为他不确定是自己的手机出现了问题还是 CSP（Communications Service Provider，通信服务提供商）出现了问题。因为服务器停机的故障之前从未发生过。Bob 先生给 CSP 打电话咨询，但 CSP 并没有意识到这个问题。有一段时间 Bob 也没有收到邮件，于是他很好奇，就转向一个另一个消息来源 Twitter 网。果然，Bob 在 Twitter 网上发现了有关黑莓断网事件的信息。

而事实上，有一部分服务人员经常在 Twitter 网上寻找客户服务问题。在内部监控机构发现问题之前，通常会先在 Twitter 网上发现这个问题。有大量的初级员工受雇于市场营销、客户服务和公共关系搜索。这些初级员工通过社交媒体获取与客户服务相关的信息。

这就是一个使信息自动化的机会。

社交媒体指挥中心结合自动的搜索和显示，在社交媒体上公开表达了对消费者的反馈。通常情况下，客户对产品服务“满意”或“不满意”情绪的表达，反馈了产品服务信息。商家一旦获得反馈，营销人员可以响应具体评论。与相关客户交谈是否回应关于停机问题或者获得有关新产品的反馈等。

佳得乐是一个运动饮料产品公司，其决定创建一个社交媒体指挥中心，以增加消费者与佳得乐的交流。如图 5.5 所示为佳得乐社交媒体指挥中心示意图。通过大数据分析可以用于监视社交媒体对产品、价格和促销活动的反馈情况，以及自动响应反馈所采取的行动。这可能需要与一些内部组织进行沟通、跟踪产品或服务问题，并与客户对话，以反馈产品或服务的变更。

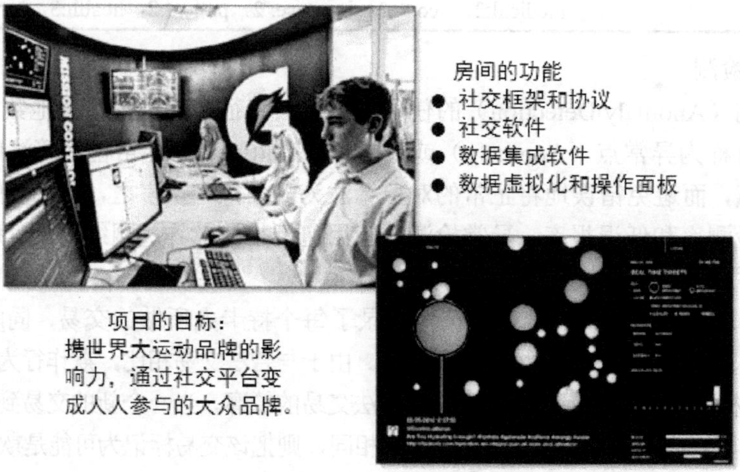

图 5.5　佳得乐社交媒体指挥中心示意图

5.4　产品知识中心

由消费者变成高级用户的技术和市场变得专业化，产品知识变成大众公知。以 iPhone 手机为例，iPhone 手机的零件来自大量供应链池，在 iPhone 上运行的应用程序，来自很大的应用程序开发者社区和通信服务提供的 CSP（通信服务提供商）。而谷歌、安卓系统甚至更多样化，因为安装谷歌操作系统的手机制造商很多，衍生出了多种安卓操作系统的变种。智能手机在隔离状态下是不能工作的，只充当其他设备的无线集线器。如果人们想要知道如何连接 iPad 与 iPhone，打电话给 CSP（通信服务提供商）还是打电话给苹果公司呢？通信服务提供商的网站会给出一个具有指导意义的简单教程。

为了使用智能手机，用户需要在网上查阅无数的第三方网站，在那里可以找到各种解决方案。在大多数情况下，可以通过使用搜索引擎搜索它们。然而，该解决方案并不总是正确的，因为搜到的结果往往是过时的，没有考虑到新的产品。设备的操作系统、应用程序，必须确认版本信息，确保搜索到的解决问题的方法能够匹配需要解决的问题，搜索到对应的硬件和正确的软件。面对既多样性又要考虑准确性的数据，搜索策略可以使用大数据分析来解决这个问题。

大数据分析解决方案涉及 3 种技术。Vivisimo 公司已经将这些技术打包成一个产品，使它更容易获得一个集成的解决方案。该解决方案的第一部分是可利用任何来源数据的能力。CSP（通信服务提供商）可能已经有针对专门问题的解决方案，这个方案会放在公司内部网站，由产品经理或客户服务专家负责。或者，此信息可能驻留在设备制造商（如苹果）网站或第三方网站上。所有这些数据必须剥离其控制信息，以便原始文本可以被重用。

解决方案的第二部分是创建一组索引，以便在需要时对原始信息进行分类。由于原始信息存在许多产品组合，我们希望收集与合并搜索信息。联邦检索系统允许我们组织信息以便于访问。

解决方案的第三部分涉及针对一个查询，创建一个 XML 文档，该查询既可以由混搭引擎呈现，也可以向第三方应用程序提供。

产品提供商创建的知识中心，可以直接在网站中使用，通过将信息放置在 Web 上，CSP（通信服务提供商）网站作为知识中心，可以增加网站流量并减少投诉人数，知识中心网站提供自助服务，用户需要的产品支持技术通过知识中心自助解决，所以客户需要产品服务时，联系呼叫中心，寻求产品技术帮助的来源减少了。如图 5.6 所示为产品知识中心示意图。

一旦创建了一个知识的来源，这个来源可用于销售其他产品，并且把产品的特点和用户的诉求连接起来。许多关于该产品的零散的知识可能会迅速组织起来，并找到各种其他用途。

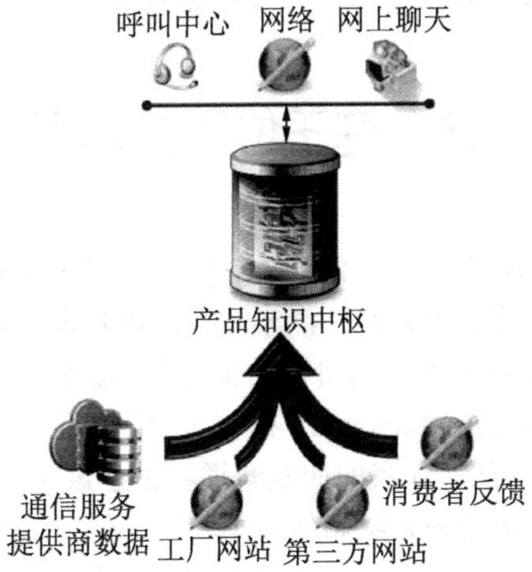

图 5.6　产品知识中心

5.5　基础设施和业务研究

许多行业正在探索利用大数据来改善基础设施。在许多情况下，改善基础设施的最佳方法是了解其使用情况，以及瓶颈或配置如何影响性能。过去，这些数据需要大量的人工数据收集成本。大数据是提供最小数据收集成本的自然数据源。下面以公共服务为例来说明这一点。

波士顿市决定使用大数据标识在社区街道上的坑洞。通过竞争，最终的胜利者是 Sprout & Co 公司，该公司在萨默维尔是马萨诸塞州的一个非盈利性组织。该公司的解决方案使用了手机在 z 轴（也就是海拔方向上）的加速度峰值，再加上额外的筛选器，以区分坑洼的道路上的数据与正常道路上的数值，达到找出坑洼道路的目的。这个软件发布在苹果的应用商店中，用户可以免费下载。这种分析可以节省重要道路的测量成本。导航系统也可以使用手机数据提供的替代路线，避免交通堵塞。大数据技术的使用获得认可，是不涉及隐私或安全问题的最佳方法之一。

另一个例子是美国城市公共汽车和火车机构，在为乘客提供的实时的交通信息。该信息显著改善了用户体验，减少了与计划出行和意外延迟相关联的不确定性。该类信息由“移位”网站（www.transloc.com）提供，对于使用多种技术，包括使用智能手机、网络和 SMS 消息的乘客，都可获得这类交通信息。它还提供预期到达时间的预测能力。一旦应用程序被加载到智能手机上，乘客就可以使用它准确地估计旅行时间，并检查旅行路线。在我国的一些城市中的城市公交系统也提供了类似的交通信息。

IBM 在智慧城市建设中提议，在大量的针对城市基础设施操作的应用程序中，推荐使用大数据技术。其中，手机的位置数据，可用于检测交通模式。使用这些模式可以决定新的运输项目，更改控制策略，或在紧急情况下实现流量重定向。

5.6　基于位置的服务

有些行业会关注客户的位置信息。例如，手机运营商通过手机的位置信息了解客户的地理位置；信用卡公司可知道交易地点；汽车制造商可知道汽车的位置，社交媒体也会通过其他方式让顾客向其朋友和家人透露自己的位置信息。例如，在一次到印度旅行时，我使用当地的一个应用程序软件 Endomondo，在孟买用手机记录了我的慢跑活动，并立即发布在我的 Facebook 网页上，从而让我的朋友知道我去了孟买。

下面举一个无线 CSP 示例来介绍如何收集和确定位置信息。手机是与一个距离手机最近的发射塔联系的，其具体位置可以通过测量其距离最近的手机信号塔来推断。此外，大多数智能手机可以提供更精确的 GPS 定位信息（最高可达 1 米）。位置数据包括经度和纬度，如果正确存储数据，可能需要约 26 个字节的位置信息。如果我们面对的是 5 000 万用户，想储存位置信息 24 小时的每分钟一次的频率，那么每天的数据存储约 200 万兆字节。这是在典型 CSP 中位置服务器中存储的信息量。

客户位置可以概括为不同粒度级别的“去处”。位置信息可以合并为地理哈希，绘制地理边界和变换经纬度数据以便地理哈希可计数和统计分析。一个人在某一特定地点的持续时间被认为是一个时空盒，可用于在特定的时间段内对某一特定业务或居住地点的个人进行编码。

许多智能手机应用程序收集位置数据时都给用户提供了一个 “选择”。例如，一个营销人员增加了一个位于特定地理位置的杂货店，则可以运行有效的市场营销活动分析，分析出哪个社区的人更有可能在一个特定的杂货店购物。现在通信商通过手机位置分析，可以定位到特定的社区，而不是“粗暴”地推广到所有社区，从而提高了市场营销活动的效率。利用预测模型可以对基于过去的时间来计算客户拜访杂货店或闲逛的概率，以及可以聚集客户居住信息来确定最有可能去购物中心的社区是哪些。

使用大数据技术的交易数据分析是革命性的，基于位置的服务，实现了个性化服务，完成了低延时导购任务。Shopkick 是一个零售活动的工具，可以下载到任何一部智能手机上。Shopkick 需要使用位置数据以提供服务。一旦该应用程序被下载到智能手机中，Shopkick 将会寻找许可使用的用户，通过智能手机记录他们的当前位置。此外，Shopkick 还有零售商及其地理位置数据库。例如，在用户家附近的百货商场想让用户去购物。为进一步激励用户进去购物的欲望，Shopkick 会给用户奖励这个商场的购物优惠券。当用户走进商场时，Shopkick 可以使用在智能手机确认用户当前的位置在该商场，然后增加用户的积分奖励，从而为用户购物换取更大的优惠。

设备制造商、CSP 和零售商都已经开始提供大量的基于位置的服务，以吸引用户。例如，智能手机提供“找到我的电话”服务，可以找到电话。如果手机丢失，可以通过网站确定最后的已知的位置。作为交换，CSP 或设备制造商可以为产品或服务改进寻找位置数据。这些基于位置的服务也可以产生收入。CSP 可以决定为每次将智能手机切换到静音模式的配置服务收费。用户进入电影院后切换到静音模式，一旦用户离开电影院，就自动恢复正常铃声。

当然，在使用这些数据的时候，还要考虑如何保护用户隐私的问题。

5.7　市场细分

自动化技术让我们有机会在面向客户流程的每一步中收集数据在网页上的行为，例如，单击网站中的点击流。传感器的数据给了我们一个建立行为学模式应用分析的机会。早期的技术进化是使用分析法来进行市场细分。原始的细分方式使用了人口统计学技术，并使用消费者的“硬”数据，如地理位置、年龄、性别和民族特点，建立市场细分。但营销人员很快意识到，行为特征也是细分客户的重要的参数。

随着市场的发展，可以看到更多、更细致的细分方式，基于分析参数，驱动特定市场。例如，对于小型电子产品，市场营销人员开始尝试区分以下两类人群：一类是由于愿意尝试新鲜事物而购买的创新者，一类是跟随其他人购买的适应者。通过数据分析表可知，创新者群体乐于早期分享使用产品经验，而且对产品的缺陷表现得更宽容。

在20世纪90年代中期，营销人员与客户接触并使用互联网为客户提供自助服务，使用自动化营销成为了个性化、1对1的营销。正如玛莎·罗杰斯（Martha Rogers）和唐·佩珀斯（Don Peppers）在他们《一对一未来》书中指出的那样，"1对1营销的基础是客户，而不仅仅是产品市场份额。1对1营销的目标不是在产品销售的过程中卖出尽可能多的产品，而是在客户的一生中，尽可能多地把产品卖给这个顾客。大众市场通常的做法是开发产品，并尝试查找该产品的客户。而1对1营销的方式是为客户开发或者为客户找到适合这个客户的产品。"

早期的分析系统报告给营销团队提供原始分割数据，以便他们可以用这些数据来决定市场营销活动。在市场营销中，运营自动化可以收集数据、分析效能、改进营销运动，形成营销循环。在某些情况下，特定客户兴趣、客户体验的信息，为营销活动提供了客户的服务标准。

例如，通过分析某用户的位置数据，营销分析师会立即得出结论：该用户经常在国内和国外出差。当该用户不去旅行时，通常的活动范围是在家里和距离该用户家不到两英里的办公室之间，他们还可以看到大量的该用户的日常生活轨迹。在通过对1 600万条记录的通话日期、时间和地点的数据分析后，研究者认为人的动作轨迹似乎遵循某个数学模式。研究人员指出，给出某个人与过去运动有关的足够信息，可以预测某个人未来的活动趋势，并且有93.6%的准确率。

如何使用位置数据推导出市场细分信息呢？在最简单的层面上，假设对一组用户在过去三个月里的位置数据进行分析，就可以区分出环球旅行者、现场工作者（如矿业者）、"朝九晚五者"（即白天在工作单位上班晚上回家休息的人）和在家工作者。在更细的分析层面上，可以开始分析用户行为的频率。通过用户去过一家咖啡店，商场、或者一个高尔夫球场的次数，可以建立起这个用户外出的频率规则（例如，"对咖啡店的访问量是每月超过4次，每次的持续时间是一个小时或者更多"）。营销人员根据这些分析可以寻求顾客，"选择"他们的位置信息，并提供基于位置数据分析的特定的、有针对性的促销活动。

5.8 在线广告

过去，广告的传统形式是电视和广播。随着在线内容发布的流行，线上广告在市场上的影响越来越大，越来越受到人们的欢迎。例如伦敦奥运会提供的移动和其他在线媒体，证明了分销渠道的普及，与电视相比，在奥运会期间，手机和平板电脑几乎占据了一半的互联网视频流量，这是便携式电视的分水岭。伦敦奥运会期间近 2 800 万人访问了 NBCOlympics.com（NBC，National Broadcasting Company，美国全国广播公司）网站，其中，近 640 万人使用的是移动设备。

同时，在线广告也变得越来越复杂，为细分市场广告和基于上下文的广告（**与内容匹配的网络广告**）提供了巨大的机会。那么我们如何交付这些产品，它们与传统广告有什么区别？

发布客户广告的主要目标是在适当的网页上下文环境下，打动线上的用户，从而使用户产生行动，实现对商品的购买。大数据为营销人员提供了一个机会：收集无数用户的行为信息。通过整理和分析这些信息，可以建立两套关于客户的见解，这两项都与在线广告非常相关。第一，通过细分大量用户的购物历史来建立用户细分段，以及每个段的习惯购买模式。第二，可以使用上下文的驱动器，特定于上下文的广告（与内容匹配的网络广告）在线互动。例如，如果某人要搜索欲采购的产品，可以在 Web 页上查询产品广告，并提供采购产品的数目。

通过分析、观察我们发现了研究广告投放机制的方法，这个方法就是翻广告的帮助信息。在一些类似谷歌、雅虎和 Facebook 这样的大平台上，需求方平台 DSP（Demand Side Platform，即广告需求方平台，也就是买家平台）每秒投放 50 万条广告。一个 DSP 经理通过实时拍卖或招标来为广告客户管理在线广告活动。不同于传统的直接购买市场（如印刷品或电视），广告的价格是基于网络客户接触机会点击率来决定的，实时广告交易平台接收用户按照自己的印象对广告出价，然后卖给出价最高的客户。DSP 是一个汇集了所有关于用户、页面、广告和活动约束的信息平台，在这里可以为广告商做出最佳的决策。

下面以一个例子来了解发布者、广告交易平台、DSP 和广告商之间的信息流和协作，以提供在线广告。如果用户在搜索引擎上启动特定搜索码中的食物搜索，搜索引擎将接受请求，解析请求并开始提供搜索结果。当搜索结果被交付时，搜索引擎决定在屏幕上放置几个广告。搜索引擎试图通过广告来积累某一产品的营销业绩，并为这种产品的一些竞争对手提供机会，为他们的广告商投放广告引入竞价机制。在寻求出价时，发布者可以提供一些与用户对 DSP 所知的额外信息相匹配的上下文信息。DSP 决定是否参加这个特定的出价，并作出报价，以放置一个广告。出价最高的投标人被选中，他们的广告交付给用户响应搜索。通常，这整个过程可能需要 80 毫秒，如图 5.7 所示。

数据管理平台会收集关于广告和广告业务流程的有价值的统计信息。关键绩效指标包括用户单击广告，然后成功产生购买行为的次数。如果用户已收到一个单一的广告很多次，则可能会导致饱和并减少用户点击广告的几率。

当在线广告结合在线购买功能时，在正确的上下文中放置广告的价值可能会提升。如果投放广告的结果发生了立即购买行为，广告商可能提供更高的价格产品，并将广告发布到网络销售平台。只有能够正确地跟踪消费者所关心的需求，以及能够匹配消费者关心的需求，在线销售商或服务商提供的服务，才能使需求方平台和数据管理平台取得成功。

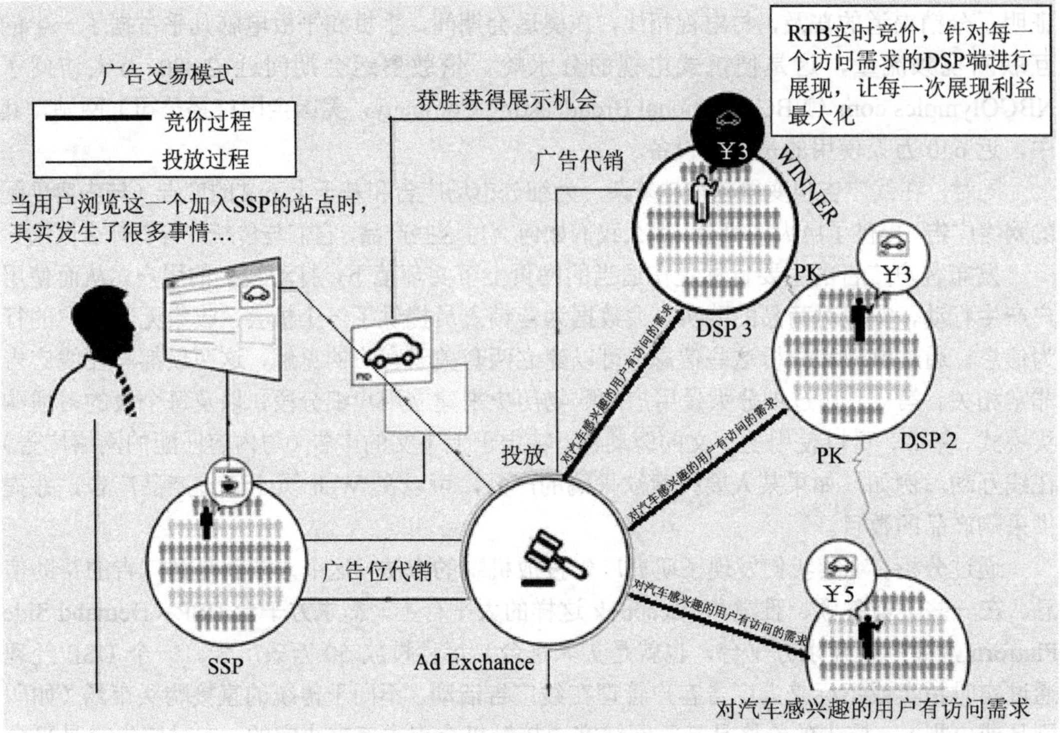

图 5.7　广告交易竞价过程

5.9　改进风险管理

信用卡公司可以使用手机位置数据区分真实用户和欺诈用户。当信用卡在某个位置使用时，判断信用卡交易位置与用户的手机位置是否相匹配，以减少欺诈交易的风险。

例如，某用户的工作需要经常出差，几乎每周一次。因为经常去各种国际旅游景区，但很少使用他的个人信用卡，任何购买后刷信用卡的活动都很可能被标记为不寻常的活动。这种行为把该用户置于信用卡公司的欺诈引擎的严密监控之下，致使该用户的信用卡在偶尔支付的时候拒绝服务，这时就需要致电防伪验证呼叫中心。而往往这个确认过程的总体成本是较高的，包括电话费、呼叫中心代理的时间和用户自己的时间。

该用户咨询信用卡中心，怎样才能使信用卡公司对他的监控放松一些，答复是用户可以在每次出差前给他们打电话报告行程。这个解决方案可能会减少该用户的信用卡被拒绝的次数。

信用卡诈骗的前提是有人偷了信用卡并使用它。典型的欺诈规则是在一个新的位置进行一次刷卡消费。但是对于频繁旅行或出差的人来说，没有规律的刷个人信用卡行为使用很容易被看成是欺诈交易。虽然信用卡公司可能不知道用户的地理区域，但用户的智能手机可以反映用户的地理位置。如果能授权信用卡公司检查用户的手机位置，那么可以在手机上下载一个 App 应用，用户使用安全密码登录，信用卡公司可根据用户手机的地理位置反馈与信用卡消费的地理位置是否匹配，来确定信用卡是否被盗刷的可能性。并且用户同时丢失信用卡和手机的几率很低，即使有人捡到了这两样物品，也几乎不可能同时携带这两样物品进行刷卡消费。

金融机构也可以利用智能手机时行银行交易。如大通银行使用苹果手机进行移动端支付校验（见 https://www.chase.com/online/services/check-deposit.htm）。使用 iPhone 手机，可以拍一张支票的两面，然后用 iPhone 手机上的大通银行移动应用程序和大通银行给用户提供的特别授权 ID 登录用户的账户。这样用户的手机和大通银行进行了数据确认，大通银行可以利用这些信息提高用户的客户体验。

5.10　本章小结

本章介绍了数据仓库的演化及数据挖掘中数据分析的方法，后面的小节中介绍了一些利用这些数据分析的方法在各个领域所产生的成果。但是大数据技术并没有处在一个成熟的阶段，大数据分析的方法还需要继续探索研究。

5.11　习题

1. 数据库为什么要分家？
2. 简述数据仓库的组成。
3. 描述数据挖掘要解决的问题。
4. 简述数据分析的方法。
5. 思考大数据技术能够在生活中有哪些应用？（除了本书提到的。）

第 6 章　大数据处理方法

大数据如果是上百或上千条数据，还可以逐一检查每条数据，人为处理。但是如果数据达到千万级别甚至过亿条时，就不是手工能解决的，必须通过工具进行处理。尤其对于海量数据，什么情况都有可能存在，如重复、格式不正确等。另外，当数据达到 TB 级别时，借助计算机处理对于计算机的软、硬件要求也会很高。首先遇到的问题就是数据无法全部读取到内存中进行处理。上述海量数据处理遇到的问题，需要想一些更好的大数据处理方法来应对。如何在海量数据中去重，如何处理 TB 级别的数据，以及如何处理格式不正确的数据等问题，都是数据处理人员所要解决的。

本章主要讲述一些常用的大数据处理方法。当然这些方法并不能完全解决所有的问题，但是基本上可以处理大部分遇到的问题。下面就分别来讲解这些大数据的处理方法。

6.1　布隆过滤器（Bloom Filter）

布隆过滤器（Bloom Filter）是 1970 年由 Bloom 提出的，最初广泛用于拼写检查和数据库系统中。Bloom Filter 是一个空间效率很高的数据结构，它由一个很长的二进制向量和一组 Hash 映射函数组成。Bloom Filter 可以用于检索一个元素是否在一个集合中，它的优点是空间效率和查询时间都远远超过一般的算法，缺点是有一定的误识别率和删除困难。

6.1.1　基本思路

布隆过滤器的基本原理是：当一个元素被加入集合时，通过 k 个散列函数将这个元素映射成一个数组中的 k 个点，把它们置为 1。检索时，我们只要看这些点是否是 1 就（大约）知道集合中是否有它了。如果这些点有任何一个 0，则被检元素一定不在；如果都是 1，则被检元素很可能在，查找结果并不能保证 100%正确。

原始的 Bloom Filter 不支持删除已经插入的关键字，因为该关键字对应的位会牵动到其他的关键字。所以简单的改进就是 Counting Bloom Filter，用 counter 数组代替位数组，就可以支持删除了插入的关键字了。

还有一个比较重要的问题，如何根据输入元素个数 n，确定位数组 m 的大小及 Hash

函数个数。当 Hash 函数个数 $k=(\ln 2)\times(m/n)$时错误率最小。在错误率不大于 E 的情况下，m 至少要等于 $n\times\lg(1/E)$才能表示任意 n 个元素的集合。但 m 还应该更大些，因为还要保证 bit 数组里至少一半为 0，则 m 应该$\geqslant n\lg(1/E)\times\lg e$，大概就是 $n\lg(1/E)$的 1.44 倍（lg 表示以 2 为底的对数）。

假设错误率为 0.01，则此时 m 约为 n 的 13 倍。这样 $k=(\ln 2)\cdot(m/n)=0.69\times13=8.9$。

注意，这里 m 与 n 的单位不同，m 是 bit 为单位，而 n 则是以元素个数为单位（准确地说是不同元素的个数）。通常单个元素的长度都是有很多 bit 的，所以使用 bloom Filter 内存上通常都是节省的。

Bloom Filter 将集合中的元素映射到位数组中，用 k（k 为哈希函数个数）个映射位是否全为 1 表示元素是否在这个集合中。Counting Bloom Filter（CBF）将位数组中的每一位扩展为一个计数器，从而支持了元素的删除操作。Spectral Bloom Filter（SBF）将其与集合元素的出现次数关联。SBF 采用 counter 中的最小值来近似表示元素的出现频率。

6.1.2 适用范围

布隆过滤器可以用来实现数据字典，进行数据的判重（重复数据判断），或者集合求交集。

6.1.3 实例

有 A、B 两个文件，各存放 50 亿条 URL，每条 URL 占用 64 字节，内存限制是 4GB，找出 A、B 文件中共同的 URL。如果是 3 个乃至 n 个文件,又该怎么办呢?

根据这个问题我们来计算内存的占用，4GB=2^32 大约是 340 亿，n=50 亿时，如果按出错率 0.01 算，则需要的内存大概是 650 亿个 bit。现在可用的是 340 亿，这样可能会使出错率上升。另外，如果这些 URL 的 IP 是一一对应的，就可以转换成 IP，那么就会变得简单了。

Bloom Filter 是一种空间效率很高的随机数据结构，它利用位数组很简洁地表示一个集合，并能判断一个元素是否属于这个集合。Bloom Filter 的这种高效是有一定代价的：在判断一个元素是否属于某个集合时，有可能会把不属于这个集合的元素误认为属于这个集合（False Positive）。因此，Bloom Filter 不适合那些“零错误”的应用场合。而在能容忍低错误率的应用场合，Bloom Filter 通过极少的错误换取了存储空间的极大节省。

1. 集合表示和元素查询

下面具体来看 Bloom Filter 是如何用位数组表示集合的。初始状态时，Bloom Filter 是一个包含 m 位的位数组，每一位都置为 0，如图 6.1 所示。

为了表达 $S=\{x_1, x_2,\ldots,x_n\}$这样一个 n 个元素的集合，Bloom Filter 使用 k 个相互独立的

哈希函数（Hash Function），它们分别将集合中的每个元素映射到$\{1,\ldots,m\}$的范围中。对于任意一个元素 x，第 i 个哈希函数映射的位置 $hi(x)$就会被置为 1（$1\leqslant i\leqslant k$）。注意，如果一个位置多次被置为 1，那么只有第一次会起作用，后面几次将没有任何效果。在图 6.2 中，k=3，且有两个哈希函数选中同一个位置（从左边数第 5 位）。

0	0	0	0	0	0	0	0	0	0	0	0

图 6.1　布隆过滤器初始状态

在判断 y 是否属于这个集合时，对 y 应用 k 次哈希函数，如果所有 $hi(y)$的位置都是 1（$1\leqslant i\leqslant k$），那么就认为 y 是集合中的元素，否则就认为 y 不是集合中的元素。如图 6.3 中 y_1 就不是集合中的元素。y_2 或者属于这个集合，或者刚好是一个 False Positive。

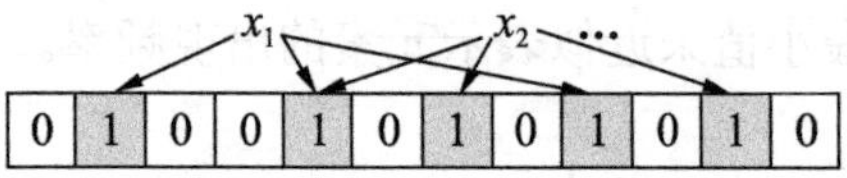

图 6.2　哈希函数映射的位置

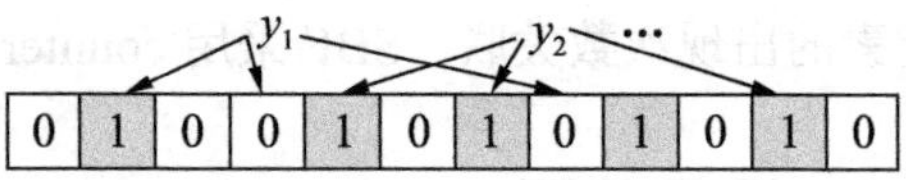

图 6.3　集合元素判断

2. 错误率估计

前面我们已经提到了，Bloom Filter 在判断一个元素是否属于它表示的集合时会有一定的错误率（False Positive Rate）。下面我们就来估计错误率的大小。在估计之前为了简化模型，假设 $kn<m$ 且各个哈希函数是完全随机的。当集合 $S=\{x_1, x_2,\ldots,x_n\}$的所有元素都被 k 个哈希函数映射到 m 位的位数组中时，这个位数组中某一位还是 0 的概率是

$$p' = (1-\frac{1}{m})^{kn} \approx \mathrm{e}^{-kn/m}$$

其中，$1/m$ 表示任意一个哈希函数选中这一位的概率（前提是哈希函数是完全随机的）；$(1\text{-}1/m)$表示哈希一次没有选中这一位的概率。要把 S 完全映射到位数组中，需要做 kn 次哈希。某一位还是 0 意味着 kn 次哈希都没有选中它，因此这个概率就是（$1\text{-}1/m$）的 kn 次方。令 $p = \mathrm{e}\text{-}kn/m$ 是为了简化运算，这里用到了计算 e 时常用的近似：

$$\lim_{x\to\infty}(1-\frac{1}{x})^{-x} = \mathrm{e}$$

令 ρ 为位数组中 0 的比例，则 ρ 的数学期望 $E(\rho)=p'$。在 ρ 已知的情况下，要求的错误率（False Positive Rate）为

$$(1-\rho)^k \approx (1-p')^k \approx (1-p)^k \tag{6.1}$$

$(1\text{-}\rho)$为位数组中 1 的比例，$(1\text{-}\rho)^k$就表示 k 次哈希都刚好选中 1 的区域，即错误率。式（6.1）中第二步近似在前面已经提到了，现在来看第一步近似。p'只是 ρ 的数学期望，在实际中 ρ 的值有可能偏离它的数学期望值。Michael. Mitzenmacher 已经证明，位数组中 0 的比例非常集中地分布在它的数学期望值附近。因此，第一步的近似得以成立。分别将

p 和 p'代入式(6.1)中，得

$$f' = \left(1-(1-\frac{1}{m})^{kn}\right)^k = (1-p')^k$$

$$f = (1-\mathrm{e}^{-kn/m})^k = (1-p)^k$$

相比 p'和 f''，使用 p 和 f 通常在分析中更为方便。

3．最优的哈希函数个数

既然 Bloom Filter 要靠多个哈希函数将集合映射到位数组中，那么应该选择几个哈希函数才能使元素查询时的错误率降到最低呢？这里有两个互斥的理由：如果哈希函数的个数多，那么在对一个不属于集合的元素进行查询时得到 0 的概率就大；但另一方面，如果哈希函数的个数少，那么位数组中的 0 就多。为了得到最优的哈希函数个数，需要根据错误率公式进行计算。

先用 p 和 f 进行计算。注意 $f = exp(k\ \ln(1-\mathrm{e}-kn/m))$，令 $g = k\ \ln(1-\mathrm{e}-kn/m)$，只要让 g 取到最小，f 自然也取到最小。由于 $p = \mathrm{e}\text{-}kn/m$，因此可以将 g 写成

$$g = -\frac{m}{n}ln(p)ln(1-p) \tag{6.2}$$

根据对称性法则可以很容易地看出，当 $p = 1/2$，也就是 $k = \ln 2\times(m/n)$时，g 取得最小值。在这种情况下，最小错误率 f 等于$(1/2)k\approx(0.6185)m/n$。另外，注意到 p 是位数组中某一位仍是 0 的概率，所以 $p = 1/2$ 对应着位数组中 0 和 1 各一半。换句话说，要想保持错误率低，最好让位数组有一半还空着。

需要强调的一点的是，$p = 1/2$ 时错误率最小这个结果并不依赖于近似值 p 和 f。同样对于 $f'' = exp(k\ \ln(1-(1-1/m)kn))$，$g' = k\ \ln(1-(1-1/m)kn)$，$p' = (1-1/m)kn$，我们可以将 g'写成

$$g' = \frac{1}{nln(1-1/m)}ln(p')ln(1-p') \tag{6.3}$$

同样根据对称性法则可以得到当 $p' = 1/2$ 时，g'取得最小值。

4．位数组的大小

下面我们来看看，在不超过一定错误率的情况下，Bloom Filter 至少需要多少位才能表示全集中任意 n 个元素的集合。假设全集中共有 u 个元素，允许的最大错误率为 ϵ，下面我们来求位数组的位数 m。

假设 X 为全集中任取 n 个元素的集合，$F(X)$是表示 X 的位数组。那么对于集合 X 中任意一个元素 x，在 $s = F(X)$中查询 x 都能得到肯定的结果，即 s 能够接受 x。显然，由于 Bloom Filter 引入了错误，s 能够接受的不仅仅是 X 中的元素，它还能够有 $\epsilon\,(u-n)$个错误肯定。因此，对于一个确定的位数组来说，它能够接受共 $n+\epsilon\,(u-n)$个元素。在 $n+\epsilon\,(u-n)$

个元素中，s 真正表示的只有其中 n 个，所以一个确定的位数组可以表示 $\begin{pmatrix} n+\epsilon(u-n) \\ n \end{pmatrix}$ 个集合。m 位的位数组共有 2m 个不同的组合，进而可以推出，m 位的位数组可以表示 $2^m \begin{pmatrix} n+\epsilon(u-n) \\ n \end{pmatrix}$ 个集合。全集中 n 个元素的集合总共有 $\begin{pmatrix} u \\ n \end{pmatrix}$ 个，因此要让 m 位的位数组能够表示所有 n 个元素的集合，则必须有 $2^m \begin{pmatrix} n+\epsilon(u-n) \\ n \end{pmatrix} \geqslant \begin{pmatrix} u \\ n \end{pmatrix}$，即

$$m \geqslant \log_2 \frac{\begin{pmatrix} u \\ n \end{pmatrix}}{\begin{pmatrix} n+\epsilon(u-n) \\ n \end{pmatrix}} \approx \log_2 \frac{\begin{pmatrix} u \\ n \end{pmatrix}}{\begin{pmatrix} \epsilon u \\ n \end{pmatrix}} \geqslant \log_2 \epsilon^{-n} = n\log_2(1/\epsilon) \tag{6.4}$$

式（6.4）中的近似前提是 n 和 ϵu 相比很小，这也是实际情况中常常发生的。根据式（6.4）可以得出结论：在错误率不大于 ϵ 的情况下，m 至少要等于 n log2(1/ϵ)才能表示任意 n 个元素的集合。

前面我们曾算出当 k = ln2× (m/n)时错误率 f 最小，这时 f = (1/2)k= (1/2)$m$ln2 / n。现在令 f≤ϵ，可以推出

$$m \geqslant n\frac{\log_2(1/\epsilon)}{\ln 2} = n\log_2 \mathrm{e} \cdot \log_2(1/\epsilon) \tag{6.5}$$

这个结果比前面我们算的下界 n log2(1/ϵ)大了 log2e≈1.44 倍。这说明在哈希函数的个数取到最优时，要让错误率不超过 ϵ，m 至少需要取到最小值的 1.44 倍。

在计算机科学中，我们常常会碰到时间换空间或者空间换时间的情况，即为了达到某一个方面的最优而牺牲另一个方面。Bloom Filter 在时间空间这两个因素之外又引入了另一个因素：错误率。在使用 Bloom Filter 判断一个元素是否属于某个集合时，会有一定的错误率。也就是说，有可能把不属于这个集合的元素误认为属于这个集合（False Positive），但不会把属于这个集合的元素误认为不属于这个集合（False Negative）。在增加了错误率这个因素之后，Bloom Filter 通过允许少量的错误来节省大量的存储空间。

自从 Burton Bloom 在 20 世纪 70 年代提出 Bloom Filter 之后，Bloom Filter 就被广泛用于拼写检查和数据库系统中。伴随着网络的普及和发展，Bloom Filter 在网络领域获得了新生，各种 Bloom Filter 变种和新的应用不断出现。可以预见，随着网络应用的不断深入，Bloom Filter 必将获得更大的发展。

6.2 散列法（Hashing）

散列法（Hashing）是计算机科学中一种对数据的处理方法，通过某种特定的函数/算

法（称为散列函数/算法），将要检索的项与用来检索的索引（称为散列，或者散列值）关联起来，生成一种便于搜索的数据结构（称为散列表）。它常用作一种信息安全的方法，如由一串数据中经过散列算法(Hashing Algorithms)计算出来的数据指纹(Data Fingerprint)，经常用来识别档案与数据是否被篡改过，以保证档案与数据确实是由原创者所提供的。

6.2.1　基本思路

Hash 函数选择，针对字符串、整数、排列，具有相应的 Hash 方法。一种是 Open Hashing，也称为拉链法；另一种就是 Closed Hashing，也称开放地址法，即 Opened Addressing。

扩展知识：

d-left hashing 中的 d 是多个的意思。我们先简化这个问题，看一看 2-left hashing。2-left hashing 指的是将一个哈希表分成长度相等的两半，分别称为 T1 和 T2，给 T1 和 T2 分别配备哈希函数 h1 和 h2。在存储新的 key 时，同时用两个哈希函数进行计算，得出两个地址 h1[key]和 h2[key]。这时需要检查 T1 中的 h1[key]位置和 T2 中的 h2[key]位置，看哪一个位置已经存储的（有碰撞的）key 比较多，然后将新 key 存储在负载少的位置。如果两边一样多，如两个位置都为空或者都存储了一个 key，则把新 key 存储在左边的 T1 子表中，2-left 也由此而来。在查找一个 key 时，必须进行两次哈希函数计算，同时查找两个位置。

6.2.2　适用范围

Hash，一般翻译为“散列”，也有直接音译为“哈希”的，就是把任意长度的输入（也叫做预映射，pre-image），通过散列算法变换成固定长度的输出，该输出就是散列值。这种转换是一种压缩映射，也就是散列值的空间通常远远小于输入的空间，不同的输入可能会散列成相同的输出，而不可能从散列值来唯一地确定输入值。简单地说，就是一种将任意长度的消息压缩到某一固定长度的消息摘要的函数。

数组的特点是寻址容易，插入和删除困难；而链表的特点是寻址困难，插入和删除容易。那么我们能不能综合两者的特性，做出一种寻址容易，插入和删除也容易的数据结构？答案是肯定的，这就是我们要提的哈希表。哈希表有多种不同的实现方法，接下来讲解的是其中最常用的一种方法——拉链法，可以理解为“链表的数组”，如图 6.4 所示。

图 6.4 中左边很明显是个数组，数组的每个成员包括一个指针和指向一个链表的头，当然这个链表可能为空，也可能有很多元素。我们根据元素的一些特征把元素分配到不同的链表中，再根据这些特征找到正确的链表，然后从链表中找出这个元素。

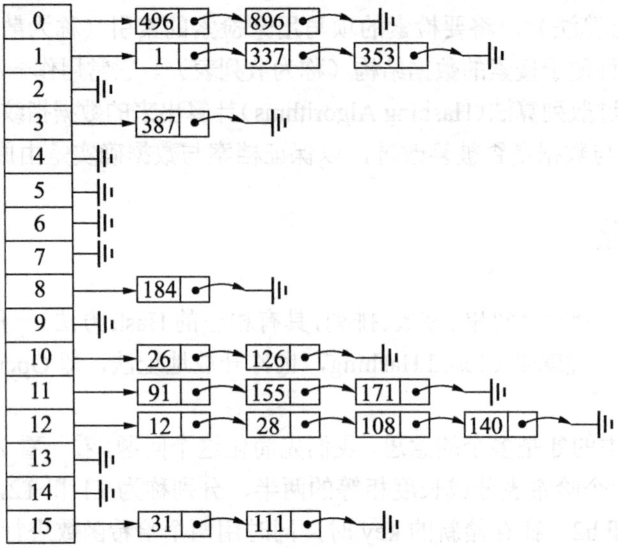

图 6.4　链表的数组

元素特征转变为数组下标的方法就是散列法。散列法当然不止一种，下面列出比较常用的 3 种方法。

1. 除法散列法

除法散列法是最直观的一种方法，图 6.4 使用的就是这种散列法。学过汇编的都知道公式 h(k)=kmod m°，求模数其实是通过一个除法运算得到的，所以叫“除法散列法”。

2. 平方散列法

求 index 是非常频繁的操作，而乘法的运算要比除法省时（对现在的 CPU 来说），所以我们考虑把除法换成乘法和一个位移操作。公式：index = (value * value) >> 28（右移，除以 2^28。记法：左移变大，是乘。右移变小，是除）

如果数值分配比较均匀的话，这种方法能得到不错的结果。如果 value 很大，value * value 会溢出吗？答案是肯定的。但我们的这个乘法不关心溢出，因为我们根本不是为了获取相乘结果，而是为了获取 index。

3. 斐波那契（Fibonacci）散列法

平方散列法的缺点是显而易见的，能不能找出一个理想的乘数，而不是拿 value 本身当作乘数呢？答案是肯定的。

- 对于 16 位整数而言，这个乘数是 40503
- 对于 32 位整数而言，这个乘数是 2654435769
- 对于 64 位整数而言，这个乘数是 11400714819323198485

以上几个“理想乘数”是如何得出来的呢？这跟黄金分割法则有关，而描述黄金分割法则的最经典表达式无疑就是著名的斐波那契数列，即如此形式的序列：0,1,1,2,3,5, 8,13,21,34,55,89,144,233,377,610，987, 1597, 2584, 4181, 6765, 10946，…。另外，斐波那契数列的值和太阳系八大行星的轨道半径比例非常吻合。

对于常见的 32 位整数而言，式：

$$index = (value * 2654435769) >> 28$$

如果用这种斐波那契散列法的话，那么图 6.4 就会变成图 6.5 所示。

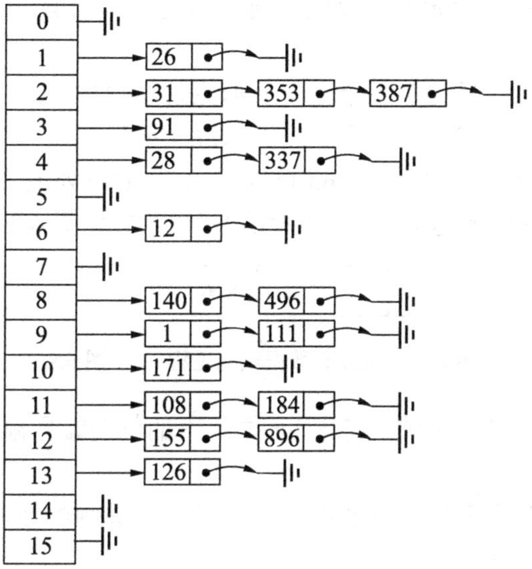

图 6.5　用斐波那契散列法重新调整过的哈希表

4．问题实例（海量数据处理）

我们知道，哈希表在海量数据处理中有着广泛的应用，下面来看一道百度面试题。

例 2　从海量日志数据中，提取出某日访问百度次数最多的那个 IP。

方案：IP 的数目还是有限的，最多 2^32 个，所以可以考虑使用 Hash 将 IP 直接存入内存，然后进行统计。

注：用斐波那契散列法调整之后会比原来的求模散列法好很多。

6.3　位图（BitMap）

位图（BitMap）就是用一个 bit 位来标记某个元素对应的 Value，而 Key 即是该元素。由于采用了 bit 为单位来存储数据，因此大大节省了存储空间。Bloom Filter 可以看做是对

BitMap 的扩展 。

6.3.1 基本思路

本节用一个具体的例子来讲解，假设要对 0～7 内的 5 个元素(4,7,2,5,3)排序（假设这些元素没有重复），那么就可以采用 BitMap 的方法来达到排序的目的。要表示 8 个数，就只需要 8 个 bit（1Byte）。

（1）首先开辟 1 字节（8bit）的空间，将这些空间的所有 bit 位都置为 0，如图 6.6 所示。

（2）遍历这 5 个元素。首先第 1 个元素是 4，那么就把 4 对应的 bit 位置为 1，因为是从 0 开始的，所以要把第 5 个 bit 位置为 1，如图 6.7 所示。

（3）处理第 2 个元素 7，将第 8 个 bit 位置为 1，接着再处理第 3 个元素，直到处理完所有元素，将相应的 bit 位置为 1，这时内存的 bit 位状态如图 6.8 所示。

0	0	0	0	0	0	0	0

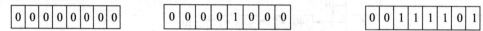

图 6.6　BitMap 字节准备

0	0	0	0	1	0	0	0

图 6.7　BitMap 数据填充过程

0	0	1	1	1	1	0	1

图 6.8　5 个元素(4,7,2,5,3)的 BitMap

（4）最后再遍历一遍 bit 区域，将该 bit 位是 1 的位的编号输出(2,3,4,5,7)，这样就达到了排序的目的。

该例的算法思想比较简单，关键点是如何确定十进制的数映射到二进制 bit 位的 Map 图。

6.3.2 Map 映射

假设需要排序或者查找的总数 N=10000000。BitMap 中 1bit 代表一个数字，1 个 int = 4Byte = 4×8bit = 32 bit，那么 N 个数需要 N/32 int 空间。所以需要申请内存空间的大小为 int a[1 + N/32]，其中，a[0]在内存中占 32 位，可以对应十进制数 0~31，依此类推，BitMap 表为：

```
a[0]  ---------->  0-31
a[1]  ---------->  32-63
a[2]  ---------->  64-95
a[3]  ---------->  96-127
……
```

那么十进制数如何转换为对应的 bit 位呢？用位移法可将十进制数转换为对应的 bit 位，下面具体介绍。

申请一个 int 一维数组。

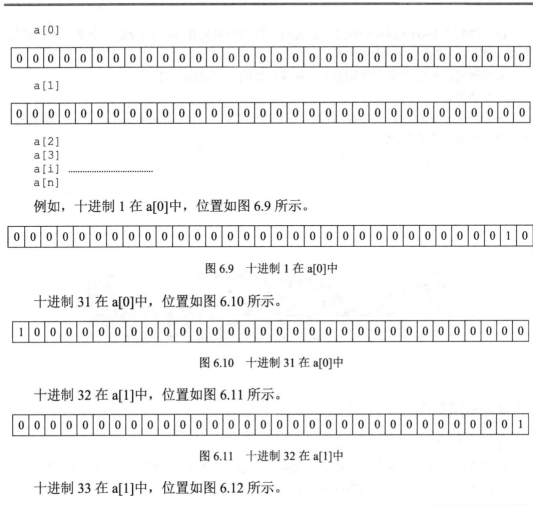

a[0]

0	0	0	0	0	0	0	0	0	0	0	0	0	0	0	0	0	0	0	0	0	0	0	0	0	0	0	0	0	0	0	0

a[1]

0	0	0	0	0	0	0	0	0	0	0	0	0	0	0	0	0	0	0	0	0	0	0	0	0	0	0	0	0	0	0	0

a[2]
a[3]
a[i] ....
a[n]

例如，十进制 1 在 a[0]中，位置如图 6.9 所示。

0	0	0	0	0	0	0	0	0	0	0	0	0	0	0	0	0	0	0	0	0	0	0	0	0	0	0	0	0	0	1	0

图 6.9　十进制 1 在 a[0]中

十进制 31 在 a[0]中，位置如图 6.10 所示。

1	0	0	0	0	0	0	0	0	0	0	0	0	0	0	0	0	0	0	0	0	0	0	0	0	0	0	0	0	0	0	0

图 6.10　十进制 31 在 a[0]中

十进制 32 在 a[1]中，位置如图 6.11 所示。

0	0	0	0	0	0	0	0	0	0	0	0	0	0	0	0	0	0	0	0	0	0	0	0	0	0	0	0	0	0	0	1

图 6.11　十进制 32 在 a[1]中

十进制 33 在 a[1]中，位置如图 6.12 所示。

0	0	0	0	0	0	0	0	0	0	0	0	0	0	0	0	0	0	0	0	0	0	0	0	0	0	0	0	0	0	1	0

图 6.12　十进制 33 在 a[1]中

通过对图 6.9~6.12 的分析，可通过以下几步将十进制数转换为对应的 bit 位。

（1）求十进制数在对应数组 a 中的下标。

十进制数 0~31，对应在数组 a[0]中，32~63 对应在数组 a[1]中，64~95 对应在数组 a[2]中……

分析得出：对于一个十进制数 *n*，对应在数组 a[n/32]中。

例如，假设 n=11，那么 n/32=0，则 11 对应在数组 a 中的下标为 0，n=32，那么 n/32=1，则 32 对应在数组 a 中的下标为 1，n = 106，那么 n/32 = 3，则 106 对应数组 a 中的下标为 3。

（2）求十进制数在对应数组 a[i]中的下标。

例如，十进制数 1 在 a[0]的下标为 1，十进制数 31 在 a[0]中下标为 31，十进制数 32 在 a[1]中下标为 0。

在十进制中 0~31 就对应 0~31，而 32~63 对应的也是 0~31，即给定一个数 *n* 可以通过模 32 求得在对应数组 a[i]中的下标。

分析得出：对于一个十进制数 *n*，对应在数组 a[n/32][n%32]中。

（3）移位。

对于一个十进制数 *n*，对应在数组 a[n/32][n%32]中，但数组 a 毕竟不是一个二维数组，可以通过移位操作实现置 1。

```
a[n/32] |= 1 << n % 32
```

移位操作：

```
a[n>>5] |= 1 << (n & 0x1F)
```

n & 0x1F 保留 *n* 的后 5 位，相当于 *n* % 32 求十进制数在数组 a[i]中的下标。BitMap 位图展示如图 6.13 所示。

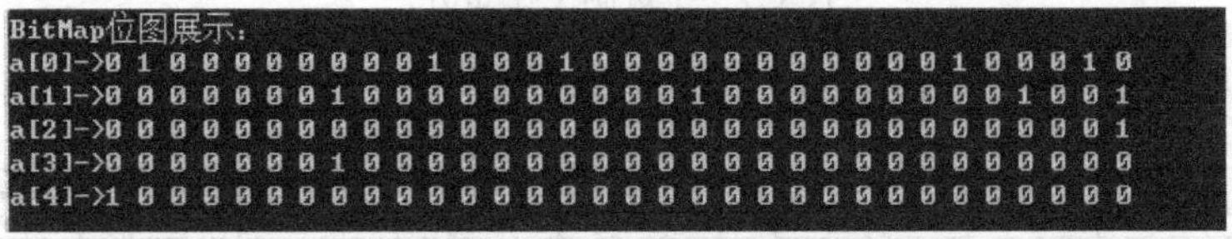

图 6.13　BitMap 位图展示

6.3.3　适用范围

BitMap 位图的适用范围如下：

- 可进行数据的快速查找、判重、删除，一般来说数据范围是 int 的 10 倍以下。
- 去重数据而达到压缩数据的目的。

6.4　堆排序（Heapsort）

堆排序（Heapsort）是指利用堆积树（堆）这种数据结构所设计的一种排序算法，它是选择排序的一种，可以利用数组的特点快速定位指定索引的元素。堆分为大顶堆和小顶堆，是完全二叉树。大顶堆的要求是每个节点的值都不大于其父节点的值，即 A[PARENT[i]] >= A[i]。在数组的非降序排序中，需要使用的就是大顶堆，因为根据大顶堆的要求可知，最大的值一定在堆顶。

6.4.1　基本思路

利用大顶堆（小顶堆）堆顶记录的是最大关键字（最小关键字）这一特性，使得每次从无序数组中选择最大记录（最小记录）变得简单了。大顶堆的基本思想为：

（1）将初始待排序关键字序列($R_1,R_2...R_n$)构建成大顶堆，此堆为初始的无序区。

（2）将堆顶元素 $R_{[1]}$与最后一个元素 $R_{[n]}$交换，此时得到新的无序区($R_1,R_2,...R_{n-1}$)和新的有序区(R_n)，且满足 $R_{[1,2...n-1]}<=R_{[n]}$；

（3）由于交换后新的堆顶 $R_{[1]}$可能违反堆的性质，因此需要对当前无序区($R_1,R_2,...R_{n-1}$)调整为新堆，然后再次将 $R_{[1]}$与无序区最后一个元素交换，得到新的无序区($R_1,R_2...R_{n-2}$)和新的有序区(R_{n-1},R_n)。不断重复此过程直到有序区的元素个数为 n-1，则整个排序过程完成。

操作过程如下：

（1）初始化堆，将 $R_{[1..n]}$构造为堆。

（2）将当前无序区的堆顶元素 $R_{[1]}$同该区间的最后一个记录交换，然后将新的无序区调整为新的堆。

因此对于堆排序，最重要的两个操作就是构造初始堆和调整堆，其实构造初始堆事实上也是调整堆的过程，但构造初始堆是对所有的非叶节点都进行调整。

6.4.2　适用范围和实例

堆排序适合处理海量数据，并且 n 比较小，堆可以放入内存的数据。

例如，给定一个整形数组 a[]={16,7,3,20,17,8}，对其进行堆排序。首先根据该数组元素构建一个完全二叉树，如图 6.14 所示。

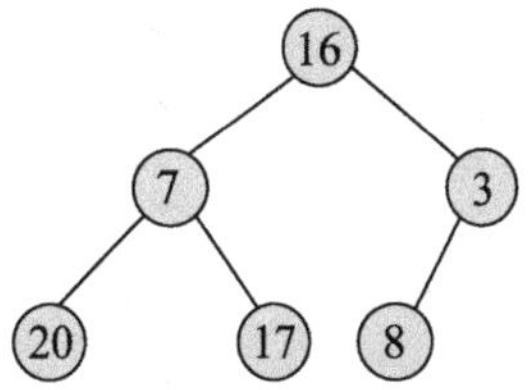

图 6.14　整型数组 a[]={16,7,3,20,17,8}的完全二叉树

然后需要构造初始堆，从最后一个非叶节点开始调整，调整过程如图 6.15 所示。

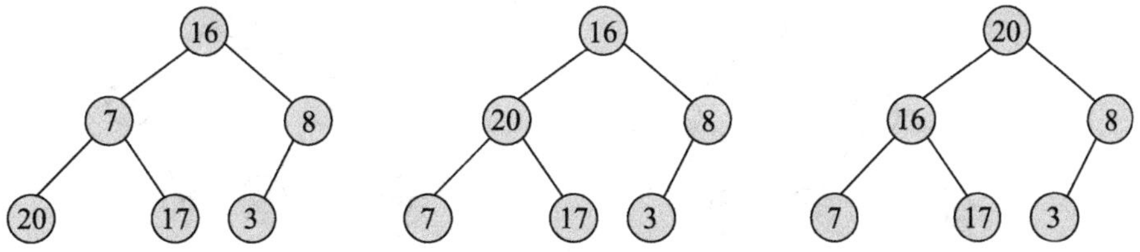

图 6.15　堆调整

20 和 16 交换后导致 16 不满足堆的性质，因此需重新调整，得到初始堆，如图 6.16 所示。

每次调整都是从父节点、左孩子节点、右孩子节点三者中选择最大者跟父节点进行交换（交换之后可能造成被交换的孩子节点不满足堆的性质，因此每次交换之后要重新对被交换的孩子节点进行调整）。有了初始堆之后就可以进行排序了，如图 6.17 所示。

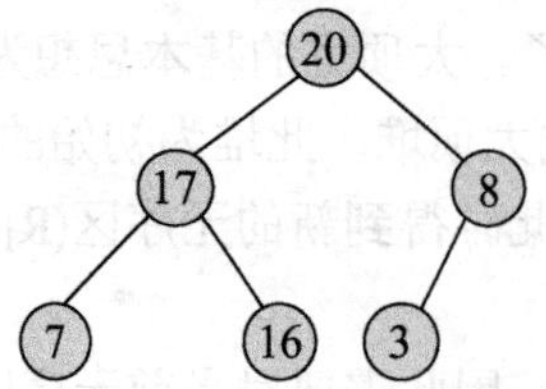

图 6.16　整型数组 a[]={16,7,3,20,17,8}的初始堆

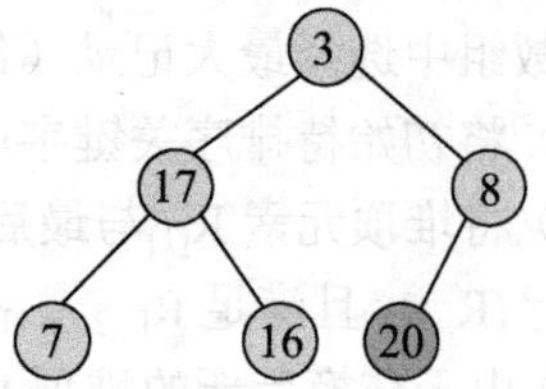

图 6.17　排序

此时 3 位于堆顶不满足堆的性质，则需继续调整，如图 6.18 所示。

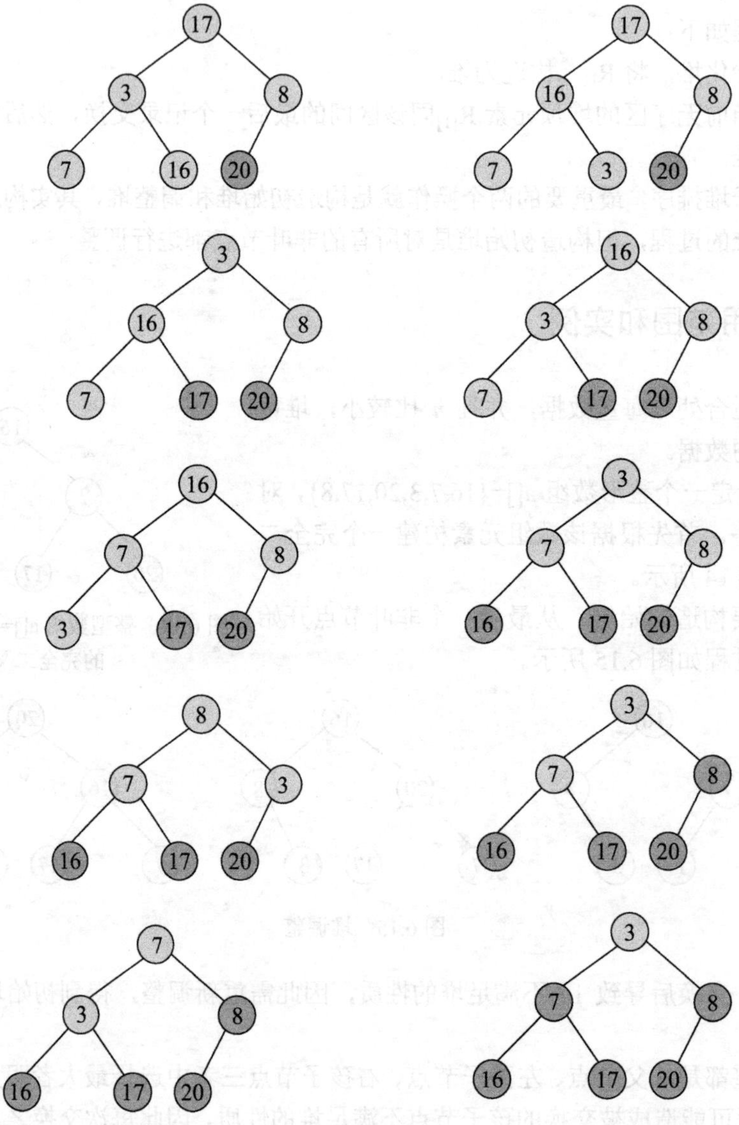

图 6.18　对排序过程

从上述过程中可知，堆排序其实也是一种选择排序，是一种树形选择排序。只是在直接选择排序中，为了从 $R_{[1...n]}$中选择最大记录，需比较 *n*-1 次，然后从 $R_{[1...n-2]}$中选择最大记录需比较 *n*-2 次。事实上这 *n*-2 次比较中有很多已经在前面的 *n*-1 次比较中做过了，而树形选择排序恰好利用树形的特点保存了前面部分的比较结果，因此可以减少比较次数。对于 *n* 个关键字序列，最坏情况下每个节点需比较 log2(*n*)次，因此其最坏情况下时间复杂度为 *n*log*n*。堆排序为不稳定排序，不适合记录较少的排序。

6.5　双层桶划分

与其说双层桶划分是一种数据结构，不如说它是一种算法设计思想。面对一堆大量的数据无法处理的时候，可以将其分成一个个小的单元，然后根据一定的策略来处理这些小单元，从而达到目的。

6.5.1　基本思路

因为元素范围很大，不能利用直接寻址表，所以可通过多次划分，逐步确定范围，然后在一个可以接受的范围内进行。可以通过多次划分来缩小范围，双层只是一个例子，分治才是其根本。

6.5.2　适用范围和实例

双层桶划分法适用于数据库范围查询，如寻找第 *k* 大、中位数、不重复（或重复）的数字。下面举例介绍。

例 3　从 2.5 亿个整数中找出不重复的整数的个数，内存空间不足以容纳这 2.5 亿个整数。

该例有点像鸽巢原理，整数个数为 2^32，那么可以将这 2^32 个数划分为 2^8 个区域如用单个文件代表一个区域，然后将数据分离到不同的区域，不同的区域再利用 BitMap 就可以直接解决了。也就是说只要有足够的磁盘空间，就可以很方便地解决。

例 4　从 5 亿个 int 中找它们的中位数。

中位数是指数据排序后，位置在最中间的数值，即将数据分成两部分，一部分大于该数值，一部分小于该数值。中位数的位置：当样本数为奇数时，中位数=(*N*+1)/2；当样本数为偶数时，中位数为 *N*/2 与 1+*N*/2 的均值（那么 10GB 个数的中位数，就是第 5GB 大的数与第 5GB+1 大的数的均值了）。

首先将 int 划分为 2^16 个区域，然后读取数据统计落到各个区域里的数的个数，之后根据统计结果就可以判断中位数落到了那个区域，同时知道这个区域中的第几个大数刚好是中位数。第二次扫描只用计数排序落在这个区域中的那个数就可以了。

说明： 整数范围是0~2^32～1，一共有4GB种取值。映射到256MB个区段，则每个区段有16（4GB/256MB = 16）种值，每16个值算一段，0～15是第1段，16～31是第2段，……2^32-16～2^32-1是第256MB段。一个64位无符号整数的最大值是0～8GB-1，这里先不考虑溢出的情况，总共占用内存是256MB×8B=2GB。

实际上，如果不是int是int64，我们可以经过3次这样的划分即可降低到可以接受的程度。即可以先将int64分成2^24个区域，然后确定区域的第几个大数，再将该区域分成2^20个子区域，然后确定是子区域的第几个大数，之后子区域里的数的个数只有2^20，就可以直接利用directaddr table进行统计了。

例 5 现在有一个0～30000的随机数生成器，请根据这个随机数生成器，设计一个抽奖范围是0～350000彩票中奖号码列表，其中要包含20000个中奖号码。

该例刚好和上面的两个例子相反，一个0～3万的随机数生成器要生成一个0～35万的随机数。那么我们完全可以将0～35万的区间分成35/3=12个区间，然后每个区间的长度都小于等于3万，这样就可以用题目给的随机数生成器来生成了，然后再加上该区间的基数。那么每个区间要生成多少个随机数呢？计算公式是：区间长度×随机数密度，在本题目中就是30000×（20000/350000）。最后要注意一点，该例是有隐含条件的（彩票）意味着生成的随机数里不能有重复数，这也是这里为什么用双层桶划分的另外一个原因。

6.6 数据库索引

索引是对数据库表中一个或多个列（例如，employee表的姓名(name)列）的值进行排序的结构。如果想按特定职员的姓氏来查找某个职员，则与在表中搜索所有的行相比，索引可以更快地获取信息。

例如，有这样一个查询：select * from table1 where id=10000。如果没有索引，必须遍历整个表，直到ID等于10 000的这一行被找到为止；有了索引之后（必须是在ID这一列上建立的索引），即可在索引中查找。由于索引是经过某种算法优化过的，因而查找次数少很多。可见，索引是用来定位的。

索引的一个主要目的就是加快检索表中数据的方法，即能协助信息搜索者尽快地找到符合限制条件记录ID的辅助数据结构。从数据搜索实现的角度来看，索引也是另外一类文件/记录，它包含着可以指示出相关数据记录的各种记录。其中，每一条索引都有一个相对应的搜索码，字符段的任意一个子集都能够形成一个搜索码。这样，索引就相当于所有数据目录项的一个集合，它能为既定的搜索码值的所有数据目录项，提供定位所需的各种有效支持。

6.6.1　基本思路

利用数据的设计实现方法，对海量数据的增、删、改、查进行处理。

数据库索引是数据库管理系统中一个排序的数据结构，以协助快速查询、更新数据库表中的数据。索引的实现通常使用 B 树及其变种 B+树。

数据库索引就像一本书前面的目录，能加快数据库的查询速度。索引分为聚簇索引和非聚簇索引两种，聚簇索引是按照数据存放的物理位置为顺序的，而非聚簇索引位置随机存放；聚簇索引能提高多行检索的速度，而非聚簇索引对于单行的检索很快。

根据数据库的功能，可以在数据库设计器中创建 3 种索引：唯一索引、主键索引和聚集索引。

1．唯一索引

唯一索引是不允许其中任何两行具有相同索引值的索引。当现有数据中存在重复的键值时，大多数数据库不允许将新创建的唯一索引与表一起保存。数据库还可能防止添加将在表中创建重复键值的新数据。例如，如果在 Employee 表中职员的姓（lname）上创建了唯一索引，则任意的两个职员都不能同姓。

2．主键索引

主键索引是唯一索引的特殊类型。

数据库表经常有一列或多列组合，其值唯一标识表中的每一行，该列称为表的主键。在数据库关系图中为表定义的主键将自动创建主键索引，主键索引是唯一索引的特定类型。主键索引要求主键中的每个值都唯一。当在查询中使用主键索引时，还允许对数据的快速访问。

3．聚集索引

在聚集索引中，表中行的物理顺序与键值的逻辑（索引）顺序相同。一个表只能包含一个聚集索引。如果某索引不是聚集索引，则表中行的物理顺序与键值的逻辑顺序不匹配。与非聚集索引相比，聚集索引通常提供更快的数据访问速度。

6.6.2　适用范围

数据库索引可用于提高数据库表的数据访问速度，是数据库管理系统中一个排序的数据结构，可以协助快速查询、更新数据库表中的数据，实现大数据量的增、删、改、查操作。

6.7 倒排索引（Inverted index）

倒排索引源于实际应用中需要根据属性的值来查找记录。这种索引表中的每一项都包括一个属性值和具有该属性值的各记录的地址。由于不是由记录来确定属性值，而是由属性值来确定记录的位置，因而称为倒排索引（Inverted Index）。带有倒排索引的文件称为倒排索引文件，简称倒排文件（Inverted File）。

6.7.1 基本思路

下面先给出一个具体的实例来了解下一般的构造过程。先避开具体的实现方式，给定下面一组词句。

Doc1：Mike spoken English Frequently at home and he can write English every day.

Doc2:：Mike plays football very well.

首先我们必须清楚，我们需要的是一些关键的信息，因此一些修饰词等都需要省略，动词的时态变化等都需要还原，如果代词指的是同一个人那么也能够省略，于是上面的句子可以简化成

Doc1：Mike spoken English home. write English.

Doc2：Mike play football.

下面进行索引的倒排构建。因为Mike出现在Doc1和Doc2 中，所以可以构建Mike:{1, 2}，后面词的构建也是同样的道理。最后的关系就会构成词对应于索引位置的映射关系。理解了这个过程之后，下面就可以介绍 BSBI（基于磁盘的外部排序构建索引）和 SPIMI（内存单遍扫描构建索引）算法了，一般来说，SPIM 算法比 BSBI 算法常用。

1. BSBI算法

BSBI 算法的主要步骤如下：

（1）将文档中的词进行 ID 映射，这里可以用 Hash 的方法去构造。

（2）将文档分割成大小相等的几部分。

（3）将每部分按照词 ID 对上文档 ID 的方式进行排序。

（4）将每部分排序后的结果进行合并，最后写入磁盘中。

（5）然后递归地执行，直到文档内容全部完成这一系列操作。

BSBI 算法步骤示意图，如图 6.19 所示。

关于其中的排序算法的选择，一般建议使用效果比较好的快速排序算法，这里为了方便，用了笔者更熟悉的冒泡排序算法。

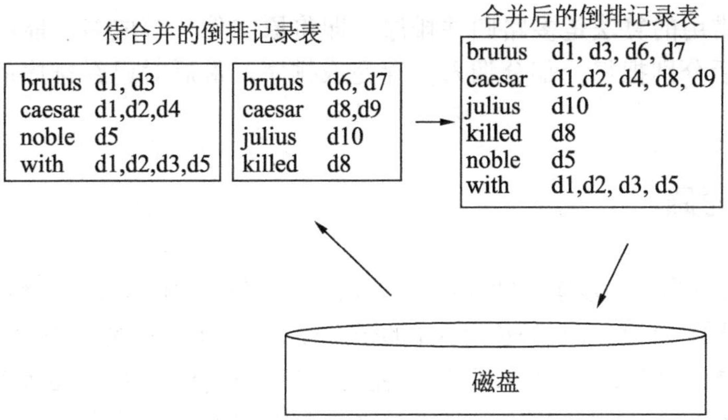

图 6.19　BSBI 算法步骤示意图

2. SPIMI算法

接下来介绍 SPIMI 算法，即内存单遍扫描算法。SPIMI 算法与 BSBI 算法最大的不同点就是 SPIMI 算法无须做 ID 的转换，而是采用了词对索引的直接关联。此外，还有一个比较大的特点是 SPIMI 算法不经过排序，直接按照先后顺序构建索引。SPIMI 算法的主要步骤如下：

（1）对每个块构造一个独立的倒排索引。

（2）最后将所有独立的倒排索引进行合并即可。

为了使 SPIMI 算法的实现过程更简化，可以直接在内存中完成所有的构建工作，这一点读者要注意。SPIMI 算法相对比较简单，这里就不给出步骤示意图了。

6.7.2　适用范围

倒排索引被用来存储在全文搜索下某个单词在一个文档或者一组文档中的存储位置的映射，是文档检索系统中最常用的数据结构。通过倒排索引，可以根据单词快速获取包含这个单词的文档列表。现在的搜索引擎的索引，都是基于倒排索引的。相比签名文件、后缀树等索引结构，倒排索引是实现单词到文档映射关系的最佳实现方式和最有效的索引结构，适用于搜索引擎、关键字查询等。

6.8　外排序

外排序指的是对大文件的排序，当待排序的文件很大时，无法将整个文件的所有记录同时调入内存中进行排序，只能将文件存放在外存储器中，这种排称为外排序。外排序的过程主要是依据数据的内、外存交换和“内部归并”两者结合起来实现的。

外排序最常用的算法是多路归并排序，即将原文件分解成多个能够一次性装入内存的部分，然后分别把每一部分调入内存完成排序，最后对已经排序的子文件进行归并排序。

6.8.1 基本思路

外排序一般分为两个步骤：预处理和合并排序。首先，根据可用内存的大小，将外存上含有 *n* 个记录的文件分成若干长度为 *t* 的子文件（或段）。其次，利用内部排序的方法，对每个子文件的 *t* 个记录进行内部排序。这些经过排序的子文件（段）通常称为顺串（run），顺串生成后即将其写入外存储器中。这样在外存储器中上就得到了 *m* 个顺串（*m*=[n/t]）。最后，对这些顺串进行归并，使顺串的长度逐渐增大，直到所有待排序的几率成为一个顺串为止。

1. 外排序通常采用的是一种“排序-归并”的策略

在排序阶段，先读入能放在内存中的数据量，将其排序后输出到一个临时文件中。依此进行，将待排序数据组织为多个有序的临时文件。然后在归并阶段将这些临时文件组合为一个大的有序文件，即排序结果。

假定现在有 20 个数据的文件 A：{5 11 0 18 4 14 9 7 6 8 12 17 16 13 19 10 2 1 3 15}，但一次只能使用仅装 4 个数据的内容，所以可以每趟对 4 个数据进行排序，即 5 路归并，具体方法和步骤如下。

我们先把“大”文件 A，分割为 a1，a2，a3，a4，a5 等 5 个小文件，每个小文件有 4 个数据，

- a1 文件为：5　11　0　18；
- a2 文件为：4　14　9　7；
- a3 文件为：6　8　12　17；
- a4 文件为：16　13　19　10；
- a5 文件为：2　1　3　15。

然后依次对 5 个小文件分别进行排序。

- a1 文件完成排序后：0　5　11　18；
- a2 文件完成排序后：4　7　9　14；
- a3 文件完成排序后：6　8　12　17；
- a4 文件完成排序后：10　13　16　19；
- a5 文件完成排序后：1　2　3　15。

最终多路归并，完成整个排序。

大文件 A 文件完成排序后为：0 1 2 3 4 5 6 7 8 9 10 11 12 13 14 15 16 17 18 19。

2．多路归并排序

从 2 路到多路（*k* 路），增大 *k* 可以减少外存储器信息的读写时间，但 k 个归并段中选取最小的记录需要比较 *k*-1 次。为得到 *u* 个记录的一个有序段，共需要(*u*-1)(*k*-1)次。若归并趟数为 *s* 次，那么对 *n* 个记录的文件进行外排时，内部归并过程中进行的总比较次数为 *s*(*n*-1)(*k*-1)，若共有 *m* 个归并段，则 s=log*km*，所以总的比较次数为(向上取整)(log*k*m)(*k*-1)(*n*-1)=(向上取整)(log2m/log2*k*)(*k*-1)(*n*-1)，而(*k*-1)/log2*k* 随 *k* 增大而增大，因此内部归并时间随 *k* 增大而增加了，抵消了读写外存储器信息读写所减少的时间，这样做不行，由此引出了“败者树”tree of loser 的使用。在内部归并过程中利用败者树将 *k* 个归并段中选取最小记录比较的次数降为(向上取整)(log2*k*)次，使总比较次数为(向上取整)(log2m)(*n*-1)，与 *k* 无关。

败者树是完全二叉树，因此数据结构可以采用一维数组。其元素个数为 *k* 个叶子节点、*k*-1 个比较节点、1 个冠军节点，共 2*k* 个。ls[0]为冠军节点，ls[1]--ls[k-1]为比较节点，ls[k]--ls[2k-1]为叶子节点（同时用另外一个指针索引 b[0]--b[k-1]指向）。另外，*bk* 为一个附加的辅助空间，不属于败者树，初始化时存着主键（MINKEY）的值。

多路归并排序算法的过程大致如下。

（1）将 *k* 个归并段中的首元素关键字依次存入 b[0]--b[k-1]的叶子节点空间里，然后调用 CreateLoserTree 创建败者树，创建完毕之后最小的关键字下标（即所在归并段的序号）便被存入 ls[0]中。然后不断循环。

（2）把 ls[0]所存的最小关键字来自于哪个归并段的序号定义为 q，将该归并段的首元素输出到有序归并段里。然后把下一个元素关键字放入上一个元素本来所在的叶子节点 b[q]中，调用 Adjust 顺着 b[q]这个叶子节点往上调整败者树直到新的最小的关键字被选出来，其下标同样存在 ls[0]中。循环这个操作过程直至所有元素被写入有序归并段里。

6.8.2　适用范围

外部排序是在排序期间全部对象个数太多，不能同时存入内存，必须根据排序过程的要求，不断在内、外存之间移动的排序，常见的有外归并排序法。外部排序适用于大数据的排序、去重。

6.9　Trie 树

单词查找树 Trie 树是一种树形结构，是一种哈希树的变种。典型应用是用于统计、排序和保存大量的字符串（但不仅限于字符串），所以经常被搜索引擎系统用于文本词频统计。Trie 树的优点是：利用字符串的公共前缀来减少查询时间，最大限度地减少无谓的字符串比较，查询效率比哈希树高。

Trie 树的核心思想是空间换时间，利用字符串的公共前缀来降低查询时间的开销，以达到提高效率的目的。

6.9.1 Trie 树的基本性质

Trie 树的基本性质如下：

- 根节点不包含字符，除根节点以外的每个节点只包含一个字符。
- 从根节点到某一个节点路径上经过的字符连接起来，为该节点对应的字符串。
- 每个节点的所有子节点包含的字符串不相同。

6.9.2 Trie 树的基本实现

字母树的插入（Insert）、删除（Delete）和查找（Find）都非常简单，用一个一重循环即可，即第 i 次循环找到前 i 个字母所对应的子树，然后进行相应的操作。实现字母树最常用的方法是数组保存（静态开辟内存）。当然也可以使用动态的指针类型（动态开辟内存）。至于节点对子节点的指向，一般有以下 3 种方法。

- 对每个节点开一个字母集大小的数组，对应的下标是子节点所表示的字母，内容则是这个子节点对应在大数组上的位置，即标号。
- 对每个节点挂一个链表，按一定顺序记录每个儿子是谁（即每个节点对应的子节点）。
- 使用“左儿子右兄弟”表示法记录这棵树。

以上 3 种方法各有特点。第 1 种方法容易实现，但实际的空间要求较大；第 2 种方法也较易实现，空间要求相对较小，但比较费时；第 3 种方法空间要求最小，但相对费时且不易写。

可以采用双数组（Double-Array）实现 Trie 树的高级形式，利用双数组可以大大减小内存使用量。

6.9.3 Trie 树的应用

Trie 树是一种非常简单、高效的数据结构，并且有大量的应用实例。

1．字符串检索

事先将已知的一些字符串（字典）的有关信息保存到 Trie 树里，查找另外一些未知字符串是否出现过或者出现的频率。例如：

- 给出 N 个单词组成的熟词表，以及一篇全用小写英文书写的文章，请按最早出现的顺序写出所有不在熟词表中的生词。

- 给出一个词典，其中的单词为不良单词。单词均为小写字母。再给出一段文本，文本的每一行也由小写字母构成。判断文本中是否含有任何不良单词。例如，若 rob 是不良单词，那么文本 problem 则含有不良单词。

2．字符串最长公共前缀

Trie 树利用多个字符串的公共前缀来节省存储空间，反之，当我们把大量字符串存储到一棵 Trie 树上时，可以快速得到某些字符串的公共前缀。

例如，给出 N 个小写英文字母串，以及 Q 个询问，即询问某两个串的最长公共前缀的长度是多少？

解决方案：首先对所有的串建立其对应的字母树。此时发现，对于两个串的最长公共前缀的长度即它们所在节点的公共祖先个数，于是问题就转化为了离线（Offline）的最近公共祖先（Least Common Ancestor，LCA）问题。

而最近公共祖先问题同样是一个经典问题，可以用下面两种方法：

- 利用并查集（Disjoint Set），可以采用经典的 Tarjan 算法。
- 求出字母树的欧拉序列（Euler Sequence ）后，就可以转为经典的最小值查询（Range Minimum Query，RMQ）问题。

3．排序

Trie 树是一棵多叉树，只要先遍历整棵树，输出相应的字符串便是按字典序排序的结果。

例如，给出 N 个互不相同的仅由一个单词构成的英文名，将它们按字典序从小到大排序输出。

此外，Trie 树还可作为其他数据结构和算法的辅助结构，如后缀树、AC 自动机等，这里不再展开介绍。

6.9.4　Trie 树复杂度分析

（1）插入、查找的时间复杂度均为 $O(N)$，其中 N 为字符串长度。

（2）空间复杂度是 26^n 级别的，非常庞大（可采用双数组实现改善）。

Trie 树是一种非常重要的数据结构，在信息检索、字符串匹配等领域有广泛的应用，同时，它也是很多算法和复杂数据结构的基础，如后缀树、AC 自动机等，因此掌握 Trie 树这种数据结构，对于一名 IT 人员，是非常必要的。

6.10　分布式处理（Map Reduce）

在讲解分布式处理之前，先来看下这个问题：现有上千万（亿）数据（有重复），统计其中出现次数最多的前 N 个数据。分两种情况：可一次读入内存，不可一次读入内存。

可用思路：Trie 树+堆排序、数据库索引、划分子集分别统计、Hash、分布式计算、近似统计、外排序。

是否能一次读入内存，实际上应该取决于去除重复后的数据量。如果去重后的数据可以放入内存，那么可以为数据建立字典，如通过 Map、Hashmap、Trie，然后直接进行统计即可。当然在更新每条数据出现次数的时候，可以利用一个堆来维护出现次数最多的前 N 个数据，当然这样会导致维护次数增加，不如完全统计后再求前 N 个数据的方法效率高。

如果数据无法放入内存，一方面可以考虑上面的字典方法能否被改进以适应这种情形，可以做的改变就是将字典存放到硬盘上而不是内存中，可以参考数据库的存储方法。

当然还有更好的方法，就是可以采用分布式计算，基本上就是 Map Reduce 过程，首先可以根据数据值或者把数据 hash(md5)后的值，将数据按照范围划分到不同的计算机上，最好可以让数据划分后可以一次读入内存，这样不同的计算机负责处理各种的数值范围，实际上就是 Map。得到结果后，各台计算机只需拿出各自的出现次数最多的前 N 个数据然后汇总，选出所有的数据中出现次数最多的前 N 个数据，这实际上就是 Reduce 过程。

直接将数据均分到不同的计算机上进行处理，是无法得到正确解的。因为一个数据可能被均分到不同的计算机上，而另一个数据则可能完全聚集在一台计算机上，还可能存在具有相同数值的数据。因此不能将数据随便均分到不同的计算机上，而是要根据 hash 后的值将它们映射到不同的计算机上进行处理，让不同的计算机处理一个数值范围。

而外排序的方法会消耗大量的 I/O 资源，效率不会很高。而上面的分布式方法，也可以用于单机版本，也就是将总的数据根据值的范围，划分成多个不同的子文件，然后逐个处理。处理完毕之后再对这些单词的及其出现频率进行归并可以利用外排序的归并过程。

另外还可以考虑近似计算，我们可以通过结合自然语言属性，只将实际中出现最多的词作为字典，使得这个字典规模可以放入内存。

下面以 Hadoop 项目的结构图来说明 Map Reduce 所处的位置，如图 6.20 所示。

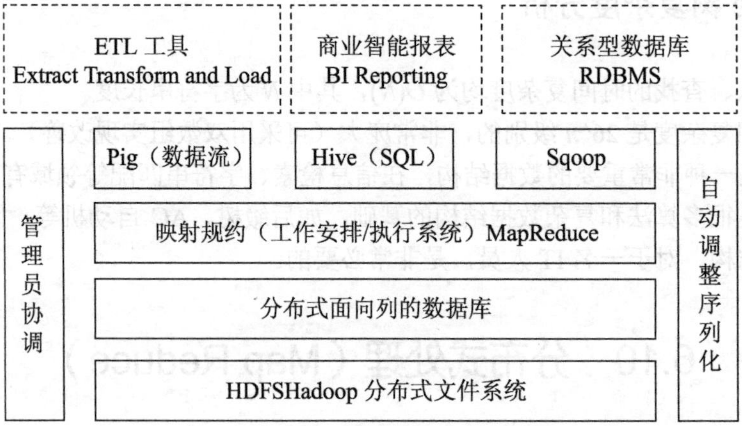

图 6.20　Hadoop 项目结构图

注：Pig 是一种操作 Hadoop 的轻量级脚本语言，最初由雅虎公司推出，但现在已经在走下坡路了。雅虎在退出对 Pig 的维护之后将它的开源贡献到开源社区由所有爱好者来维护。个人认为与其使用 Pig 不如使用 Hive。

Pig 是一种数据流语言，用来快速、轻松地处理庞大的数据。Pig 包含两个部分：Pig Interface 和 Pig Latin。

Pig 可以非常方便地处理 HDFS 和 HBase 的数据，和 Hive 一样，Pig 可以非常高效地处理数据，通过直接操作 Pig 查询可以大大提高工作效率。例如，想在数据上做一些转换，并且不想编写 MapReduce jobs 时就可以用 Pig。

Hive 不想用程序语言开发 MapReduce 的朋友比如 DB 们，熟悉 SQL 的人，可以使用 Hive 在离线状态下进行数据处理与分析工作。注意，Hive 只适合在离线下进行数据的操作，就是说不适合挂在真实的生产环境中进行实时的在线查询或操作，因为一个字——慢。Hive 在 Hadoop 中扮演数据仓库的角色。Hive 建立在 Hadoop 集群的最顶层，对存储在 Hadoop 群上的数据提供类 SQL 的接口进行操作。可以用 HiveQL 进行 select、join 等操作。

如果你有数据仓库的需求并且擅长写 SQL 而不想写 MapReduce jobs，那么就可以用 Hive 代替。

HBase 作为面向列的数据库运行在 HDFS 之上，HDFS 不能满足随机读写操作，而 HBase 正是为此而出现的。HBase 以 Google BigTable 为蓝本，以键值对的形式存储，其目标就是快速在主机内数十亿行数据中定位所需的数据并访问它。

HBase 是一个 NoSQL 的数据库，像其他数据库一样提供随机读写功能，虽然 Hadoop 不能满足实时需要，但 HBase 可以满足。如果需要实时访问一些数据，那就把它存入 HBase。

可以用 Hadoop 作为静态数据仓库，HBase 作为数据存储，放那些处理过的数据。

Sqoop 是一款开源的工具，主要用于在 Hadoop（Hive）与传统的数据库（MySQL、PostgreSQL...）间进行数据的传递，可以将一个关系型数据库（如 MySQL、Oracle、Postgres 等）中的数据导进 Hadoop 的 HDFS 中，也可以将 HDFS 的数据导入关系型数据库中。

Hadoop 实际上就是 Google“技术三宝”的开源实现：Hadoop MapReduce 对应 Google MapReduce，HBase 对应 BigTable，HDFS 对应 GFS。HDFS（或 GFS）为上层提供高效的非结构化存储服务，HBase（或 BigTable）是提供结构化数据服务的分布式数据库，Hadoop MapReduce（或 Google MapReduce）是一种并行计算的编程模型，用于作业调度。

GFS 和 BigTable 已经为我们提供了高性能、高并发的服务，但是并行编程不是所有程序员都“玩得转”的活，如果我们的应用本身不能并发，那么 GFS、BigTable 也是没有意义的。MapReduce 的强大之处就在于让不熟悉并行编程的程序员也能充分发挥分布式系统的威力。

概括地说，MapReduce 是将一个大作业拆分为多个小作业的框架（大作业和小作业应该本质是一样的，只是规模不同），用户需要做的就是决定拆成多少份，以及定义作业本身。

6.10.1 MapReduce 详解

下面用一个贯穿全文的例子（统计词频）来解释 MapReduce 是如何工作的。

如果想统计过去 10 年里计算机论文中出现次数最多的几个单词，看看大家都在研究些什么，那么收集好论文后，该怎么办呢？

方法 1：可以写一个小程序，把所有论文按顺序遍历一遍，统计每个遇到的单词出现的次数，最后就可以知道哪几个单词最热门了。这种方法在数据集比较小时是非常有效的，而且实现最简单，用来解决这个问题很合适。

方法 2：写一个多线程程序，并发遍历论文。这个问题理论上是可以高度并发的，因为统计一个文件时不会影响统计另一个文件。当我们的计算机是多核或者多处理器时，方法 2 肯定比方法 1 高效。但是写一个多线程程序要比方法 1 困难多了，必须自己同步共享数据，如要防止两个线程重复统计文件。

方法 3：把作业交给多个计算机去完成。我们可以使用方法 1 的程序，然后部署到 *N* 台计算机上，然后把论文集分成 *N* 份，一台计算机运行一个作业。该方法使程序运行起来足够快，但是部署起来很麻烦，需要人工把程序复制到其他的计算机上，需要人工把论文集分开，并且还需要把 *N* 个运行结果进行整合（当然也可以再写一个程序来做这些工作）。

方法 4：使用 MapReduce。MapReduce 本质上就是方法 3，但是如何拆分文件集、如何复制程序、如何整合结果这些都是框架定义好的。我们只要定义好这个任务（用户程序），其他都交给 MapReduce 即可。

在介绍 MapReduce 如何工作之前，先来讲讲两个核心函数 map、reduce 及 MapReduce 的伪代码。

map 函数和 reduce 函数是交给用户实现的，这两个函数定义了任务本身。

- map 函数：接受一个键值对（Key-Value Pair），产生一组中间键值对。MapReduce 框架会将 map 函数产生的中间键值对里键相同的值传递给一个 reduce 函数。
- reduce 函数：接受一个键，以及相关的一组值，将这组值进行合并产生一组规模更小的值（通常只有一个或 0 个值）。

统计词频的 MapReduce 函数的核心代码非常简短，主要就是实现这两个函数。

```
map(String key, String value):
// key: document name
        // value: document contents
          for each word w in value:
                    EmitIntermediate(w, "1");

reduce(String key, Iterator values):
          // key: a word
          // values: a list of counts
          int result = 0;
          for each v in values:
                    result += ParseInt(v);
                    Emit(AsString(result));
```

在统计词频的例子里，map 函数接受的键是文件名，值是文件的内容，map 逐个遍历单词，如每遇到一个单词 w，就产生一个中间键值对<w, "1">，表示又找到了一个单词 w；MapReduce 将键相同（都是单词 w）的键值对传给 reduce 函数，这样 reduce 函数接受的键就是单词 w，值是一串"1"（最基本的实现是这样，但可以优化），个数等于键为 w 的键值对的个数，然后将这些"1"累加就得到了单词 w 出现的次数。最后这些单词的出现次数会被写到用户定义的位置，存储在底层的分布式存储系统（GFS 或 HDFS）中。

6.10.2 Map Reduce 工作流程

如图 6.21 所示为 MapReduce 的工作流程图。一切都是从最上方的 User Program 开始的，User Program 链接了 MapReduce 库，实现了最基本的 map 函数和 reduce 函数。图 6.21 中执行的顺序都用数字标记了。

MapReduce 库先把 User Program 的输入文件划分为 *M* 份（*M* 为用户定义），每一份通常有 16MB 到 64MB，如图 6.21 左方所示分为了 split0~4；然后使用 fork 将用户进程复制到集群内的其他计算机上。

User Program 的副本中有一个称为 Master，其余称为 worker。Master 是负责调度的，为空闲 worker 分配作业（Map 作业或者 Reduce 作业），worker 的数量也是可以由用户指定的。

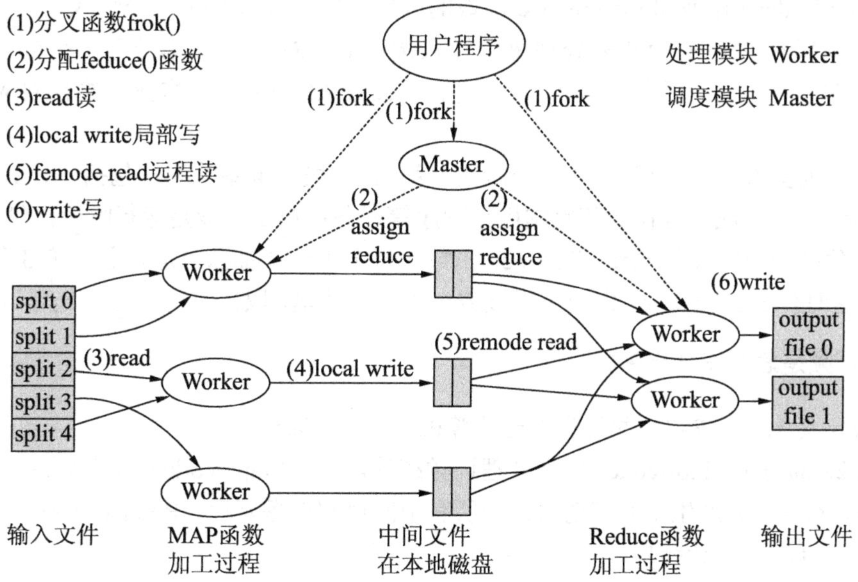

图 6.21 MapReduce 工作流程图

被分配了 Map 作业的 worker，开始读取对应分片的输入数据，Map 作业数量是由 *M*

决定的，和 split 一一对应；Map 作业从输入数据中抽取出键值对，每一个键值对都作为参数传递给 map 函数，map 函数产生的中间键值对被缓存在内存中。

缓存的中间键值对会被定期写入本地磁盘，而且被分为 R 个区，R 的大小也是由用户定义的，将来每个区会对应一个 Reduce 作业；这些中间键值对的位置会被通报给 Master，Master 负责将信息转发给 Reduce worker。

Master 通知分配了 Reduce 作业的 worker 它负责的分区在什么位置（肯定不止一个地方，每个 Map 作业产生的中间键值对都可能映射到所有 R 个不同分区），当 Reduce worker 把所有它负责的中间键值对都读完后，先对它们进行排序，使得相同键的键值对聚集在一起。因为不同的键可能会映射到同一个分区也即同一个 Reduce 作业（谁让分区少呢），所以排序是必须的。

Reduce worker 遍历排序后的中间键值对，对于每个唯一的键，都将键与关联的值传递给 reduce 函数，reduce 函数产生的输出会添加到这个分区的输出文件中。

当所有的 Map 和 Reduce 作业都完成后，Master 唤醒正版的 User Program，Map Reduce 函数调用返回 User Program 的代码。

所有作业执行完毕后，MapReduce 输出放在了 R 个分区的输出文件中（分别对应一个 Reduce 作业）。用户通常并不需要合并这 R 个文件，而是将其作为输入交给另一个 MapReduce 程序来处理。整个过程中，输入数据是来自底层分布式文件系统（GFS）的，中间数据是放在本地文件系统的，最终输出数据是写入底层分布式文件系统（GFS）的。要注意 MapReduce 作业和 map/reduce 函数的区别：Map 作业处理一个输入数据的分片，可能需要调用多次 map 函数来处理每个输入键值对；Reduce 作业处理一个分区的中间键值对，期间要对每个不同的键调用一次 reduce 函数，Reduce 作业最终也对应一个输出文件。

笔者个人更喜欢把流程分为 3 个阶段。第 1 阶段是准备阶段，包括 1、2，主角是 MapReduce 库，完成拆分作业和复制用户程序等任务；第 2 阶段是运行阶段，包括 3、4、5、6，主角是用户定义的 map 和 reduce 函数，每个小作业都独立运行着；第 3 阶段是扫尾阶段，这时作业已经完成，作业结果被放在输出文件里，取决于用户怎么处理这些输出。

1. 词频是怎么统计出来的

假设定义 M=5，R=3，并且有 6 台计算机，一台 Master。

图 6.22 描述了 MapReduce 如何处理词频统计。由于 Map Worker 数量不够，首先处理了分片 1、3、4，并产生中间键值对；当所有中间值都准备好后，Reduce 作业就开始读取对应分区，并输出统计结果。

2. 用户的权利

用户最主要的任务是实现 Map 和 Reduce 接口，但还有一些有用的接口是向用户开放的。

- an input reader：该函数会将输入分为 M 个部分，并且定义了如何从数据中抽取最初的键值对，比如词频的例子中定义文件名和文件内容是键值对。

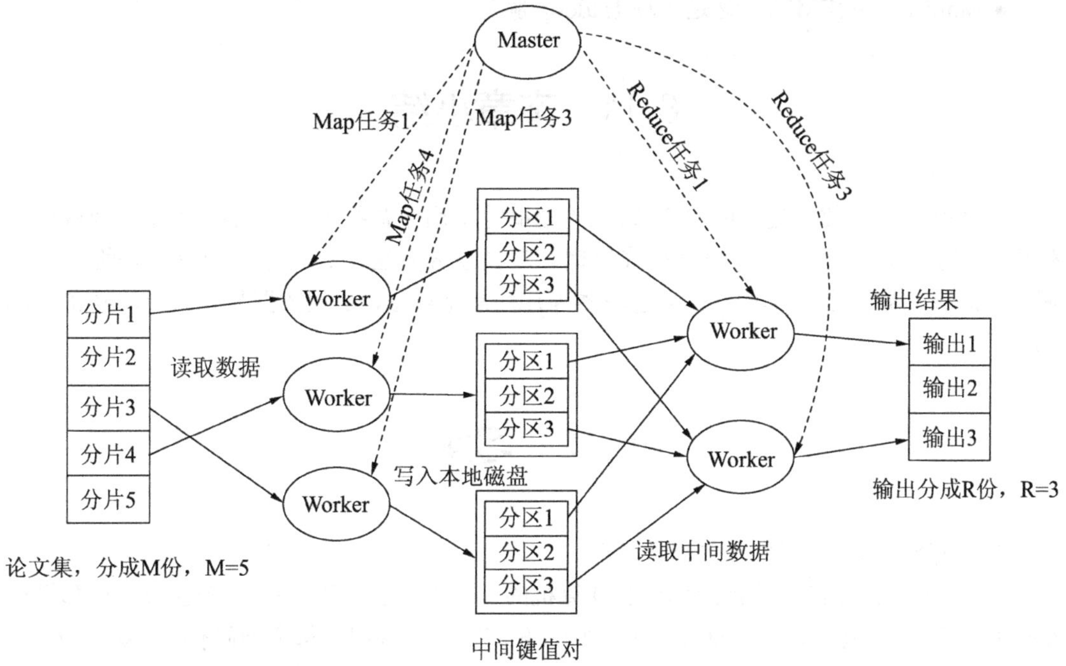

图 6.22　词频统计流程

- a partition function：该函数用于将 map 函数产生的中间键值对映射到一个分区里，最简单的实现就是将键求哈希再对 R 取模。
- a compare function：该函数用于 Reduce 作业排序，其定义了键的大小关系。
- an output writer：负责将结果写入底层分布式文件系统。
- a combiner function：实际就是 reduce 函数，用于前面提到的优化。例如统计词频时，如果每个<w, "1">要读一次，因为 reduce 和 map 通常不在一台计算机上，非常浪费时间，所以可以在 map 执行的地方先运行一次 combiner 函数，这样 reduce 函数只需要读一次<w, "n">了。

6.10.3　适用范围

MapReduce 的一个经典实例是 Hadoop，用于处理大型分布式数据库。由于 Hadoop 关联到云及云部署，大多数人忽略了一点，Hadoop 有些属性不适合一般企业的需求，特别是移动应用程序。下面是 Hadoop 的一些特点：

- Hadoop 的最大价值在于数据库，而 Hadoop 所用的数据库是移动应用程序所用数据库的 10~1000 倍。对于许多人来说，使用 Hadoop 相当于“杀鸡用牛刀”。
- Hadoop 在支持具有多维上下文数据结构方面不是很擅长。

- Hadoop 使用迭代方法处理问题用处不大——尤其是几个连续有依赖性步骤的问题。
- MapReduce (EMR)，这是一项 Hadoop 服务。

6.11 本章小结

本章介绍了大数据处理的哈希算法、位图映射，用于数据检索的数据库索引、倒排序、外排序方法，以及数据结构的分布式处理、双桶划分方法，并介绍了数据结构堆、树的概念，讲解了数据信息过滤的布隆过滤器等几种常见算法，是大数据从业人员的必备基础知识。

6.12 习题

1．布隆过滤器的误判率如何计算？

2．有一台计算机，并且给你这台计算机的工作表，工作表上有 n 个任务，计算机在 t_i 时间执行第 i 个任务，1 秒即可完成一个任务。有 m 个询问，每个询问有一个数字 q，表示如果在 q 时间有一个工作表之外的任务请求，请计算这个任务何时才能被执行。计算机总是按照工作表执行，当计算机空闲时立即执行工作表之外的任务请求。（Hashing 算法）

3．“臭味相投”——这是人们描述交朋友时喜欢用的词汇。两个人是朋友通常意味着他们存在着许多共同的兴趣。然而作为一个宅男，你发现自己与他人相互了解的机会并不多。幸运的是，你意外得到了一份北大图书馆的图书借阅记录，于是你挑灯熬夜地编程，想从中发现潜在的朋友。首先你对借阅记录进行了一番整理，把 N 个读者依次编号为 1, 2, …, N，把 M 本书依次编号为 1, 2, …, M。同时，按照“臭味相投”的原则，和你喜欢读同一本书的人就是你的潜在朋友。现在的任务是从这份借阅记录中计算出每个人有几个潜在朋友。（Hashing 算法）

4．有一组数字，从 1 到 n（该例中假设 n=10），乱序且不存在重复的数字。例如，[8, 9, 2, 3, 6, 1, 4, 5, 7, 10]。从中任意删除了 3 个数，顺序也被再次打乱，将这些剩余数字放在一个 n-3 的数组里，请找出丢失的数字，要求算法比较快。（BitMap 算法）

第 7 章　物联网安全

物联网安全包括信息感知安全、信息存储安全、信息传输安全、应用层信息安全、云计算安全及物联网信息安全管理等环节。

7.1　信息安全基础

伴随着信息时代的快速发展，信息安全越来越受到广泛的关注和重视。如何理解信息安全呢？可以把“信息安全”拆分成“信息”和“安全”来理解。对于“信息”可以理解为数据，我们应该关注的是它的真实性、完整性、保密性和可用性；“安全”是为了保证信息的真实、完整、机密和可用，避免信息被破坏、篡改和泄露。

信息安全应该是以保证数据的**真实性、保密性、完整性和可用性**为目的，采用适当的安全技术（如加密、认证等），使信息在产生、传输和使用的各个阶段受到保护，不因偶然、恶意的原因而遭到破坏、更改和泄露。当前信息安全是一门涉及计算机科学、网络技术、通信技术、密码技术、信息安全技术、应用数学、数论和信息论等多种学科的综合性学科。

1．数据的真实性

随着网络的发展，通过网络进行信息的交流已经成为人们重要的生活内容。人们一方面从网络中获得信息，另一方面也向网络发送着信息；一方面回应着他人的信息，另一方面也关注着他人对自己的信息反馈。网络信息交流范围越来越广，透明度越来越高，速度越来越快，形式越来越丰富，目的越来越明确的同时，网络信息的真实性越来越受到重视。

随着大数据时代的到来，除了人与人之间交流的信息，人们日常生活中的行为、对电子设备的大量使用及对物联网的广泛应用，也会产生大量的数据。如何保证这些数据在产生、传输和应用过程中真实而不被篡改，已经成为了当下信息安全领域的一个挑战。

2．数据的完整性

数据的完整性是指数据在输入和传输的过程中，不被非法授权修改和破坏，保证数据的一致性。

对于数据完整性（Data Integrity），维基百科给出的解释是“在传输、存储信息或数据的过程中，确保信息或数据不被未授权的篡改或在篡改后能够被迅速发现。在信息安全领域，数据的完整性常常和保密性边界混淆。以普通 RSA 对数值信息加密为例，黑客或恶意用户在没有获得密钥破解密文的情况下，可以通过对密文进行线性运算，相应改变数值信息的值。例如，交易金额为 x 元，通过对密文乘以 2，可以使交易金额成为 $2x$，也称为可延展性（Malleably）。为解决以上问题，通常使用数字签名或散列函数对密文进行保护。”

完整性是指，保证信息的完整。虽然别人或许看不懂这些信息，但是可以破坏这些信息，如删除一部分信息，这样合法的接收方就无法得到正确的信息。而完整性机制保证了信息的完整性不被破坏，可以安全地让接收方获得全部数据。

保证信息的完整性需要防止数据的丢失、重复及保证传送秩序的一致。保证各种数据的完整性是电子商务应用的基础。数据的完整性被破坏可能导致贸易双方信息的差异，将影响贸易双方交易的顺利完成，甚至造成纠纷。

3．数据的可用性

大家普遍认为，同时满足数据的一致性、准确性、完整性、时效性及实体同一性即认为数据是可用的。

- 数据的一致性：指各相关数据信息之间相容，不产生矛盾。数据集合中每个信息都不包含语义错误或相互矛盾的数据。例如，数据（公司="先导"，国码="86"，区号="10"，城市="上海"）含有一致性错误，因为 10 是北京区号而非上海区号。又如，若银行信用卡数据库显示某持卡人在北京和新疆两地同时使用同一张信用卡消费，则会出现数据不一致，预示发生信用卡欺诈的可能。
- 数据的准确性：表示现实物体的精准程度。数据集合中每个数据都能准确表述现实世界中的实体。例如，某城市人口数量 4 130 465 人，数据库中记载为 400 万人，宏观来看该信息是合理的，但不精确。一致的信息也可能含有误差，未必精确。在许多应用领域，信息精确性至关重要。
- 数据的完整性：完全满足对数据进行各项操作的要求。数据集合中包含足够的数据来回答各种查询和支持各种计算。例如，某医疗数据库中的数据一致且精确，但遗失了某些患者的既往病史，从而存在不完整性，可能导致不正确的诊断甚至严重医疗事故。
- 数据的时效性：是指在不同需求场景下数据的及时性和有效性。对应用系统而言，往往对数据时效性要求较高，过时的数据即使分析出来了也不会对实际应用产生有价值的影响。信息集合中每条信息都与时俱进，不陈旧过时。例如，某数据库中的用户地址在 2010 年是正确的，但在 2011 年未必正确，即数据过时。据统计，商业和医疗信息库中平均 50%的用户信息在 2 年内可能过时，而过时信息有时会导致严重后果。
- 实体的同一性：指同一实体在各种数据源中的描述统一。例如，为防止信用卡欺诈，银行需监测信用卡的使用者和持有者是否为同一人。又如，企业的市场、销售和服务部门可能维护各自的数据库，如果这些数据库之间没有共享统一的客户标识，企业的兼并和重组会使兼并后的公司的客户数据库中存在大量具有差异的重复客户信息，从而导致实体表达混乱。

7.2　物联网信息安全体系

在介绍物联网信息安全体系之前，再来重新认识下当下被普遍认可的物联网基本架构。物联网架构一般认为是由感知层、网络传输层和应用层组成。感知层主要是一些传感器节点、终端控制器节点和感知层网关节点、RFID 标签、RFID 读写设备，以及一些短距离无线网络等；网络传输层主要以广域网通信为主；应用层一般认为以云计算服务为基础，包括云平台的各项服务和用户终端等。物联网架构如图 7.1 所示。

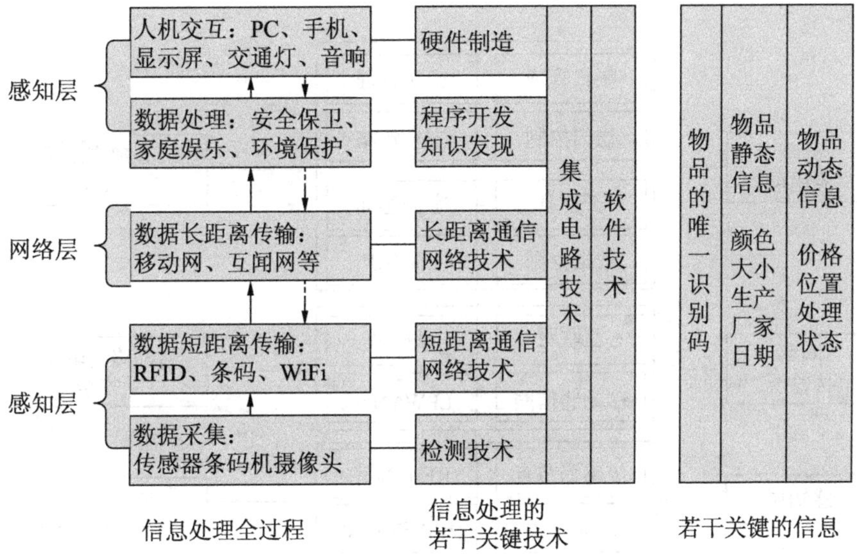

图 7.1　物联网架构图

7.2.1　物联网的安全需求及体系结构

物联网技术的出现，使人们的生活更加方便、快捷的同时，也不可避免地带来了一些安全问题。物联网中的很多应用都与人们的生活息息相关，如摄像头、智能恒温器等设备，通过对它们的信息的采集，可直接或间接地暴露用户的隐私信息。由于生产商缺乏安全意识，很多设备缺乏加密、认证、访问控制管理的安全措施，使得物联网中的数据很容易被窃取或非法访问，造成数据泄露。物联网这种新型的信息网络往往会遭受有组织的 APT

攻击。由此可见，物联网安全问题需要引起人们的高度重视。

物联网涵盖范围广泛，本书主要关注于物联网安全中较为通用的安全需求，让读者对物联网安全需求和研究方向有更加深刻的了解。通过图 7.2 可以发现，物联网的不同层次可能会面临相同的安全需求。基于物联网的架构，对于不同层次的安全需求应用不同的安全技术构建出一个安全的物联网安全体系，如图 7.3 所示。

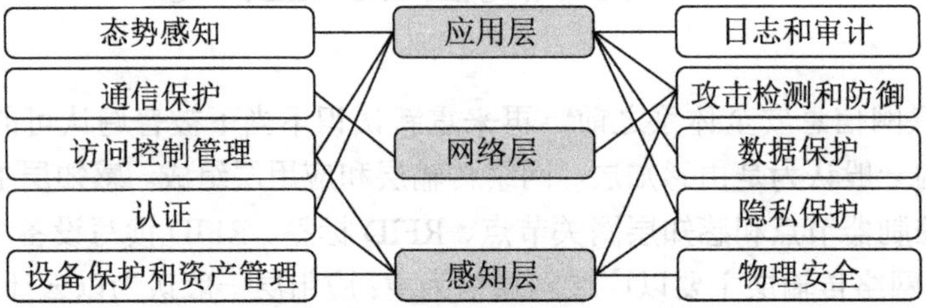

图 7.2　物联网安全需求

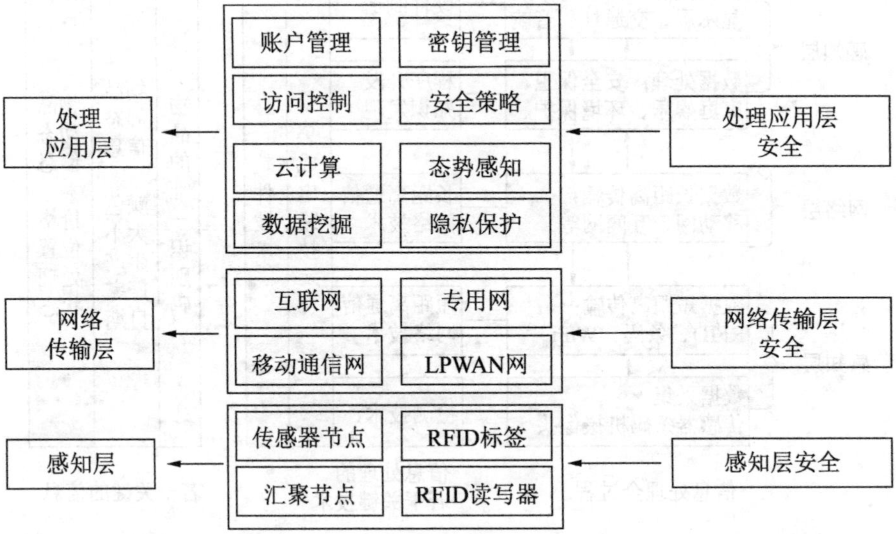

图 7.3　物联网安全体系架构

感知层安全要保护的是数据在感知节点内部的处理安全（是否有恶意代码）和数据通信安全，包括传感器节点与汇聚节点之间的通信安全，以及 RFID 标签与 RFID 读写器之间的通信安全。

网络传输层安全主要是广域网通信过程的数据安全，包括通信节点之间的身份鉴别、数据机密性和数据完整性服务。对于物联网的网络传输层，还需要提供数据新鲜性保护，这是不同于传统通信网络的安全服务，重点用于对控制指令的保护。

应用层安全主要包括处理服务。例如，在云计算平台内的安全服务，包括系统安全、应用软件安全、数据存储安全和大数据处理安全等，通过对终端用户的身份鉴别、访问控制和密钥管理等一些列技术措施，实现云计算平台的数据在用户使用过程中应符合技术要求和管理策略。

7.2.2 物联网感知层安全

物联网的感知层可以包括各种传感器，如大到视频监控、小到温湿度传感器等类型的传感器，其处理能力也千差万别。物联网感知层还包括 RFID 标签和读卡器，因此物联网感知层将包括处理能力及其受限的 RFID 标签。

在一个物联网系统中，我们需要明确感知层的边界，即哪些属于感知层。如果物联网的感知层是一个传感网，则传感网中的感知节点、路由节点、汇聚节点及传感网所使用的网络（通常为短距离射频）都属于物联网的感知层。注意汇聚节点不是作为整个设备属于感知层，而仅仅是其汇聚功能属于感知层。因为在物联网系统中，作为感知层部分的汇聚节点除了完成与感知节点的通信外，还要负责将汇聚后的信息传送给上层处理中心，而其与上层通信的功能显然不再属于感知层。由于在物联网中，感知层的汇聚节点不仅具有汇聚的功能，还需要负责将所担负的传感节点的信息传递给处理中心，因此一般将感知层的汇聚节点称为感知层网关节点。所以，物联网系统感知层的边界从传感网的网关节点到传感器节点部分，都属于物联网的感知层。

在一个以 RFID 为主的物联网应用系统中，感知层将包括 RFID 标签和 RFID 读写器的通信功能。从 RFID 阅读器到后台数据库的部分将属于网络传输层。因此感知层的边界以 RFID 阅读器的功能为划分点。

感知层的安全技术包括如下内容：

- 设备安全，即传感器节点本身的安全，主要指传感器节点有足够的供电和正常的工作能力。更多的安全要求可能对传感器网络中的汇聚节点有意义。
- 计算安全，即传感器在处理数据时，处理器的执行环境安全性，包括操作系统（如 COS、Android、Linux、Windows 等）安全、执行软件安全。
- 数据安全，主要指重要数据的安全存储和调用接口，如密钥信息，通过外部接口直接读取这些数据应该受限。
- 通信安全，即数据发送和接收时对数据的处理，包括对数据的加密和解密能力、完整性校验和验证能力、对通信方的身份鉴别能力等。

7.2.3 物联网网络传输层安全

物联网的网络传输层可以包括各种广域网。典型的广域网是互联网，之后又有多种可以最终接入互联网的多种无线网络，包括移动网络（2G、3G、LTE、5G 等）和近年来发展迅速的低功耗广域网（Low Power Wide Area Network， LPEAN），这些网络在物联网系统中都属于网络传输层。LPWAN 网络是专门为物联网业务而设计的，具有低功耗的特点，这对资源受限的物联网感知层节点是很重要的。

物联网网络传输层安全的主要保护目标是网络本身和在网络上传输的数据。对网络本身的主要防护技术是抗 DDoS 攻击，以保障网络的服务能力；对数据的保护技术包括数据机密性技术、数据完整性技术和数据来源认证技术等。

7.2.4 物联网应用层安全

如果将物联网的处理应用层分处理子层和应用子层考虑的话，那么物联网的处理子层主要指云计算平台，其安全技术包括：云平台本身的环境安全、云平台的应用服务安全和云平台的数据安全。

云平台环境安全包括操作系统安全、虚拟隔离技术、用户安全管理技术和访问控制技术等；云平台的应用服务安全包括软件即服务 SaaS，平台即服务 PaaS，基础设施即服务 IaaS，安全即服务 SECaaS 等；云平台的数据安全包括数据处理安全和数据存储安全等。

物联网的应用子层对应的是具体的行业应用。对一些重要的业务数据，如控制指令和配置参数等，不应将安全服务依赖于通信服务商和平台商。为了提供行业内可控的全程数据安全，需要有合理的密钥管理机制，使得在物联网全流程内（贯穿感知层、网络传输层和处理应用层）具有安全保障。

在物联网系统建设过程中，物联网安全保护机制应同时建设，是否满足建设需求，需要在建设初期进行评估，建设过程中进行验证，以及建设后期进行测试。这就是安全评估和检测技术。

许多物联网的行业应用需要用到智能移动终端，这些移动终端的安全性也是应用层安全的重要内容，包括移动终端的操作系统安全、应用软件（App）安全、用户口令安全等。

7.2.5 与物联网安全相关的法规与政策

为了保障物联网产业的健康发展，国内外政府和相关产业联盟出台了一系列相关标准和法律法规。其中，有些法规是针对一般的网络信息系统，包括物联网在内，有些法规则是明确针对物联网而制定的。

1．国际物联网安全法规与政策

- 2016 年 11 月 15 日，美国国土安全部（DHS）发布《保障物联网安全战略原则》。
- 2016 年 12 月 1 日，美国国家网络空间安全促进委员会发布题为《数字经济的安全保护与发展》的报告。
- 云安全联盟于 2016 年 10 月 7 日发布长达 80 页的《物联网安全指南》，指出了物联网安全的必要性。

- 2016 年 9 月，工业互联网联盟发布了一份旨在解决工业物联网（IIOT）及全球工业操作运行系统相关安全问题的文件《工业物联网安全框架》。

2. 国内物联网安全法规与政策

- 2011 年，工业和信息化部发布《物联网“十二五”发展规划》。
- 2016 年 11 月 7 日上午，十二届全国人大常委会第二十四次会议经表决，通过了《中华人民共和国网络安全法》。

3. 行业领域网络安全规定

- GSMA 协会发布的《GSMA 物联网安全指南》。
- 车载信息安全产业联盟发布的《车载信息安全技术要求白皮书》。
- 消费者技术协会发布的《物联网安全》白皮书。

7.3　物联网信息安全对策

由于物联网无线传输的特点，其信号暴露在公共场所很容易被干扰、窃取，同时物联网与人类社会紧密关联，一旦受到外来干扰、攻击，有可能导致网络瘫痪，有可能会造成经济紧张、社会动荡等严重后果。加之物联网没有办法彻底解决信息安全和隐私保护等问题，很容易造成信息泄露、盗用或财产损失。因此如何保障物联网信息安全显得尤为重要。

7.3.1　隐私保护

物联网中的很多应用都与人们的生活息息相关，如摄像头、智能恒温器等设备，通过对它们的信息采集，会直接或间接地暴露用户的隐私信息，所以隐私保护是物联网安全问题中应当注意的问题之一。

基于数据的隐私威胁：物联网中数据采集、传输和处理等过程中的隐私信息泄露。

基于位置的隐私威胁：物联网中各节点的位置隐私，以及物联网在提供各种位置服务时的位置隐私泄露问题。隐私保护可以采用如下策略：

- 通信加密。
- 最小化数据采集。
- 匿名化数据采集和处理。
- 由相关用户决定是否授权数据采集。
- 路由协议隐私保护法，保护节点准确位置信息。

7.3.2 认证

物联网环境中的部分访问无认证或认证采用默认密码、弱密码，这样不利于物联网信息安全。物联网身份认证和使用复杂密码是十分必要的。

- 一方面开发人员应考虑在设计时确保用户在首次使用系统时修改默认密码，并且尽可能使用双因素认证。对于敏感功能，需要再次进行认证等。
- 另一方面作为用户，应该提高安全意识，使用强密码并定期修改密码。

7.3.3 访问控制管理

物联网信息安全威胁来自于：

- 未授权的访问。
- 安全配置长期不更新、不核查。

物联网访问控制管理十分必要，访问控制管理一般采用如下措施：

- 身份和访问管理、边界安全（安全访问网关）。
- 持续的脆弱性和错误配置检测清除。

网关是很多公司的关注点。例如 Vidder 公司的产品基于 CSA 定义的软件定义边界，只有认证后才能对服务进行访问。CUJO 公司的智能防火墙，采用了网关+云+手机 App 的模式。通过手机 App 可以看到对于内部网络的访问情况，并进行访问控制。云端对网关采集的流量数据进行分析并提供预警。

未来的智能家庭安全将会是一个关注点。随着家庭中智能设备的增多，设备本身的访问控制并不足以抵抗日益复杂的网络攻击。如果设备本身存在漏洞，攻击者将可能绕过设备的认证环节。可以在网络的入口做统一的访问控制，只有认证的流量才能够访问内部的智能设备。

7.3.4 数据保护

数据保护主要针对数据的泄露和篡改问题。例如被篡改的医疗数据，使医疗服务提供者有可能错误地对患者进行诊断和治疗。

数据保护主要是为了确保数据不被篡改，很多公司都提供了 DLP 产品。对于物联网环境下的数据安全问题，信息安全公司一般是将已有的 DLP 产品作为解决方案的一部分。

7.3.5 物理安全

部署在远端的缺乏物理安全控制的物联网资产，有可能被盗窃或破坏。物联网边缘设备有些在露天场所，有些在公共场所，还有些在边远偏僻的地方。由于自然条件变化（风雨、雷电），以及人为破坏，使物联网设备不能正常工作。

解决物理设备安全问题，通常采用：

- 尽可能加入已有的物理安全防护措施，防风雨、防雷电。
- 并非技术层面的问题，更应作为标准的一部分进行规范，发布物联网设备防盗、防破坏的规章制度。

7.3.6　设备保护和资产管理

物联网设备的配置文件被修改、未认证的代码被执行，都会带来不可预知的灾难性的后果。物联网边缘设备的数量巨大，使得常规的更新和维护操作面临挑战。

在偏远地区，供电不稳定、断电引发的物联网设备异常都会影响物联网系统使用体验。对物联网边缘设备的保护和资产管理一般采用如下措施：

- 定期审查配置。
- 固件自动升级（Over-the Air （OTA））。
- 定义对于物联网设备的全生命周期控制。
- 对代码签名以确保所有运行的代码都是经过认证的，以及在运行时对代码的防护。
- 断电保护。
- 用白盒密码来应对逆向工程。

物联网环境下有两点尤其要注意，一是众多设备如何升级，二是对于设备的逆向工程。对于第一点，应定义对于物联网设备的全生命周期控制，并提供设备固件自动升级的方式；对于第二点，目前已知的技术是采用白盒密码。

7.3.7　攻击检测和防御

在物联网中，拒绝服务攻击主要分为两种，一种是对设备进行攻击，如一直给电子标签发送恶意请求信息，使标签无法响应合法请求；另一种是控制很多物联网设备对其他系统进行攻击。

针对第一种攻击，物联网远端设备需要嵌入式系统抵抗拒绝服务攻击。针对第二种攻击，一方面加强对节点的保护，防止节点被劫持，另一方面也需要提供有效地识别被劫持的节点的方法。

ZiLOG 公司和 Icon_Labs 联合推出了使用 8 位 MCU 的设备安全解决方案。防火墙控制嵌入式系统处理的数据包，锁定非法登录尝试、拒绝服务攻击（Packet Floods）、端口扫描和其他常见的网络威胁。下面介绍两种常见的网络攻击。

1. 病毒攻击

病毒攻击指在计算机程序中插入的破坏计算机功能或者数据的代码。

物联网设备需要代码签名，以确保所有运行的代码都是经过授权和认证的。

赛门铁克（Symantec）公司的白皮书中指出，设备保护需要对代码签名，以确保所有运行的代码都是经过认证的；天威诚信 VeriSign 代码签名证书、Instant SSL、微软、Digicert等都在做代码签名相关的工作。

2. APT攻击

APT（Advanced Persistent Threat）指的是高级持续性威胁。利用先进的攻击手段有组织地对特定目标进行长期持续性网络攻击。APT 入侵途径主要包括以下几个方面：

- 以智能手机、平板电脑和 USB 等移动设备为攻击对象，进而入侵企业信息系统。
- 恶意邮件、钓鱼网站、恶意链接等。
- 利用防火墙、服务器等系统漏洞继而入侵企业网络。

对于 ATP 攻击，可以采用以下方法防御攻击：

- 使用威胁情报。
- 及时获取最新的威胁情报信息如 APT 操作者的最新信息；不良域名；恶意邮件地址、附件、主题；恶意链接和网站等信息，及时进行防护。
- 建立防火墙和网关，进行访问控制。定期检查配置信息，及时更新升级。
- 收集日志并进行分析和溯源。
- 全网流量行为的模型建立和分析。
- 对用户的访问习惯进行监测。

在检测到 APT 攻击的同时，也可以对 APT 攻击进行监测和溯源分析，并将威胁情报共享。

3. 蜜罐

蜜罐是设置好故意让人攻击的目标，引诱黑客前来攻击。所以攻击者入侵后，就可以知道他是如何得逞的，可以让人随时了解针对系统所发动的最新的攻击和漏洞。

7.3.8 态势感知

态势感知是在大规模系统环境中，对能够引起系统状态发生变化的安全要素进行获取、理解、显示，以及预测未来的发展趋势。

下面将对一个态势感知系统中比较重要的几部分进行介绍。

1. 异常行为检测

异常行为检测的方法一般是运用大数据分析技术，在特定的环境中，如工控领域等可以进行全流量分析和深度包检测。

一个异常行为检测系统应能自动进行异常行为检测，对客户的网络进行分析，知道什么是正常的行为，并建立一个基线，如果发现不正常或者可疑的行为就会报警。除监视应用程序的行为外，还应监视文件、设置、事件和日志，并报告异常行为。

总结来说有两种方法：一个是建立正常行为的基线，从而发现异常行为；另一种是对日志文件进行总结分析，从而发现异常行为。

2. 脆弱性评估

客户如果想知道自己是否采用了足够的安全措施，或者是否采用了正确的步骤来保护自己的资产和业务，则需要从众多公布的标准和最佳实践中获取信息，但有时阅读和理解一些相关的标准有些困难。所以需要为用户提供一套解决方案被动或者主动地评估系统、网络和应用，发现不良行为，并不断提供脆弱性评估报告。

脆弱性评估应具备这样的能力：从多传感器中收集网络通信事件，其信息数据用来分析环境的脆弱性，用于对网络安全进行持久的监控。

1）威胁情报交换

物联网设备的经销商、制造商及政府机构能够合作起来，及时发现各类木马病毒和 0 day（零日）漏洞威胁，防范并拦截 APT 攻击、未知威胁等新型恶意攻击，实现共赢局面。

Intel 白皮书中指出汽车的经销商、制造商及政府机构能够联合起来，进行威胁情报交换，能够快速通知相应的车辆零日漏洞和恶意软件。CUJO 通过对比流量信息与商业威胁情报源，来确保未授权的 IP 没有连接到用户的网络中。

通过利用威胁情报，及时对最新的攻击进行防御。当遭受到未知攻击的时候，及时将威胁情报发布出去，实现威胁情报的共享。

2）可视化展示

可视化展示能够直观地呈现数据特点，同时容易被读者接受和理解，所以大数据分析（深度包检测、全流量分析）结果需要可视化展示。

大多数分析系统都有可视化的功能，如 NexDefense 支持网络流量 3D 可视化等。

可以通过与手机 App 结合实现移动可视化。

3）物联网事件响应措施

当系统遭到攻击时，需要快速识别攻击来源及攻击路径，对攻击做出快速的响应，在攻击造成更大的破坏之前，实施有效的措施，减少损失。在受到攻击之后，需要快速地采取相应措施防止此类攻击事件再次发生。采取的措施一般是态势感知中的常用方法、异常行为检测和及时打补丁。

7.3.9 通信保护

物联网设备与设备之间，设备与远程系统之间需要进行通信。如果通信缺少传输加密和完整性验证，那么通信很可能会被窃听或篡改。通信保护需要对设备和远程系统之间的通信进行加密和认证。

很多公司的产品或者解决方案中都有数据的传输加密及授权和认证功能模块，如Mocana公司的安全服务平台；Arrayent公司的Arrayent Connect Platform；Device Authority公司的Data CentricSecurity Platform；SecureRF公司开发的快速、超低功耗的加密工具；Bastille团取发现的无线鼠标和键盘劫持问题也与通信保护有关。

在工控场景中，可通过单向网闸，实现数据只能从低安全等级的系统流向高安全等级的系统。

7.3.10 日志和审计

从行业角度来说，特定行业的合规性必不可少。对于日志的分析有可能发现潜在的威胁，但关键点在大数据的分析能力。

7.4 物联网信息安全技术

物联网安全产品的核心在于技术，由于物联网的安全是互联网安全的延伸，那么我们可以利用互联网已有的安全技术，结合物联网安全问题的实际需要，改进已有技术，将改进后的技术应用到物联网中，从而解决物联网的安全问题。例如，互联网环境中的防火墙技术，主要是对TCP/IP协议数据包进行解析，而在物联网环境中，防火墙还需要对物联网中的特定协议进行解析，如工控环境中的Modbus、PROFIBUS等协议。此外物联网还有其独特性，如终端设备众多，设备之间缺乏信任的问题，互联网中现有的技术难以解决此类问题，所以还需要探索一些新的技术来解决物联网中特有的新问题。此外，由于物联网将许多原本与网络隔离的设备连接到网络中，大大增加了设备遭受攻击的风险。同时由于物联网中的设备资源受限，很多设备在设计时较少考虑安全问题。另外还有物联网中协议众多、没有统一标准等这些安全隐患都可能被黑客利用，造成极大的安全问题，所以我们需要利用一些漏洞挖掘技术对物联网中的服务平台、协议、嵌入式操作系统进行漏洞挖掘，先于攻击者发现并及时修补漏洞，有效减少来自黑客的威胁，提升系统的安全性。因此主动发掘并分析系统安全漏洞，对物联网安全具有重要的意义。

7.4.1 已有技术在物联网环境中的应用

1. 攻击（异常）行为检测

攻击行为检测的方法通常有两个：一个是建立正常行为的基线，从而发现攻击行为；另一种是对日志文件进行总结分析，发现攻击行为。

物联网与互联网的攻击行为检测技术也有一些区别，如利用大数据分析技术，对全流量进行分析，进行攻击行为检测。在互联网环境中，这种方法主要是对 TCP/IP 协议的流量进行检测和分析，而在物联网环境中，还需要对其他的协议流量进行分析，如工控环境中的 Modbus、PROFIBUS 等协议流量。此外，物联网的攻击行为检测也会应用到新的应用领域中，如在车联网环境中对汽车进行异常行为检测。360 研究员李均利用机器学习的方法，为汽车的不同数据之间的相关性建立了一个模型，这个模型包含了诸多规则，依靠对行为模式、数据相关性和数据协调性的分析，检测是否有黑客入侵攻击。

2. 代码签名

通过代码签名可以保护设备不受攻击，保证所有运行的代码都是被授权的，保证恶意代码在一个正常代码被加载之后不会覆盖正常代码，保证代码在签名之后不会被篡改。相较于互联网，物联网中的代码签名技术不仅可以应用在应用级别，还可以应用在固件级别。所有的重要设备，包括传感器、交换机等都要保证所有在其上运行的代码都经过签名，没有被签名的代码不能运行。

由于物联网中的一些嵌入式设备资源受限，其处理器能力、通信能力、存储空间有限，所以需要建立一套适合物联网自身特点的、综合考虑安全性、效率和性能的代码签名机制。

3. 白盒密码

物联网感知设备的系统安全、数据访问和信息通信通常都需要加密保护。但由于感知设备常常散布在无人区域或者不安全的物理环境中，这些节点很可能会遭到物理上的破坏或俘获。如果攻击者俘获了一个节点设备，就可以对设备进行白盒攻击。传统的密码算法在白盒攻击环境中不能安全使用，甚至显得极度脆弱，密钥成为任何使用密码技术实施保护系统的单一故障点。在当前的攻击手段中，很容易通过对二进制文件的反汇编、静态分析，对运行环境的控制结合使用控制 CPU 断点、观测寄存器、内存分析等来获取密码。通过对已有的案例进行分析得出，在未受保护的软件中，密钥提取攻击通常可以在几个小时内成功提取以文字数据阵列方式存放的密钥代码。

白盒密码算法是一种新的密码算法，它与传统密码算法的不同点是能够抵抗攻击环境下的黑客入侵。白盒密码使得密钥信息可充分隐藏、防止窥探，因此确保了在感知设备中可以安全地应用原有密码系统，极大提升了安全性。

白盒密码作为一个新兴的安全应用技术，能普遍应用在各个行业领域和各个技术实现层面。例如，HCE 云支付、车联网，在端点（手机终端、车载终端）层面实现了密钥与敏感数据的安全保护；在云计算上，可对云上的软件使用白盒密码，保证在云这个共享资源池上，进行加解密运算时用户需要保密的信息不会被泄露。

4．空中下载技术（OTA）

空中下载技术（Over-the Air Technology，OTA），最初是运营商通过移动通信网络（GSM 或 CDMA）的空中接口对 SIM 卡数据及应用进行远程管理的技术，后来逐渐扩展到固件升级、软件安全等方面。

随着技术的发展，物联网设备中总会出现脆弱性，所以设备在销售之后，需要持续地打补丁。而物联网的设备往往数量巨大，如果人工更新每个设备是不现实的，所以 OTA 技术在设备销售之前应该被植入物联网设备中。

5．深度包检测技术（DPI）

互联网环境中通常使用防火墙来监视网络上的安全风险，但是这样的防火墙针对的是 TCP/IP 协议，而物联网环境中的网络协议通常不同于传统的 TCP/IP 协议，如工控中的 Modbus 协议等，这使得控制整个网络风险的能力大打折扣。因此，需要开发能够识别特定网络协议的防火墙，与之相对应的技术则为深度包检测技术。

深度包检测技术（Deep Packet Inspection，DPI）是一种基于应用层的流量检测和控制技术，当 IP 数据包、TCP 或 UDP 数据流通过基于 DPI 技术的带宽管理系统时，该系统通过深入读取 IP 包载荷的内容对 OSI 七层协议中的应用层信息进行重组，从而得到整个应用程序的内容，然后按照系统定义的管理策略对流量进行重组操作。

思科公司和罗克韦尔自动化公司联手开发了一项符合工业安全应用规范的深度数据包检测（DPI）技术。采用 DPI 技术的工业防火墙有效扩展了车间网络情况的可见性。它支持通信模式的记录，可在一系列安全策略的保护之下提供决策制定所需的重要信息。用户可以记录任意网络连接或协议（如 EtherNet/IP）中的数据，包括通信数据的来源、目标及相关应用程序。

在全厂融合以太网（CPwE）架构中的工业区域和单元区域之间，采用 DPI 技术的车间，应用程序能够指示防火墙拒绝某个控制器的固件下载。这样可防止滥用固件，有助于保护运营的完整性，只有授权用户才能执行下载操作。

6．防火墙

物联网环境中，存在很小并且通常是很关键的设备接入网络，这些设备由 8 位的 MCU 控制。由于资源受限，对于这些设备的安全实现非常有挑战。这些设备通常会实现 TCP/IP 协议栈，使用因特网来报告、配置和控制相应功能。由于资源和成本方面的考虑，除密码认证外，许多使用 8 位 MCU 的设备并不支持其他的安全功能。

ZiLOG 公司和 Icon_Labs 联合推出了使用 8 位 MCU 的设备安全解决方案。ZiLOG 提供的 MCU，Icon_Labs 将 Floodgate 防火墙集成到 MCU 中，提供基于规则的过滤、SPI（Stateful Packet Inspection）和基于门限的过滤（Threshold-based Filtering）。防火墙控制嵌入式系统处理的数据包，锁定非法登录尝试、拒绝服务攻击、端口扫描和其他常见的网络威胁。

7. 访问控制

传统企业网络架构通过建立一个固定的边界使内部网络与外部世界分离，这个边界包含一系列的防火墙策略来阻止外部用户的进入，但是允许内部用户对外的访问。由于封锁了外部对于内部应用和设施的可见性和可访问性，传统的固定边界保障了内部服务对于外部威胁的安全。企业网络架构中的固定边界模型正在变得过时（落后），BYOD 和钓鱼攻击提供了对于内部网络的不可信访问，SaaS 和 IaaS 正在改变边界的位置。

软件定义边界（Software Defined Perimeter，SDP）使得应用项目所有者部署的边界，可以保持传统模型中对于外部用户的不可见性和不可访问性，该边界可以部署在任意的位置上，如网络、云中、托管中心、私营企业网络，或者穿过这些位置。

SDP 用应用所有者可控的逻辑组件取代了物理设备，只有在设备证实和身份认证之后，SDP 才提供对于应用基础设施的访问。

大量设备连接到因特网中，而管理这些设备、从这些设备中提取信息的后端应用通常很关键，扮演着隐私或敏感数据监护人的角色。SDP 可以被用来隐藏服务器和服务器与设备的交互，从而最大化地保障安全和运行时间。

7.4.2　新技术的探索

区块链（Block Chain，BC）是指通过去中心化和去信任的方式集体维护一个可靠数据库的技术方案。该技术方案主要让参与系统中的多个节点，通过使用密码学方法，产生相关联的数据块（Block），每个数据块中包含了一定时间内的系统信息交换数据，并且生成数据指纹，用于验证其信息的有效性。结合区块链的定义，区块链的特征有：去中心化（Decentralized）、去信任（Trustless）、集体维护（Collectively Maintain）、可靠数据库（ReliableDatabase）、开源性和匿名性。区块链解决的核心问题不是“数字货币”，而是在信息不对称、不确定的环境下，如何建立满足经济活动赖以发生、发展的**“信任”生态体系**。在物联网中，所有日常家居都能自发、自动地与其他物件或外界世界进行互动，但是必须解决物联网设备之间的信任问题。

越来越多的侵犯用户隐私的案件说明第三方收集和控制大量的个人数据的模式需要改变。**IBM 认为物联网设备的运行环境应该是去中心化的**，它们彼此相连，**形成分布式云网络**。而要打造这样一种分布式云网络，就要解决节点信任问题。在传统的去中心化系统中，信任机制比较容易建立，由一个可信的第三方来管理所有设备的身份信息。但是物联网环境中设备众多，可能会达到百亿级别，这会对可信第三方造成很大的压力。IBM 认为区块链技术可以完满地解决这个问题。

Guy Zyskind 等人提出了一种分散式的个人数据管理系统，来实现用户数据的保护，确保用户可以拥有并管理自己的数据，实现了将区块链应用于自动访问控制管理而不需要可信的第三方。

7.4.3 物联网相关设备、平台、系统的漏洞挖掘和安全设计

物联网相关设备、平台、系统的漏洞挖掘技术，有助于发现 0 day 漏洞和未知威胁，从而提升 IDS、防火墙等安全产品的检测和防护能力。

将安全产品嵌入设备中，或者在产品设计时采用物联网设备安全框架，在物联网设备生产时就要考虑安全问题，这些措施可以极大提升物联网设备的安全性。

1．物联网平台漏洞挖掘

随着物联网的发展，将会出现越来越多的物联网平台。BAT 三巨头（百度、阿里巴巴、腾讯）均已推出了智能硬件开放平台。而国外免费的物联网云平台有 Temboo、Carriots、NearBus 和 Ubidots。但是，目前对于物联网平台安全性的分析还不多，相信以后物联网平台的安全性将会越来越多地受到人们的关注。

Samsung SmartThings 是一个智能家庭编程平台，密歇根大学和微软研究院的研究人员对其上的 499 个应用和 132 个设备管理器（Device Handlers）进行了静态代码分析（Static Codeanalysis），并将论文发表在 S&P 2016 上。论文中主要提到了两点发现，第一点是，虽然 SmartThings 实现了一个特权分离模型（Privilege Separation Model），但是有两个固有的设计缺陷，可导致 App 越权；第二点是关于 SmartThings 的事件子系统，设备与 App 之间通过其进行异步通信，但该子系统并未对包含敏感信息（如 Lock Codes）的事件提供足够的保护。研究人员利用框架设计漏洞实现了 4 个攻击：修改门锁密码、窃取已有的门锁密码、禁用家庭的假期模式、触发一次虚假的火灾告警。

2．物联网协议的0 day漏洞主动挖掘技术

在汽车、工控等物联网行业，各种网络协议被广泛使用，这些网络协议带来了大量的安全问题。很多研究者开始针对工控等系统，特别是具有控制功能的网络协议的安全性展开了研究。在 QCon 2016 20 的会议中，有研究人员提出可用网络协议 Fuzzing 技术对 0 day 漏洞进行挖掘。

3．物联网操作系统漏洞挖掘

物联网设备大多使用嵌入式操作系统，嵌入式系统通常内核较小、专用性强、系统精简、实时性高，但安全性在嵌入式系统中处于较低的位置。随着设备逐渐接入互联网，操

作系统的安全性需要重点关注。

2015 年，44CON 伦敦峰会中，研究人员采用了 Fuzzing（Fuzzing 是一种基于缺陷注入的自动软件测试技术）框架 Sulley（是一款用 Python 实现的用于网络协议 fuzz testing 的开源测试框架），对 VxWorks 系统的多个协议进行了模糊测试，挖掘到一些漏洞，并结合 VxWorks 的 WDB RPC 协议实现了一个远程调试器，进行了相关调试分析。

4．嵌入式设备安全框架

嵌入式设备众多，而且大多在安全设计方面考虑不足。联网的设备往往存在极大的潜在威胁。作为设备制造商，应在嵌入式设备的设计过程中就得考虑安全框架问题，对嵌入式设备进行安全设计。

Icon Labs 21 是嵌入式设备安全厂商，其提出了 Floodgate 安全框架，用于构建安全的嵌入式设备。Floodgate 安全框架模块（如图 7.4 所示）既可以作为单独的产品使用，也可以集成到已有的嵌入式 Linux 和任何 RTOS 中。

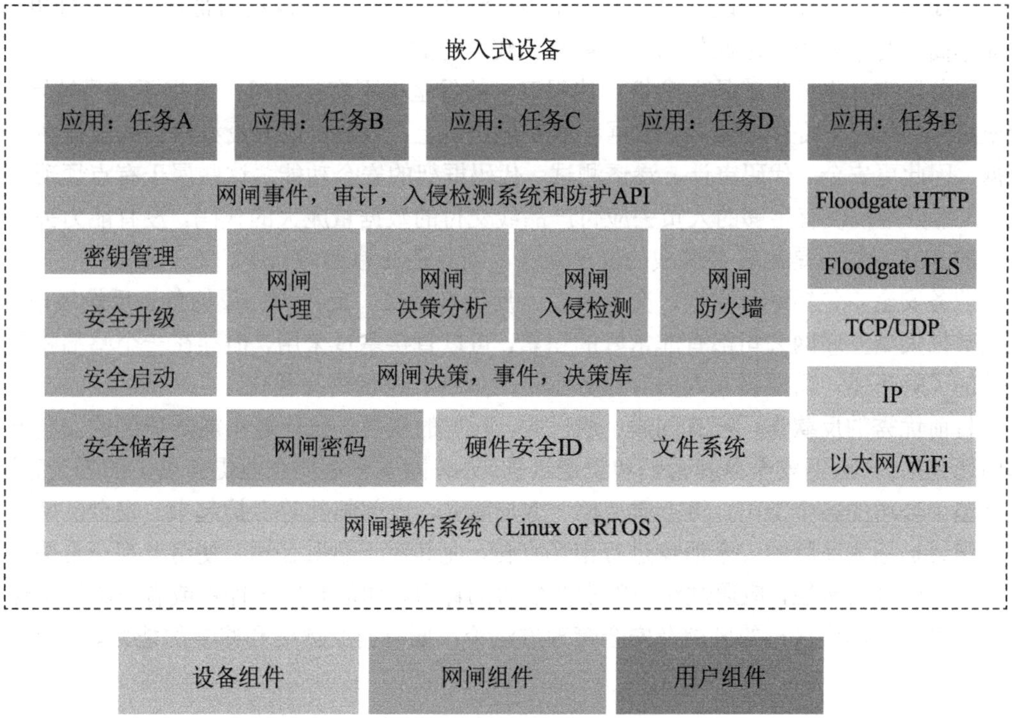

图 7.4　Floodgate 安全框架

网闸防火墙：是一个嵌入式防火墙，提供状态包检测（Stateful Packet Inspection，SPI）、基于规则的过滤和基于门限的过滤来保护嵌入式设备免受来自互联网的威胁。

网闸入侵检测：对嵌入式 Linux 和 RTOS 设备提供保护，其能检测出固件、配置信息和静态数据的改变。

网闸决策分析：确保只有从 OEM 认证的固件才允许在这台设备上运行。

网闸代理：提供对于嵌入式和物联网设备的态势感知、安全事件报告、命令审计日志和安全策略管理，同时也提供与企业安全管理系统的集成。

7.5 云计算安全

某些安全方面的问题可以交给云计算去做，如外网防火墙，使用云主机就可以使用云平台提供的外网防火墙。其提供简单的功能，比如对端口和 IP 进行放行或者拦截的限制。未来云计算的发展应该会提供更丰富又好用的防火墙，即高防服务。对于抗 DDoS 来说，使用云平台的高防服务是省钱、省力的一件事情，比如 UCloud 专业云计算服务商的高防可以抗 400Gbps 的攻击，使用的是一个专门的数据清洗机制。但并不是每天都会遇到 DDoS 攻击，如果自己组建一个团队再部署一个数据清洗机制，用几百兆的带宽来做这件事情，则成本高，得不偿失，因此使用云服务是比较合适的。

服务器审计系统也就是堡垒机。使用云上的堡垒机不容易宕机，数据不容易被篡改。堡垒机作为第三方提供的服务，数据存放在堡垒机上，但是自己人没办法去修改设备中的数据，因此更安全。代码审计、渗透测试、代码框架的安全功能，这些属于有点烦琐的工程，大部分用户没有足够的人员去应付产品线交付的数据量庞大的代码，没有能力去实践完整的 SDL，这也是比较有挑战的安全业务，而且还在持续增长中。

业务安全，包括账号安全、交易风控、反价格爬虫、反作弊、反钓鱼、反垃圾信息，这些数据大型互联网公司都有非常好的积累，可以直接拿过来用，但存在一个弊端就是对业务的了解不足，需要投入人力对业务安全的规则、逻辑进行优化。

目前优秀的反欺诈厂家有同盾、通付盾、阿里的蚁盾。云计算不能防护到的安全方面的问题包括：办公网安全品牌营销和渠道维护。办公网安全需要企业提升员工的安全意识，对接整个公司的各个部门，将纸质文档、客户隐私、内部邮件等保护起来。安全品牌营销和渠道维护指为品牌的安全形象进行市场宣传，尤其对于金融公司，使用者都非常关心金融公司的资金安全性，应通过对一些安全资质的评审，如信息安全评审或者三级等级保护评审，对业务形成自己的风控及安全管理方法论，要有自主评估和修复的能力。

7.6 本章小结

本章讲解了信息安全的基本概念，信息就要真实、完整、可用，安全就是信息不能篡改、窥视、盗用。为解决信息安全问题，本章还讲解了一些信息安全对策。

7.7　习题

1．信息安全的基本要求有哪些？
2．物联网信息安全有哪些层次？
3．简述隐私保护的方法。
4．简述攻击检测和防御方法。
5．社会调查：当下黑客的网络攻击形式和案例。
6．国家之间的网络安全和对策有哪些？

第 8 章　私有云服务

云计算可以看作是分布式计算的一种。云计算是分布式计算、集群计算、网格计算和公用计算等各种计算技术发展融合的产物。不同的人会从各自的角度来阐述云计算，这就造成了云计算的定义较为复杂和混乱。

早在 2006 年“云计算”就开始进入大众视线。最早是亚马逊推出弹性计算云服务，谷歌公司也在同年提出“云计算”概念。什么是云计算？当时一直没有一个明确的定义。而后，美国国家标准和技术研究院定义了云计算的部署模型，具体如下。

公有云（Public Cloud）：公有云服务可通过网络及第三方服务提供者开放给用户使用。“公有”一词并不一定代表“免费”，也不表示用户数据可供任何人查看。公有云服务提供者通常会对其用户实施访问控制机制。公有云作为解决方案，既有弹性又具备成本效益。

私有云（Private Cloud）：具备许多公有云环境的优点（如弹性、适合提供服务）。两者的差别在于，私有云服务中数据与程序皆在组织内管理，且不会受到网络带宽、用户对安全性疑虑的影响。此外，因为用户与网络都受到了特殊限制，所以私有云服务能让其提供者及用户更好地掌控云基础架构，改善安全性与弹性。

社区云（Community Cloud）：由众多利益相仿的组织掌控和使用（如特定安全要求、共同宗旨等），社区成员共同使用云数据及应用程序。

混合云（Hybrid Cloud）：结合了公有云及私有云。在这个模式中，用户通常将企业非关键信息外包，并在公有云上进行处理，但同时掌控企业关键服务及数据。

8.1　私有云

私有云是为一个客户单独使用而构建的云服务，因而可以提供对数据、安全性和服务质量的最有效控制。该客户拥有基础设施，在此基础上部署相应的系统平台和云服务软件。私有云可部署在企业数据中心的防火墙内，也可以将它们部署在一个安全的主机托管场所。私有云的核心属性是专有资源。

我们正处于数据量和计算要求呈爆炸式增长的时代。随着移动趋势的不断深化和市场全球化趋势的加剧，联网的人员、设备和应用的数量都在快速攀升，带动数据中心流量和工作负载持续增长。然而，这些由人产生的需求只占总需求的一小部分。分析师估计，到

2020 年，联网智能机器和传感器的数量将达到 500 亿件，物联网的普及（IoT）会让全球数据中心流量增加约 3 倍。

鉴于这种快速增长，采用云计算已是势在必行。传统基础设施解决方案由于成本太高和不够灵活，已无法支持如此快速增长和瞬息万变的要求。云计算可以帮助企业建立自助门户，使最终用户和软件开发团队可便捷地按需使用计算资源，从而显著加快开发和部署新应用的速度。另外，云计算还支持在数据中心实现多租户资源共享，可大幅降低 IT 服务的成本。

虽然云计算能够支持企业更高效、敏捷地部署和扩展 IT 服务，但许多公司仍不愿将关键工作放在公有云上。这主要是出于对安全性、合规性（包括数据弹性）和服务级别保障的考虑。部署一个安全的开放式私有云平台，并将其与公有云平台一起形成一个混合云服务平台成为了较为受欢迎的解决方案。即使用内部私有云来运行关键工作，使用公有云来运行不敏感的工作和扩大容量。目前已有多家公司包括 PayPal、沃尔玛等在使用开源的私有云，来部署软件，迁移 IT 业务，以向最终用户提供高效的资源池、灵活的可扩展性及自助配置服务能力。

私有云相对于公有云有什么特点呢？

1．数据安全

虽然每个公有云的提供商都对外宣称其服务在各方面都是非常安全的，尤其是对数据的管理更加安全。但是对企业特别是大型企业而言，和业务有关的数据是其生命线，是不能受到任何形式的威胁，所以短期内大型企业是不会将关键数据放到公有云上运行的。因此私有云在这方面是有优势的，因为它一般都构筑在防火墙后。

2．SLA（服务质量）

因为私有云一般构筑在防火墙之后，而不是在某一个遥远的数据中心中，所以当公司员工访问那些基于私有云的应用时，它的 SLA 应该会非常稳定，不会受到网络不稳定的影响。

3．充分利用现有硬件资源和软件资源

虽然公有云的技术很先进，但现有的公有云对 Cobol、C、C++和 Java 等语言兼容性较差，造成部分企业核心业务的软件应用在公有云上部署困难。而私有云在这方面的支持较好。例如，IBM 推出的 Cloudburst 云基础架构，通过 Cloudburst 能非常方便地构建基于 Java 的私有云，一些私有云的工具能够利用企业现有的硬件资源来构建云，这样极大地降了低企业成本。

4．不影响现有IT管理

对大型企业而言，数据管理及安全规定与公有云本身是矛盾的。而私有云由于部署在

防火墙内或企业内部，在这方面有天然的优势。

8.2 私有云解决方案

云计算主流的解决方案有四种：Openstack、CloudStack、Eucalyptus 和 VM ware vCloudStuite，其中前两种是开源的私有云解决方案。

1. 云计算管理平台OpenStack

OpenStack 是一个由美国国家航空航天局（NASA）和 Rackspace 公司合作研发并发起的，是 Apache 许可证授权的自由软件和开放源代码项目。

OpenStack 是一个开源的云计算管理平台项目，由几个主要的组件组合起来完成具体工作。OpenStack 支持几乎所有类型的云环境，项目目标是提供实施简单、可大规模扩展、标准统一的云计算管理平台。OpenStack 通过各种互补的服务提供了 IaaS 的解决方案，每个服务提供 API 接口进行集成。

OpenStack 社区拥有超过 130 家企业及 1350 位开发者，这些机构与个人都将 OpenStack 作为 IaaS 资源的通用前端。OpenStack 项目的首要任务是简化云的部署过程并为其带来良好的可扩展性。

OpenStack 云计算平台，帮助服务商和企业内部实现类似于 Amazon EC2 和 S3 的云基础架构服务（IaaS）。OpenStack 包含两个主要模块：Nova 和 Swift，前者是 NASA 开发的虚拟服务器部署和业务计算模块；后者是 Rackspace 公司开发的分布式云存储模块，两者可以一起用，也可以分开单独用。OpenStack 除了有 NASA 和 Rackspace 公司的大力支持外，还有包括戴尔、思杰、思科和 Canonical 等重量级公司的贡献和支持，发展速度非常快，有取代另一个业界领先开源云平台 Eucalyptus 的态势。

OpenStack 的开发周期是每年固定发布两个新版本，并且每一个新版本发布时，开发者与项目技术领导者已经在规划下一个版本的细节了。这些开发者来自全球 70 多个组织，超过 1600 人。他们采用高级的工具与开发方式，进行代码查看、持续的集成、测试与架构开发工作，让版本在快速成长的同时也能保持其稳定性。

2. 云计算平台CloudStack

CloudStack 是一个开源的具有高可用性及扩展性的云计算平台，同时是一个开源云计算解决方案是一个可加速、可伸缩的公共和私有云（IaaS）的部署、管理、配置工具。用 CloudStack 作为基础，数据中心操作者可以方便地通过现有基础架构创建云服务。

Cloudstack 目前支持管理大部分主流的 Hypervisor，如 KVM 虚拟机、XenServer、VMware，Oracle VM 和 Xen 等。

Hypervisor 是一种运行在物理服务器和操作系统之间的中间软件层，可允许多个操作系统和应用共享一套基础物理硬件，因此也可以看作是虚拟环境中的“元”操作系统。它可以协调访问服务器上的所有物理设备和虚拟机，也叫虚拟机监视器（Virtual Machine Monitor）。Hypervisor 是所有虚拟化技术的核心。非中断地支持多工作负载迁移能力是 Hypervisor 的基本功能。当服务器启动并执行 Hypervisor 时，它会给每一台虚拟机分配适量的内存、CPU、网络和磁盘，并加载所有虚拟机的客户操作系统。

利用 CloudStack 工具构建云基础设施和数据中心，运营商可以快速、轻松地利用现有的基础设施提供云服务。CloudStack 用户可以利用云计算提供更高的工作效率，无限地扩张规模，更快地部署新服务。

CloudStack 是一个开源的云操作系统，它可以帮助用户利用自己的硬件提供类似 Amazon EC2 那样的公共云服务。CloudStack 可以通过组织、协调虚拟化资源，构建一个和谐的云环境、一个安全的多租户云计算环境。CloudStack 兼容 Amazon API 接口。

3．开源的软件基础结构Eucalyptus

Eucalyptus（Elastic Utility Computing Architecture for Linking Your Programs To Useful Systems）是一种开源的软件基础结构，用来通过计算集群或工作站群实现弹性的、实用的云计算。其最初是美国加利福尼亚大学计算机科学学院的一个研究项目，目前已经商业化，发展成为 Eucalyptus Systems Inc。Eucalyptus Systems 公司还在基于开源的 Eucalyptus 构建额外的产品并提供支持服务。

Eucalyptus 并非一个完全开源的项目，其中涉及商业版本的利益，使 Eucalyptus Systems 公司并没有开源底层的高性能模块的源代码。

4．虚拟机组件VMware vCloud Suite

VMware vCloud Suite 可与多个 VMware 组件结合使用，在一个软件包中提供一系列全面的云基础架构功能，包括虚拟化、软件定义的数据中心服务、基于策略的配置、灾难恢复、应用程序管理和操作管理。

VMware vCloud Suite 功能包括：智能运维、开发运维、自动化 IT、IaaS 服务，是云管理解决方案中最常见的服务。智能运维提供精简的、自动化的数据中心运维服务。自动化 IT、IaaS 和开发运维则提供应用程序和基础架构服务。

VMware vSphere 使用虚拟化技术将单个数据中心转换为包括 CPU、存储和网络资源的聚合计算基础架构。VMware vSphere 将这些基础架构作为统一的运行环境来管理，并提供数据中心的管理工具。VMware vSphere 的两个核心组件是 ESXi 和 vCenter Server。ESXi 虚拟化平台用于创建和运行虚拟机及虚拟设备。vCenter Server 服务用于管理网络和资源池，管理主机资源中连接的多个主机。

对比开源的两种云解决方案，如表 8.1 所示。

表 8.1 CloudStack与OpenStack的对比

	CloudStack	OpenStack
授权License	Apache 2.0授权协议，可免费用于商业模式	Apache 2.0授权协议，可免费用于商业模式
支持的 Hypervisors	KVM、XEN、Oracle VM、vSphere 和 Bare Metal	KVM、XEN，（有限支持 Hyper-V、ESX、PowerVM）
支持的Networking Model	OpenFlow、VLAN和Flat networks	VLAN、Flat、Flat DHCP
支持的Storage	NFS、Cluster LVM、Rados Block Device (Ceph)和Local Storage	iSCSI、Ceph、NFS、Local Storage 和 Swift（对象存储）
客户群	不到60家，包括诺基亚、Zynga、日本电报电话公司、塔塔，阿尔卡特	160家左右，包括NASA、Rackspace、惠普、红帽、Piston
开发语言	Java为主	Python为主
兼容亚马逊 EC2 API	是	是

OpenStack 的特点是定义好了各个组件的接口。当用户需要一个整体的云计算服务时，可以自己选择各个组件，然后自己组装，自己做各个组件之间的配合、性能的优化等。总之，OpenStack 提供了各种组件，可以任意组合搭配，一切都取决于开发者的技术水平。所以使用 OpenStack 必须有一个强大的技术团队做支撑。想要较好地使用 OpenStack，至少需要千万元的资金投入，团队人数至少需 20 人。由此可见，OpenStack 的技术门槛较高。这也是 Ustack 等 OpenStack 的相关公司的价值所在。

CloudStack 就好像是一部已经组装并调试好的车，你可以直接开走，也可以自己动手换个喜欢的轮胎，或者在汽车外部做些喜欢的喷绘。总之，最复杂的工作社区已经帮你做好了，你只需要学会如何使用即可，并且 CloudStack 的学习成本和开发成本均较低。

CloudStack 最大的优势在于 Apache 基金会的管理，这是保证 CloudStack 能持续有生命力的关键。Apache 基金会的管理中，很重要的一点是社区高于代码。Apache 基金会关注社区的建设，项目本身的代码质量会因为社区的繁荣得到改善，社区也是项目有生命力的关键。

OpenStack 的商家有惠普、IBM、RedHat、Novell、Oracle、华为、VMWare 等，这些公司无一均有极强的研发能力。OpenStack 现在已是 IT 巨头们博弈的场所，而小公司是无法驾驭这样的系统的。中小企业如果选择了 OpenStack，就会陷入一个怪圈：好容易把各个模块调试稳定了，但社区的版本升级了。此时是升级，还是不升级。升级，就比较尴尬了。如果升级版本，那么所有的调试工作需要重做，如果不升级版本，就会逐渐远离社区的版本，变成一个自己维护的“孤儿”版本，其代价是极其高昂的。

8.3 开源私有云解决方案之一——OpenStack

OpenStack 云平台完全基于开源软件，并得到了全球用户和厂商生态系统的大力支持。

该云平台于 2010 年推出，随后快速完善，现已用于诸多环境的生产云部署中。OpenStack 既是一个社区，也是一个项目和一个开源软件，它提供了一个部署云计算的操作平台或工具集。其宗旨是组织、运行基于虚拟计算或存储服务的云。其为公有云、私有云，混合云提供可扩展的、灵活的云计算能力。

8.3.1　OpenStack 概述

OpenStack 是面向 Iaas 服务的，即基础架构云平台。该平台由虚拟机实例、虚拟存储块、虚拟网段等虚拟化云服务基础架构的组件构成，如图 8.1 所示。而每种服务组件都有相应的 OpenStack 云平台的管理模块进行管理、调度和分配。

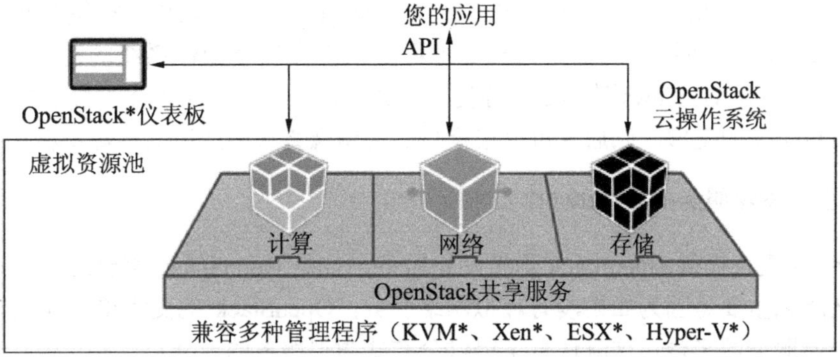

图 8.1　OpenStack 架构

OpenStack 覆盖了网络、虚拟化、操作系统、服务器等各个方面。它是一个正在开发中的云计算平台项目，根据成熟及重要程度的不同，被分解成核心项目、孵化项目，支持项目和相关项目。每个项目都有自己的委员会和项目技术主管，而且每个项目都不是一成不变的，孵化项目可以根据发展的成熟度和重要性，转变为核心项目。下面列出了几个核心项目（即 OpenStack 服务）。

1．认证模块Identify（Keystone）

Keystone 模块为 OpenStack 其他几个模块提供认证服务，整个 Keystone 其实就是在数据库中建立用户（User）、角色（Role）、Tenant、服务（Service）、Endpoint 及其相互对应关系。Tenant 在之前的版本中叫做 Project，是一个独立的资源容器。每个 Tenant 都可以定义独立的 VLAN、Volumes、Instances、Mages、Keys 和 Users 等。服务指的是 OpenStack 所提供的几种服务（Network、Volume、Image、Identify、Compute 和 Swift）。Endpoint 是指各服务的内部、外部及管理接口址（REST API）。Keystone 模块可以看做是云系统的安全部门。

2．计算模块Compute（Nova）

Nova 模块是 OpenStack 的核心模块之一，在 OpenStack 的初期版本里大部分的云系统管理功能都是由该模块负责管理的。之后为了减轻 Nova 模块的压力，便于功能分配管理，把虚拟存储、网络部分分离了出来，使 Nova 模块主要负责云虚拟机或实例（Compute 、Instance)的生成、监测、终止等管理功能。

Nova 模块由 nova-compute 模块通过 libvirt、XenAPI 等管理 Hypervisor，从而管理虚机。Nova 模块还通过 nova-api 服务向外提供与 EC2 兼容的管控功能接口，通过 nova-scheduler 模块提供虚机调用逻辑。这些模块间的通信全部通过消息队列完成。

3．镜像模块Image（Glance）

Glance 模块提供云虚拟机上的服务镜像（Image）功能，该模块类似车间里的模具生产部门，最基本的使用方式就是为云虚拟机实例提供安装操作系统的模式，如 RedHat Linux、Ubuntu 和 Windows 等。云服务使用者通过已经生成和个性化安装后的云虚拟机实例来生成自定义的镜像。以后就可以根据自定义镜像直接生成所需的虚拟机实例。

4．虚拟网络服务模块Network（Neutron）

Neutron 模块提供 OpenStack 虚拟网络服务，也是 OpenStack 重要的核心模块之一。该模块之所以重要是因为如果没有虚拟网络服务，OpenStack 就变为单纯提供虚拟机实例和虚拟存储服务的平台，这就违背了提供分布式虚拟服务的云计算核心价值。Neutron 模块不仅提供基本的创建子网、路由，为虚拟机实例分配 IP 地址功能，还支持

- 多种物理网络类型，支持 Linux Bridge、Hyper-V 和 OVS bridge；
- 支持防火墙服务；
- 支持虚拟网络中节点间的 VPN 服务；
- 实现 SDN。

在 OpenStack 的网络管理流程中，创建和删除网络通常需要经过以下几个步骤：

（1）创建一个网络。

（2）创建一个子网。

（3）启动一个虚拟机，将一块网卡对接到指定的网络上。

（4）删除虚拟机。

（5）删除网络端口。

（6）删除网络。

- Block Storage（Cinder）：提供 OpenStack 存储块（Volume）服务，Cinder 是云存储服务的调度监控模块，需要与如 NFS、Ceph 等网络文件系统配合使用。
- Dashboard（Horizon）：为 OpenStack 提供交互式界面的 UI 组件。
- Object Storage（Swift）：对象存储，存储的是一些资源文件，如图片、代码等文件。

对象存储服务是 OpenStack 最早期的两个服务之一（另一个是计算服务 Nova）。

以上是 OpenStack 的基本组件，通过这些组件就可以搭建一套基本的云计算服务平台。如果再加入用于 OpenStack 系统资源监控的 Ceilometer、云系统部署用的 Heat，以及大数据部署的 Sahara，该云计算平台则会更加完善。

8.3.2　OpenStack 架构

OpenStack 云系统的概念图如图 8.2 所示，该图展示了 OpenStack 云系统上各模块是如何协同工作的流程，这使我们学习 OpenStack 各组件的逻辑概念有了指导作用。之后我们通过各组件的逻辑概念再逐步深入研究 OpenStack 的逻辑架构。

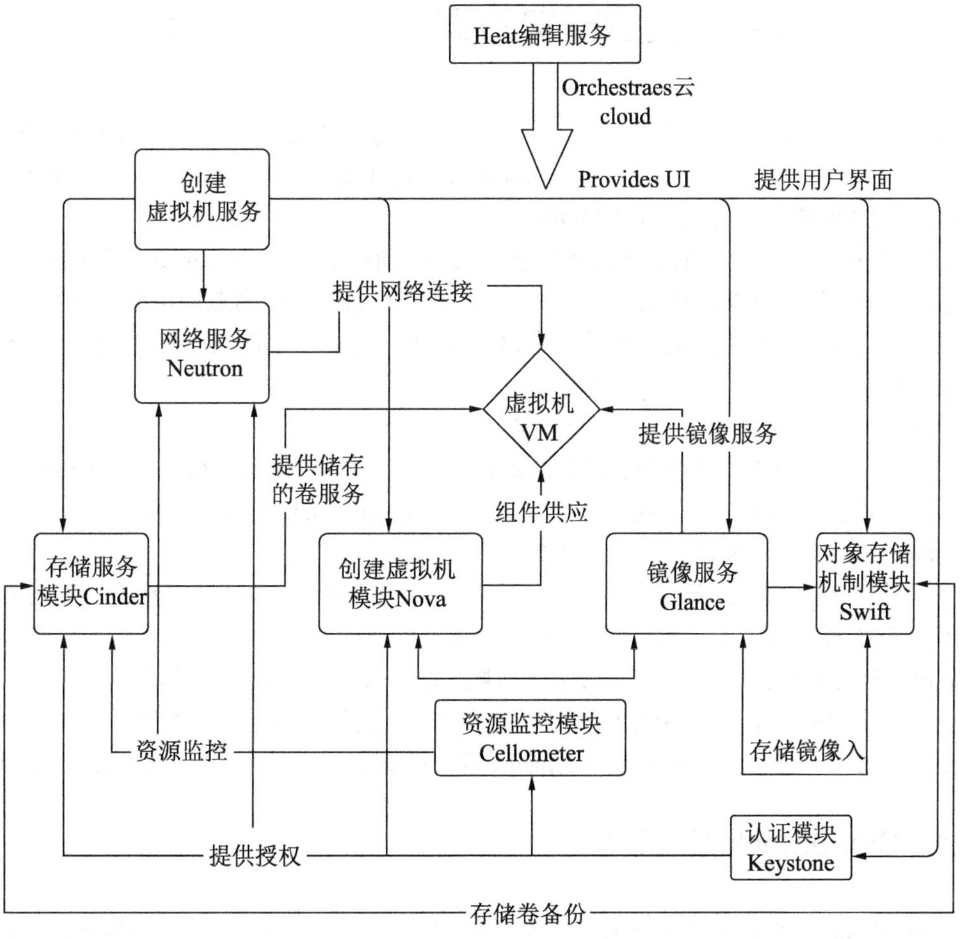

图 8.2　OpenStack 概念图

在制定好的云系统平台上，用户在经 KeyStone 模块授权后（Provide Auth），通过

Horizon 或 RestAPI 模式创建虚拟机服务。创建过程包括利用 Nova 模块创建虚拟机实例（VM Provision），该 VM 采用了 Glance 模块提供的镜像服务（Provide Image），然后用 Neutron 模块为新建的 VM 分配 IP 地址，把其纳入虚拟网络中（Provide network connectivity），之后再通过 Cinder 模块创建的 Volume 为 VM 挂载存储块。整个过程都在 Cellometer 模块的资源监控下（Monitors），Cinder 产生的 Volume 和 Glance 提供的 Image 可以通过 Swift 的对象存储机制进行保存。

通过以上解析可以得出 OpenStack 云平台服务的提供，主要是依靠 Nova、Glance、Cinder 和 Neutron 这 4 个核心模块完成的，其他 4 个辅助模块 Horizon、Cellometer、Keystone 和 Swift，提供访问、监控、权限和对象存储功能。

8.4 开源私有云解决方案之二——CloudStack

2008 年，梁胜博士创立了 VMOps 公司，后更名为 Cloud.com，员工以华人居多。当时亚马逊公有云服务在美国已经成熟并大量商用，基于对云计算市场的预期，梁胜博士决定进入云计算领域，于是成立了 VMOps。

2010 年年初，VMOps 的初始版本已基本成型。同年 5 月，VMOps 更名为 Cloud.com，其开发的云管理平台 CloudStack 已经是 2.0 版本，并积累了一些商业应用案例。CloudStack 最初分为社区版和企业版。社区版采用 GPLv3 许可；与社区版相比，企业版保留了 5%左右的私有代码。

当 CloudStack 2.2 版本在 2011 年初发布时，正值云计算在国外迅猛发展的时期，Cloud.com 在短短的 4 个月中与非常多的重量级用户签署了合作协议，比较著名的公司有韩国电信、Zynga、TATA、北海道大学等。这时，CloudStack 能够管理的 Hypervisor 包括 XenServer、VMware、KVM、OVM 甚至裸机。

正是由于 CloudStack 已经积累了相当多的企业应用案例，并以其成熟的商业应用、良好的管理及扩展功能为大家所熟知，因此最终被 HP 和 Citrix 两家公司竞购。2011 年 7 月，Cloud.com 被 Citrix 公司收购。Citrix 公司收购 Cloud.com 后，维持了其团队的完整性，并继续开发 CloudStack。CloudStack 3.0 就是在被 Citrix 公司收购之后开发的。2012 年 4 月，Citrix 公司宣布将 CloudStack 捐献给 Apache 软件基金会，且完全采用 Apache 2.0 许可。

8.4.1 CloudStack 系统架构

CloudStack 经典的分层式结构是：客户端、核心引擎及资源层。它面向各类型的客户提供了不同的访问方式：Web Console、Command Shell 和 Web Service API。通过这些访问方式，用户可以管理使用在其底层的计算资源（又分为主机、网络和存储），并能够完成在主机上分配虚拟机，分配虚拟磁盘等功能。如图 8.3 所示为 CloudStack 系统架构图。

虚拟机如果使用 Xen 和 KVM，需要安装 CloudStack Agent 来支持其与管理服务器的交互。管理服务器和 Xen Server 交互则是靠 XAPI，和 vCenter、ESX 交互靠 HTTP。

当部署 CloudStack 建立云时，需要了解它的层次结构和存储管理，如图 8.4 所示。

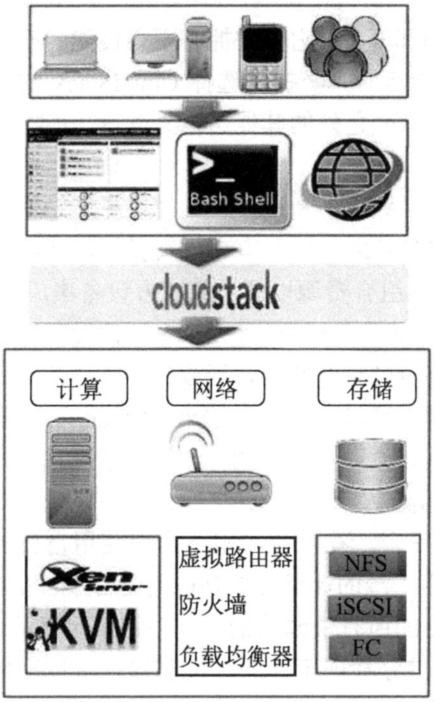

图 8.3　CloudStack 系统架构图

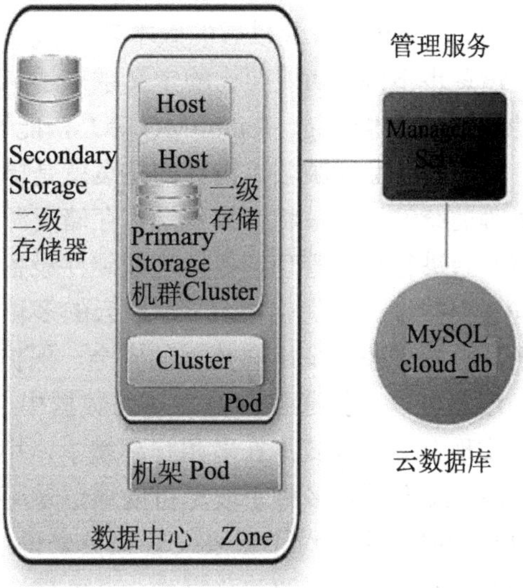

图 8.4　CloudStack 结构的层次

- Zone：对应于现实中的一个数据中心，它是 CloudStack 中最大的一个单元。
- Pod：对应着一个机架。同一个 Pod 中的计算机在同一个子网（网段）中。
- Cluster：是多个主机组成的一个集群。同一个 Cluster 中的主机有相同的硬件、相同的 Hypervisor 并共用同样的存储。同一个 Cluster 中的虚拟机，可以实现无中断地从一个主机迁移到另外一个主机上。
- Host：就是运行虚拟机（VM）的主机。从包含关系上来说，一个 Zone 可包含多个 Pod，一个 Pod 包含多个 Cluster，一个 Cluster 包含多个 Host。
- CloudStack 中存在两种存储：
- Primary storage：一级存储与 Cluster 关联，它为该 Cluster 中主机的全部虚拟机提供磁盘卷。一个 Cluster 至少有一个一级存储，且在部署时位置要临近主机以提供高性能。
- Secondary storage：二级存储与 Zone 关联，它存储模板文件，ISO 镜像和磁盘卷快照。

如果想要提供云服务，以下 5 点是一定要满足的。

- 支持多租户。

- 能够按需提供自服务。
- 宽带网络的接入。
- 将所有资源池化。
- 能够快速进行弹性增减。

CloudStack 的设计目标是云计算更加易于使用和开发；它允许拥有不同技能的开发人员工作在 CloudStack 的不同功能模块之上；它要给运营人员提供选择 CloudStack 的一部分功能来实现自己所需的机制；它要支持使用除 Java 之外的其他语言来编写功能模块，要有较高的可用性和可维护性，要易于部署。

CloudStack 4.0 及以后的版本都在为完成上述目标而不断调整，各模块更加轻量化，耦合度逐步下降，功能架构的定义越来越清晰，并且从之前的私有自定义模块转向用户熟知的框架（如 Spring、RabbitMQ 等），能够更好地组合资源以便与第三方设备集成。

CloudStack 开源项目设计的初衷就是提供 IaaS 的服务模型，建成一个硬件设备及虚拟化管理的统一平台，将计算资源、存储资源、网络资源进行整合，形成一个资源池，通过管理平台进行统一管理，弹性增减硬件设备。根据云环境中的 5 点要求，CloudStack 进行了功能上的设计和优化，为了适应云的多租户模式，设计了用户的分级权限管理机制，通过各种技术手段保证用户数据的安全，保护用户的隐私。

用户可以直接通过浏览器访问数据中心的云平台，在一定权限下自由使用自己的资源，实现自服务模式。在多租户环境下，用户使用资源的计量计费功能也是必不可少的，CloudStack 会通过多种手段尽可能地记录用户使用的所有资源的情况，并将其保存下来，以供计费时使用。对于云系统管理员来说，绝大部分管理工作通过浏览器就可以完成。CloudStack 提供了资源池化管理、高可靠性等功能，使云系统管理员尽可能地将管理工作简化和自动化，减少切换界面的次数。CloudStack 既可以直接对用户提供虚拟机租用服务，也开放了 API 接口为 PaaS 层提供服务，所以就有了一个简化的概念图，如图 8.5 所示。

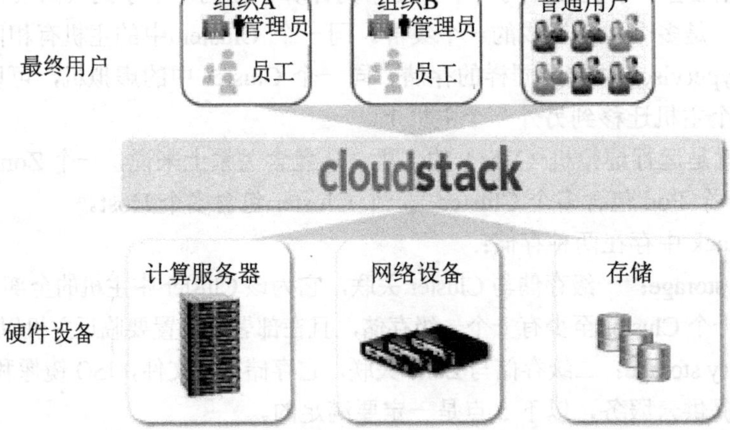

图 8.5 CloudStack 简化的系统概念图

通过图 8.5 可以看出，最终用户只要在 CloudStack 的平台上直接开通和使用虚拟机权限就可以了，无须关注底层硬件设备是如何被设计和使用的，也不用关心自己使用的虚拟机到底在哪个计算服务器或哪个存储上。

下面来看一下 CloudStack 系统向下管理这一层。CloudStack 的管理是比较全面的且尽可能地兼容各种计算设备，可以管理多种 Hypervisor 虚拟化程序，包括 XenServer、VMware、KVM、OracleVM 和裸设备等，如图 8.6 所示。

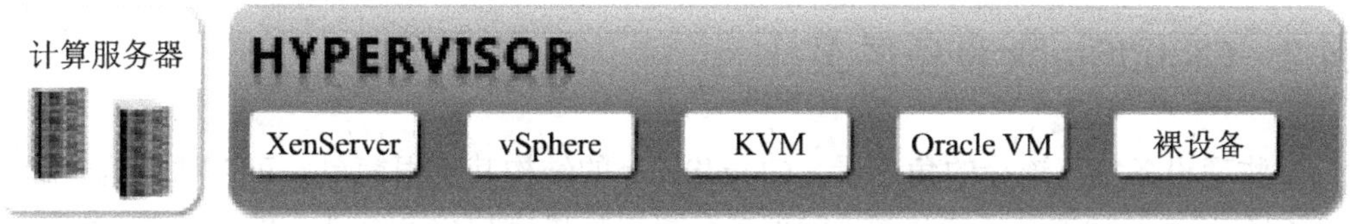

图 8.6　CloudStack 的虚拟机监视器

凡是虚拟化程序支持的计算服务器，CloudStack 也可以正常支持，这样 CloudStack 就具有了非常广泛的兼容性。

CloudStack 可以使用的存储类型非常广泛。虚拟机所使用的主存储可以使用计算服务器的本地磁盘，也可以挂载 iSCSI、光纤、NFS 等存储介质；存放 ISO 镜像及模板文件的二级存储可以选择使用 NFS，或者 Openstack 的 Swift 组件，如图 8.7 所示。

图 8.7　CloudStack 的存储资源

CloudStack 除了支持各种网络连接方式外，其自身也提供了多种网络服务，不需要硬件设备就可以实现网络隔离、防火墙、负载均衡和 VPN 等功能，如图 8.8 所示。

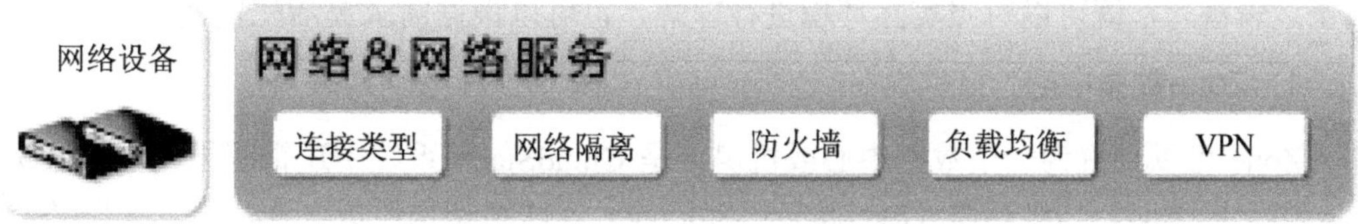

图 8.8　CloudStack 的网络服务功能

CloudStack 支持多租户的特点。多租户是云计算架构的一个基本特点，支持多租户是一个 IaaS 云管理平台应该具备的基本条件之一。从图 8.5 中可以看到，CloudStack 支持不同的组织和个人在同一平台上申请和使用资源。CloudStack 也必须通过一定的规则和技术手段保证资源使用的限制和通畅。用户组可以平级创建扩展，也可以在用户组下建立子用户组。理论上，无论是横向扩展还是纵向扩展，都没有限制，都可以无限扩展下去。特定的资源可以直接分配给用户组使用，用户组内的用户可以共享该资源。另外，CloudStack 还有一个“项目”（Project）功能，即不同用户组下的用户，以项目为前提共享一个资源集合（包括物理资源及网络）。

8.4.2 CloudStack 设备层次

从物理设备相互连接的角度看，CloudStack 的结构其实很简单，可以抽象地理解为：一个 CloudStack 管理节点或集群，管理多个可以提供虚拟化计算能力的服务器，服务器使用内置磁盘或外接存储，如图 8.9 所示。了解虚拟化的读者会很容易理解这个抽象的架构，尤其是计算服务器和存储，是传统虚拟化技术中必须使用的结构。

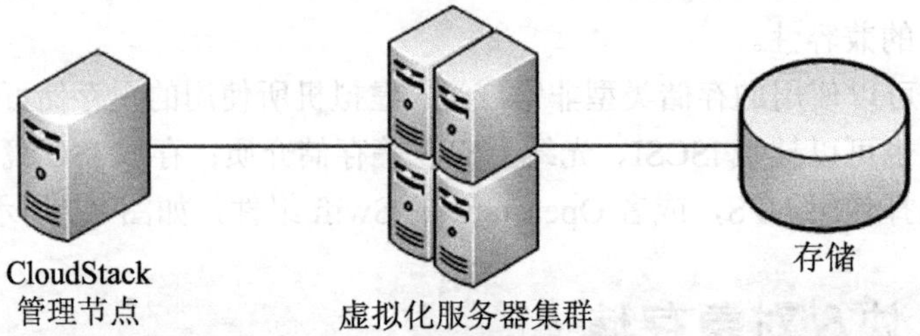

图 8.9　CloudStack 的结构

但这样肯定是不够的，作为管理节点不可能这么简单地对所有服务器统一管理。这样的架构太过单一，除了一些应用场景外，不能适应大部分灵活、复杂、多变的云环境。在云环境里，网络的设计方式千变万化，一个云管理平台必须有很好的适用性和通用性、异构的兼容性和灵活的可扩展能力。

登录 CloudStack 的 Web 界面，在区域的管理界面内可以找到如图 8.10 所示的架构图。通过图 8.10，我们可以很好地理解 CloudStack 各部件之间的关系，其中 Zone、Pod、Cluster 属于逻辑概念，既可以对照实际环境进行理解，也可以根据需求灵活配置使用。

1. Zone数据中心

Zone 可以理解为一个数据中心或机房，是 CloudStack 系统中逻辑范围最大的组织单元，由一组 Pod、二级存储（Secondary Storage）及网络架构组成。在完成管理服务器的安装后，登录 CloudStack 的管理界面，第一步就是创建 Zone，完成整个 IaaS 平台的初步整合。创建 Zone 的步骤包括网络架构的选择、网络的各种规划和配置、添加计算服务器和存储。对管理员来说，创建 Zone 的时候会设置该 Zone 的所有重要参数，所以必须要对整个 Zone 进行合理的规划，使 Zone 的架构可以满足目前的使用需求，并适应未来的扩展需求。在完成创建 Zone 的步骤后，随着需求的变化，还可以继续添加 Pod、集群、计算服务器和存储。在一个 Zone 内，Pod 的数量是没有限制的。

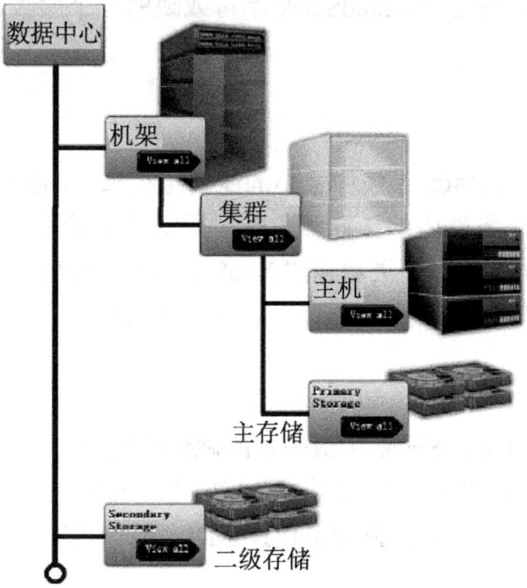

图 8.10 CloudStack 的架构图

在一个 CloudStack 系统中可以添加多个 Zone，Zone 之间可以完全实现物理隔离，硬件资源、网络配置、虚拟机也都是独立的。在建立一个 Zone 的时候，只能选择一种网络架构，或是基本网络（Basic Zone），或是高级网络（Advanced Zone）。如果系统中有多个 Zone，每个 Zone 还可以使用不同的网络架构。根据这一特点，就可以实现 CloudStack 对多个物理机房（数据中心）的统一管理。从业务需求上来说，也可以在一个机房内划分出两个独立的 Zone，以供需要完全隔离的两个系统使用。由于 Zone 之间是相互独立的，所以如果要进行通信，只能在网络设备上配置打通 Zone 的公共网络。Zone 之间只能复制 ISO 和模板文件，虚拟机不能进行 Zone 之间的迁移操作，如果需要进行这些操作，应将虚拟机转换为模板，然后复制到另一个 Zone 中使用。

另外，Zone 对用户是可见的，管理员创建 Zone 的时候，可以配置该 Zone 是对所有用户可见的公共 Zone，或者是只对某组用户可见的私有 Zone。如果一个用户能够看到多个 Zone，在创建虚拟机时就可以选择在某个 Zone 中创建虚拟机。

2. Pod 机架

Pod 是 CloudStack 区域内的第二级逻辑组织单元，**Pod 可以理解为一个物理机架，包含交换机、服务器和存储**。所以，参照物理机架的概念，在 CloudStack 的 Pod 中也有网络边界的概念，即所有 Pod 内的计算服务器、系统虚拟机都在同一个子网中。一般来说，Pod 上的服务器连接在同一个或一组二层（Layer2）交换机上，所以在很多实际部署中基本也都是以一个物理机架来进行规划的。一个 Zone 内可以有多个独立的 Pod，提供点的数量没有上限。一个 Pod 可以由一个或多个集群构成，一个 Pod 中的集群数量也没有上限。为了实现网络的灵活扩展，Pod 是 CloudStack 不可或缺的一个层级。另外，Pod（机架）对最终用户而言是不可见的。

3. Cluster集群

Cluster 集群是 CloudStack 系统中最小的逻辑组织单元，由一组计算服务器及一个或多个主存储组成。同一个集群内的计算服务器必须使用相同的 Hypervisor 虚拟化管理程序，硬件型号也必须相同（带有高级功能的 XenServer 和 vSphere 可以兼容异构的 CPU）。Pod 内的集群之间使用任何计算服务器、Hypervisor 程序。

4. Host计算服务器

Host 计算服务器是 CloudStack 中最基本的硬件模块之一，用于提供虚拟化能力和计算资源，运行用户创建的虚拟机，可以根据系统压力的变化进行弹性增减。计算服务器上需要安装 Hypervisor 程序，用以支持虚拟化技术的实现和功能。

计算服务器具有以下特点。

- 提供虚拟机需要的所有 CPU、内存、存储和网络资源。
- 互相通过高速网络互联互通，并与因特网连接。
- 可以位于不同地理位置的不同数据中心。
- 可以具有不同的规格（如不同的 CPU 速度、内存大小等）。

高性能通用 x86 兼容服务器，自身相对可靠，但规模较大时会出现个别服务器故障的情况。CloudStack 可以兼容大多数硬件设备，其实就是指所使用的绝大多数硬件能够被 Hypervisor 程序兼容。在安装 Hypervisor 程序之前，需要确定该服务器所使用的 CPU 能够支持虚拟化技术，并在 BIOS 系统中打开 CPU 对虚拟化技术的支持功能。如果想知道服务器上的所有硬件是否与 Hypervisor 程序兼容，可以查询 Citrix 和 VMware 等官方网站。

5. 主存储

主存储（Primary Storage）一般作为每个集群中多台计算服务器共同使用的共享存储存在。一个集群中可以有一个或者多个不同类型的存储，主存储用于存储所有虚拟机内数据的镜像文件和数据卷文件。主存储分为两种，分别是共享存储和本地存储。

共享存储一般是指独立的集中存储设备，它允许对所属集群中的所有计算节点进行访问，集中存储该集群内所有虚拟机的数据。使用共享存储可以实现虚拟机的在线迁移（Live Migrate）和高可用性（High Available），通过专业的存储设备或技术，可以保证较高的数据安全性，但相应地会牺牲一定的读写性能。

本地存储是指使用计算节点服务器内置的磁盘，存储虚拟机的运行数据文件，可以使虚拟机磁盘拥有很高的读写性能，但无法解决因主机或磁盘故障导致的虚拟机无法启动或数据丢失等严重问题。

6. 二级存储

二级存储（Secondary Storage）又称辅助存储，是 CloudStack 根据 IaaS 平台的架构和使用特点专门划分出来的一种存储。二级存储可以支持 NFS 存储和 OpenStack 的组件 Swift 存储。每个 Zone 只需要一个二级存储，用于存放创建虚拟机所使用的 ISO 镜像文件、模板文件，以及对虚拟机所做的快照及卷备份文件。

为什么要单独设计一种存储呢？我们可以再分析一下刚刚提到的这几种类型的特点。

- 占用很大的空间：安装操作系统所用的 ISO 文件，动辄都是数吉字节（GB）；而模板内除了操作系统文件外，还包含一些应用程序和数据，十几吉字节也是很常见的；快照文件大小不一，但数量可能很多。
- 读写频率很低：基本是一次性写入后只有读取操作，使用也不频繁，与最终用户使用虚拟机数据卷文件的频率相比，读写频率几乎可以忽略不计，以使虚拟机磁盘拥有很高的读写性能，但无法解决因主机或磁盘故障导致的虚拟机无法启动或数据丢失等严重问题。

8.4.3 CloudStack 管理平台

CloudStack 管理平台将这些组件进行统一管理，并使它们相互合作。

管理服务节点（Management Server）是 CloudStack 云管理平台的核心，整个 IaaS 平台的工作统一汇总在管理服务节点中处理。管理服务节点接收用户和管理员的操作，包括对硬件、虚拟机和网络的全面管理操作。管理服务节点会对收到的操作请求进行处理，并将其发送给对应的计算节点或系统虚拟机去执行。管理服务节点还会在 MySQL 数据库中记录整个 CloudStack 系统的所有信息，并监控计算节点、存储及虚拟机的状态，以及网络资源的使用情况，从而帮助用户和管理员了解目前整个系统各个部分的运行情况。

CloudStack 管理程序是用 Java 语言编写的。前端界面是用 JavaScript 语言编写的，做成了 Web App 的形式，通过 Tomcat 容器对外发布。在安装 CloudStack 管理程序的时候，会自动安装和配置 Tomcat 的相关参数，这样可以省去用户手工配置和发布 Web 页面的相关操作。当安装完 CloudStack 程序后，剩下的所有管理工作就是直接打开浏览器，访问 CloudStack 管理程序的页面，在 Web 图形化页面上进行输入管理操作。后台程序的逻辑功能及数据结构通过 Web 页面展现，用户对后台程序的操作都在 Web 页面上进行。其简单的访问和操作方式，使用户不需要再安装任何程序，这也是近年来互联网和云计算领域比较流行的一种思想——网站即软件。

由于 CloudStack 采用集中式管理架构，所有的模块都封装在管理节点的程序中，便于安装和管理，安装的时候使用几条命令就可以完成管理程序的安装，所以在节点上只需要分别安装管理服务程序、MySQL 数据库和 Usage 服务程序（可选）即可。

- 管理服务程序：基于 Java 语言编写，包括 Tomcat 服务、API 服务、管理整个系统工作流程的 Server 服务、管理各类 Hypervisor 的核心服务等组件。
- MySQL 数据库：记录 CloudStack 系统中的所有信息。
- Usage 服务程序：主要用于记录用户使用各种资源的情况，为计费提供数据，所以当不需要计费功能时可以不安装此程序。

在小规模的使用环境中，可以将以上所有组件集中安装在一台物理服务器或虚拟机上。在一个计划上线的云计算环境中，根据设计需求，可以部署多台管理服务器来分担不同的功能，举例如下，如图 8.11 所示。

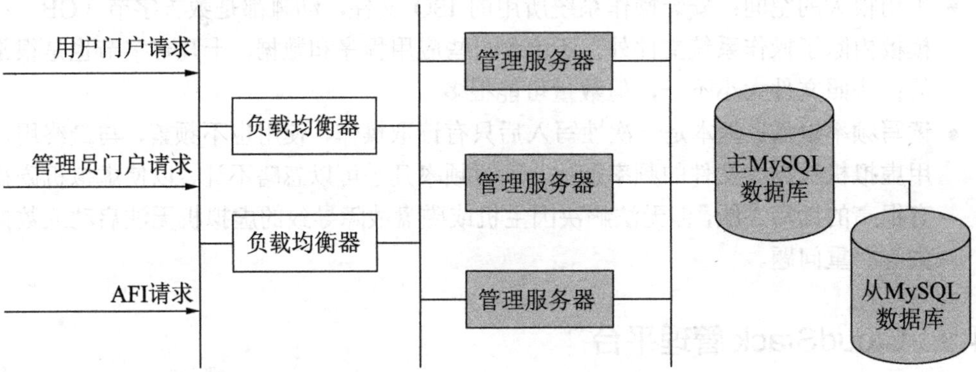

图 8.11　管理平台的服务器集群

（1）安装多个管理服务程序并使其成为一个集群，在前端使用负载均衡设备，可以负载大量的 Web 访问或 API 请求。

（2）将 MySQL 数据库安装在独立的服务器中，并搭建主从方式（Master-slave）的 MySQL 数据库（作为一种备份方案）。

（3）将 Usage 服务程序安装在独立服务器上，用于分担管理服务器的压力。

CloudStack 在设计中还有一个优点，就是管理服务器本身并不记录 CloudStack 的系统数据信息，而是全部存储在数据库中。所以，当管理服务程序停止或所在节点宕机时，所有的计算节点、存储及网络功能会在维持现状的情况下正常运行，只是无法接收新的请求，用户所使用的虚拟机仍然可以在计算服务器上保持正常的通信和运行。

CloudStack 管理程序的停止并不影响平台的工作，但数据库就不一样了。MySQL 数据库中所记录的数据是整个云平台的全部数据，包括整个云平台的规划、物理设备、虚拟机、存储文件、IP 使用信息等，因此在使用过程中一定要注意保护数据库。不得不说，CloudStack 在这方面的设计并不完善，到 CloudStack 4.0.2 版本为止，CloudStack 管理程序或集群只能连接单一的数据库，解决方法是为此数据库搭建一个实时同步的从属数据库。如果主数据库出现故障，只要手工进行切换，在做好 MySQL 数据库备份的情况下，恢复整个系统的正常运行还是可以实现的。所以，保护好数据库中的数据、维持数据库的稳定运行是非常重要的。

8.4.4　CloudStack 工作流程

从网络通信和数据交换的角度分析 CloudStack 管理工作流程，如图 8.12 所示。

从图 8.12 的左边可以看到，用户通过界面登录，前端界面与后端管理程序的交互使用了目前最流行、最通用的做法，完全调用 RESTful 风格的 API 来实现。用户所使用的 Web 界面上的任意功能都由 Web 转义为 API 命令发送给 API 服务，API 服务接收请求后交由管理服务进行处理，然后根据不同的功能将命令发送给计算节点或系统虚拟机去执行，并在数据库中进行记录，完成后将结果返回前台页面。而使用目前最通用的 RESTful API 接口也是出于对兼容性的考虑，既可以使用 CloudStack 本身进行统一管理，也支持用户根据需求开发全新的界面或通过其他平台调用 CloudStack 的 API 来管理，通用性强，在对编程语言的支持上也没有任何障碍。由 CloudStack Usage 程序所统计的监控数据可以通过 API 进行调用，为计量计费提供了很好的支持。如果用户使用亚马逊的 EC2 接口管理在亚马逊云上的虚拟机，就可以使用相同的 EC2 API 命令来管理 CloudStack 平台。

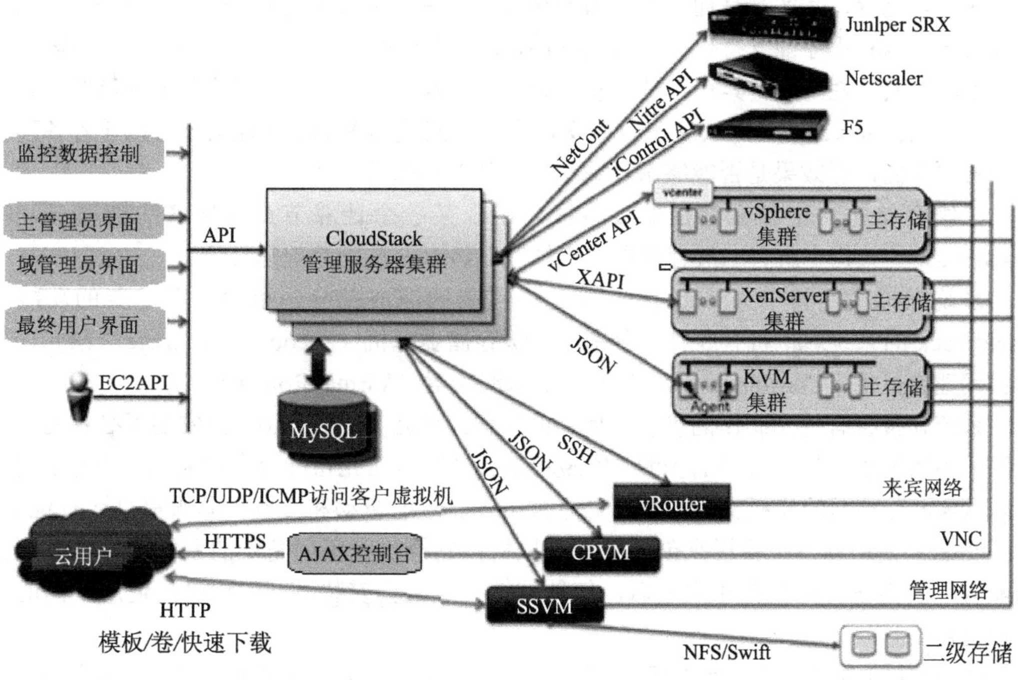

图 8.12　CloudStack 后台管理与前端客户逻辑拓扑关系

CloudStack 管理服务和物理基础设施，最简单、最直接的办法就是调用设备所开放的 API 命令，如 XenServer 的 XAPI、vCenter 的 API；而对不方便直接调用 API 的设备（如

KVM），会采取安装代理程序（Agent）的方式协助进行管理。在 CloudStack 中有很多网络功能，在旧版本中只能由系统虚拟机实现，新版本的改进对用户的自服务有很大的帮助。系统虚拟机毕竟只是一个虚拟的机器，就算提高资源配置，其性能也是有限的，如果遇到对网络要求较高的情况就会出现瓶颈。从 CloudStack 4.0 开始，支持使用其他物理设备扩展网络功能来代替虚拟路由器的对应功能，既保持了 CloudStack 的原有架构，又提升了性能以满足应用需求。如图 8.12 所示，包括 Juniper 的 SRX 防火墙、Citrx 的 NetScaler 设备、F5 的负载均衡设备，都是调用这些设备上开发出来的特有 API 来进行控制的。如果未来需要扩展其他可支持的设备，也会选择这两种方法之一来实现。

CloudStack 只对这 3 种设备的某些型号提供支持，并没有全面提供支持，毕竟实现全面支持需要做很多工作并考虑兼容性。但作为开源平台，在开放出这样的接口之后，相信会有很多第三方企业来一起协助开发支持接口。

仔细观察图 8.12 发现，图中没有画出管理节点连接到存储设备的线。其实，CloudStack 并不是直接对存储设备进行管理。在 CloudStack 架构中，存储有两种角色，它们分别提供不同的功能。

主存储通过调用计算节点所使用的 Hypervisor 程序进行管理，如在存储上创建磁盘或执行快照功能等，其实都是通过调用 Hypervisor 程序的 API 来进行的。这样做的优点是，这些 Hypervisor 程序能支持什么类型的存储，CloudStack 就能直接配置和使用，不需要再进行更多的兼容性开发。其缺点是，最新的存储技术（如分布式存储或对象存储等）就没有办法在 XenServer 和 vSphere 上得到支持了。虽然使用 KVM 在理论上可以兼容各种新的分布式存储，但效果是否能够满足虚拟化云计算的需要，还需测定。

二级存储是一个独立存在的设备，它不在某一个计算节点或集群的管理下，在 CloudStack 的架构中就有二级存储虚拟机挂载二级存储进行管理的设计。

系统虚拟机是整个 CloudStack 架构中重要的组成部分，承担很多重要的功能。CloudStack 的系统虚拟机有 3 种，分别是二级存储虚拟机（Secondary Storage VM）、控制台代理虚拟机（Console Proxy VM）、虚拟路由器（Virtual Router VM）。

系统虚拟机有特别制作的模板，使用的操作系统是 Debian 6.0，只安装了必备的程序用以减小系统虚拟机所消耗的资源，安装较新的补丁以防止可能存在的漏洞，针对不同的 Hypervisor 有不同的模板文件，安装支持 Hypervisor 的驱动和支持工具来提高运行性能。CloudStack 使用同一个模板来创建系统虚拟机，它会根据不同角色的系统虚拟机进行特殊配置，当系统虚拟机创建完成后，每种系统虚拟机会安装不同的程序，使用不同的配置信息。

CloudStack 为了保证系统的正常运行，所有的系统虚拟机都是无状态的，不会独立保存系统中的数据，所有相关信息都保存在数据库中，系统虚拟机内存储的临时数据也都是从数据库中读取的，方便系统虚拟机的运行及任务的执行。所有的系统虚拟机都带有高可用性（HA）的功能。当 CloudStack 管理节点检测到系统虚拟机出现问题时，将自动重启或重建系统虚拟机（系统会通过数据库中记录的配置信息进行重建）。管理员也可以随时手动删除系统虚拟机，然后由系统自动重建（除虚拟路由器外），无须担心删除系统虚拟机会造成数据丢失或功能错误。系统虚拟机对普通用户而言是透明、不可直接管理的，只有系统管理员可以检查及访问系统虚拟机。

二级存储虚拟机（Secondary Storage VM）用于管理二级存储，每个机房（Zone）内有一个二级存储虚拟机。二级存储虚拟机通过存储网络连接和挂载二级存储，直接对其进行读写操作，如果不配置存储网络，则使用管理网络进行连接。通过公共网络实现 ISO 和模板文件的上传和下载、用户虚拟机的卷下载、将用户虚拟机的快照存放在二级存储上、多区域（Zone）之间 ISO 和模板文件的复制等重要功能。可以配置 SSL 加密访问，以达到保护用户数据的目的。

控制台代理虚拟机（Console Proxy VM）支持用户使用浏览器在 CloudStack 的 Web 界面上打开虚拟机的图形界面。每个区域内默认生成一个控制台代理虚拟机。当 CloudStack 平台上有较多用户打开虚拟机的 Web 界面时，系统会自动建立多个控制台代理虚拟机，用以承担大量的访问进程，对应的配置可以在全局变量中找到。访问控制台默认使用域名 realhostip.com 进行访问，DNS 会将该域名解析为控制台代理虚拟机的公共网络地址。可以配置 SSL 加密访问，以达到保护用户数据的目的。用户虚拟机的图像通过管理网络从所在的主机获取，而不必关心用户虚拟机的网络架构，这样便实现了代理的目的。

虚拟路由器（Virtual Router）可以为用户提供虚拟机所使用的多种功能，它在用户第一次创建虚拟机时自动创建。在基本网络里只有 DHCP 和 DNS 转发的功能；在高级网络里除了 DHCP 和 DNS 转发的功能外，还可以实现类似防火墙的功能，包括网络地址转换（Network Address Translation，NAT）、端口转发（Port Forwarding）、虚拟专用网络（Virtual Private Network，VPN）、负载均衡（Load Balance）、网络流量监控，以保证用户虚拟机在隔离网络中与外界通信的安全。

8.5　私有云服务规划与选型

私有云包括企业私有云和家庭私有云。二者的规模和功能不完全相同，设计流程有其共性的部分。下面抽取私有云设计的一般规律进行简要阐述，作为私有云服务工程师的设计参照。

8.5.1　企业私有云的设计与规划流程

在建立私有云的过程中，设计和规划流程如图 8.13 所示。

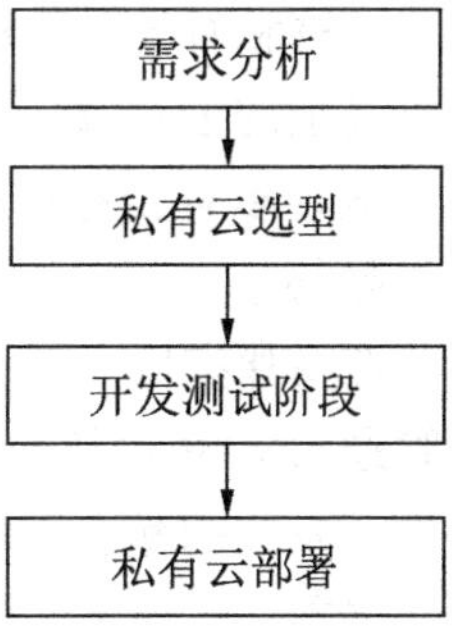

图 8.13　私有云设计流程

1．第一步，需求分析

产品经理和企业架构师及系统需求分析师共同分析企业的

具体需求，落实对私有云的硬件和功能需求；根据企业的具体情况进行分析，得到企业对云服务的特殊要求。服务建模人员通过功能建模技术来定义服务接口。

2．第二步，私有云选型

根据需求分析，选择特定的硬件及软件来部署私有云应用。私有云是使用 OpenStack、VMware 还是 CloudStack？在私有云实现领域，OpenStack 和 VMware、CloudStack 都是主流的选择。OpenStack 及 CloudStack 根植于云，因此很难和 VMware 的技术进行比较，后者起始于数据中心的虚拟化套件，但是很多大公司都支持 OpenStack。另一方面，VMware 及 CloudStack 更完善，能够达到更好的质量标准。部署 OpenStack 则需要很陡峭的企业学习曲线。从费用角度来看，OpenStack 需要高额的支持费用，而 VMware 需要购买许可证。作为两大主流开源云平台，OpenStack 和 CloudStack 各具优势。CloudStack 安装和部署都很方便，OpenStack 框架相对开放灵活，可以根据用户需求方便地进行开发定制。

那么操作系统选择 CentOS 还是 Ubuntu 呢？

无论 OpenStack 还是 CloudStack 都工作在 Linux 平台上。OpenStack 社区对 Ubuntu 系统的支持比较完善，因为Ubuntu 更新速度快，内核版本比较新，可以支持更高版本的KVM，对 OpenStack 使用者来说，Ubuntu 可以提供更好的性能。

3．第三步，私有云开发测试阶段

设置好硬件服务器，安装私有云系统后，软件工程师就可以根据企业需求对私有云系统进行应用层面的软件开发了。无论使用 OpenStack 还是 CloudStack 等开源云计算系统，软件开发都是成本较高、时间较长的一个非常的复杂的过程。

4．第四步，私有云部署阶段

私有云部署阶段，由业务人员和软件开发人员在一起调试私有云系统。

8.5.2 家庭私有云的建立

家庭私有云是家庭云存储 NAS（Network Attached Storage，网络附属存储）而不是传统意义上的云计算。一般是指使用 PC 或嵌入式的微型服务器，为单个家庭提供 NAS 服务。这种私有云存储服务既保障了家庭信息的安全性又具有云计算的便捷性，因此成为流行趋势。

在搭建家庭私有云系统时，可选择成熟的家庭 NAS 一体机产品。例如，西部数据 NAS、威联通 QNAP 等品牌都有成熟的产品。该类产品一般运行在 Linux 系统上，使用开源或者二次开发过的私有云软件，为单个家庭提供 NAS 网络存储服务。

当前，已经有许多的云计算提供商开始为家庭用户提供商业化的私有云服务。该类型的私有云服务一般是运行在基于大型服务器的虚拟机内的云服务。这种方式节省了普通用户的硬件和软件维护成本，但也失去了一定的私密性和方便性。

当然也可使用 FreeNAS 或 Openfiler 等免费系统来搭建家庭 NAS 系统。

FreeNAS 是开源的 NAS 服务器，它可以将一台普通 PC 变成网络存储服务器。该软件基于 FreeBSD、Samba 及 PHP，通过浏览器方便地进行配置与管理，支持 CIFS、NFS、HTTP/DAV 和 FTP 功能，含有多种软 RAID 模式供用户选择。用户可通过 Windows、Macs、FTP、SSH 及网络文件系统 （NFS） 来访问存储服务器；FreeNAS 可安装于硬盘或移动介质上，占用较小的磁盘空间。

8.6 私有云是物联网的存在形态之一

大量的物联网设备会产生大量的数据，大量的数据存储到云端，并在云端进行计算、分析、学习，从而产生认知分析结果或者说智能分析结果。该结果又能反馈到物联网设备终端，如由传感器检测室内环境，自动调节温度、湿度，自动通风等，整个过程不需要人为参与。

在这个过程中，物联网、大数据、云计算、人工智能等都在其中相互作用，缺一不可。云计算是为了解决大数据下的实际运算问题，大数据挖掘是为了解决海量数据分析问题，而物联网是解决数据采集传输的问题。

Amazon Web Services（AWS）是亚马逊公司提供的云计算服务，它提供了一套云计算和物联网解决方案。AWS IoT 解决方案是一个全托管的云平台，使互联设备可以轻松、安全地与云应用程序及其他设备交互。AWS IoT 可支持数十亿台设备和数万亿条消息，并且可以对这些消息进行处理，然后通过路由将其安全可靠地传送至 AWS 终端节点和其他设备上。AWS IoT 平台支持设备连接到 AWS 服务，保证数据和交互的安全，处理设备数据并对其执行操作，支持应用程序与设备进行交互（即使该设备处于离线状态）。

物联网（IoT）是云计算领域的“下一个大事件”。物联网意味着设备联网，甚至比云计算服务更加具体。物联网以增加机器间的通信为中心，它建立在数据采集传感器网络和连接到云计算服务执行器的基础上。可以使用开源项目，扩展云服务，进而创建通用的物联网平台。

物联网平台对多种使用情况来说都是普遍可用的，如同智能工厂、工业 4.0 应用程序。物联网架构使用的是开源项目，如 OpenStack、CloudStack、Kubernetes、Docker、OpenContrail 等。

物联网平台基于已存在的开源解决方案，平台包括 OpenStack、CloudStack、Kubernetes、Docker 和 OpenContrail 等。

物联网网关 CPU 是 x86/64 架构或 ARM 架构。传感器用来采集环境数据（如温度、湿度、二氧化碳水平）。IQRF 网络是一个操作 Sub-Gigahertz ISM band 的强大无线网格技术，能够很容易地与传感器整合。

IQRF 协调员通过物联网网关处理从传感器传来的数据。物联网网关可以是任意的

x86/64 或者 ARM 架构，基于 Docker、Kubernetes、OpenContrail vRouter 和 Debian 构建镜像，运行系统。网关可通过任意网络连接（GSM / LTE / WiFi），因为 SDN 在 Docker Service 和数据中心之间创建了动态 L3VPN。

数据中心包括了 OpenStack 和 Kubernetes 控制面板，这两个解决方法都使用 OpenContrail 作为单个 SDN（软件定义网络），这就可以从中心点管理整个平台。用户在本地可以远程开启任意 Docker 容器，然后创建动态连接到 OpenStack 上的 Service。OpenStack 云容器数据存储大数据进程 Services。所有数据在网络端口已经被虚拟化，而且可以通过 REST API Service 访问。

8.7 本章小结

本章介绍了私有云解决方案 OpenStack 和 CloudStack 的结构、原理、工作流程、开发难度，最后还讲解了家庭私有云、企业私有云的建设流程。

8.8 习题

1. 简述云计算和私有云的概念。
2. 规划私有云的规划流程。
3. 简述 OpenStack 和 CloudStack 的区别。
4. 简述 OpenStack 的几大核心项目的功能。
5. 区分私有云和物联网的层次关系。

第 9 章　雾计算

雾计算已经从学术概念，逐步发展到了应用于工程实践、产业布局和产品设计等不同方向。雾计算的产生是物联网发展在逐步走向成熟的过程中，对云计算的改善、补充和提高，是科学技术发展的必然结果。

9.1　雾计算起源

雾计算的概念由思科公司提出，国内外产业界迅速跟进。学术界梳理了雾计算技术的概念，并完善了其工程架构的支撑体系。

9.1.1　从物联网说起

智慧城市、智慧家庭、智慧校园和智慧医疗，种种物联网应用极大地方便了人们的生活。目前市场上智能终端设备的智能程度普遍令人不满意。计算机智能的基础就在于其背后的资源，如 CPU 计算资源、硬盘存储资源、网络带宽通信资源，以及视频、温度、光线强度等传感器提供的数据资源和电力资源等。在这些资源中最核心的就是计算资源，通过计算提取数据中的知识，作出决策。通过存储来保存知识库，从而根据历史经验作出准确预测。通过通信完成设备间的沟通，实现知识与决策的分发。

那么设备的不够智能，问题出在哪里呢？

9.1.2　终端的计算资源、存储资源的不足

开发者不可能把基站安装在每部手机上，同样也不可能使每台终端设备都拥有大量资源，这将大幅度提高终端设备的成本，无法形成有效的解决方案。

当资源不足时，一个直观的想法是将计算任务交给其他计算能力强的设备。物联网中有大量的终端设备，它们无法在本地完成计算，作出决策，那么应该由谁来解决终端设备的资源不足问题呢？云计算就是解决这些问题的有效方法。

9.1.3 云计算的通信资源不足

云计算平台为云用户提供**数据中心**中的资源。云计算向人们展示了它的优越性，主要表现在以下几点：

- “无限”的资源池；
- 大量用户共享资源池带来的廉价资源；
- 随时随地用任何网络设备访问；
- “快速”重新部署，弹性的资源租用；
- 按需购买，自助服务。

服务提供商把特定服务部署在云中，终端设备将信息发送到云端，云端完成运算后将结果发回给终端，并将必要数据在云端存储。通过这种形式，云端充分补足了终端设备的计算能力和存储资源的匮乏，成为物联网生态系统中不可缺少的一环。

为了服务位于不同地理位置的用户，在互联网的多层次结构中，数据中心位于核心网络一侧。核心网络距离终端用户较远，用户消息需要经过若干跳才能够到达。如图 9.1 所示为简化的网络拓扑示意图。

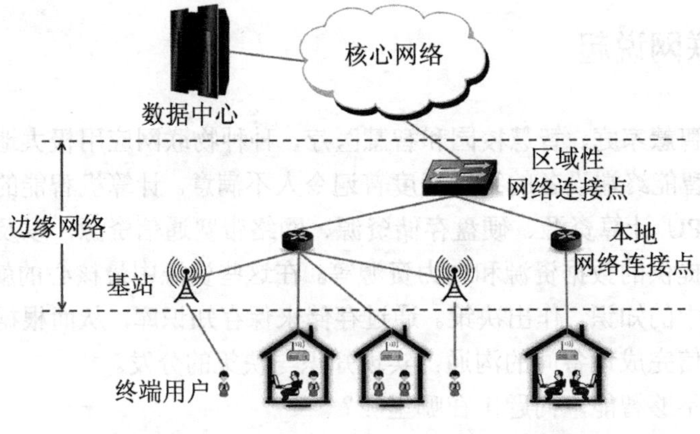

图 9.1 物联网拓扑示意图

数据中心提供了高度集中的大量计算资源和存储资源。然而通信资源有一些不足，主要表现在以下几点。

- 高延迟：离用户较远的终端，会导致较高的网络延迟，对实时性要求较高的应用难以部署在云中。
- 网络拥塞：根据思科的预测，到 2020 年，全球将有 500 亿智能设备。如果大量的物联网应用部署在云中，将会有数量庞大的传感器时刻不断地通过核心网络把原始数据发送到数据中心，使核心网络拥塞。
- 较低可靠性：安全、生命相关的物联网应用，一旦遇到应用失效，数据中心失效，或从终端用户到云平台的任何一段网络失效，都将带来重大的安全隐患。从终端到云端的通信通路较长，失效风险较大；而在云中部署服务备份的成本也较高。

综上所述，对实时性、大数据、可靠性要求高的应用，云并不适合。人们需要新的计算模型来满足未来的应用，弥补云的不足，而雾计算正是在这种背景下被提出来的。

9.2　雾计算介绍

雾计算为终端设备提供了收集数据、管理数据的方法。不是在云端或遥远的数据中心，而是在较近的地区。在雾计算模式之下，传感器及其他终端设备将数据发送至一个附近的**边缘计算设备**上，该设备可能是**具有存储能力和计算能力**的交换机或路由器，用来处理数据、分析数据、提供计算服务。

当互联网连接不可靠时，依赖远程数据中心的智能处理也成为不可信赖的。问题的症结是云计算的通信资源不足。而雾计算是不依赖处于中心位置的远程服务器的。雾计算可以弥补云计算的不足，解决云计算存在的一些问题。

与云计算相比，雾计算主要依赖的不是位于中心位置的远程服务器，而是使用离本地设备较近的分布式计算机资源。雾计算的数据采集、数据处理和应用程序依赖本地设备，而非数据中心，是将云端的边界靠近本地设备，连接到物联网的“边缘”，而不像云计算那样将它们几乎全部保存在云中。

所以，**云计算是新一代的集中式计算，而雾计算是新一代的分布式计算**，符合互联网的“去中心化”特征。

9.2.1　雾计算的概念

雾计算的概念在 2011 年被人提出，2012 年被详细定义。雾计算（Fog Computing）是云计算（Cloud Computing）的延伸概念，由思科公司首创。这个因“云”而“雾”的命名，源自“雾是更贴近地面的云”这一名句。

雾计算有几个明显特征：低延时和位置感知，更为广泛的地理分布，适应移动性的应用，支持更多的边缘节点。这些特征使得移动业务部署更加方便，满足更广泛的节点接入。

雾计算并非由性能强大的服务器组成，而是由性能较弱、更为分散的各类嵌入式计算机组成。渗入到工厂、汽车、电器、街灯及人们物质生活中的各类用品中。

雾计算没有强大的计算能力和存储能力，只有一些弱的计算能力及零散的存储设备。雾计算是介于云计算和个人计算之间的半虚拟化的服务架构计算模型。雾计算是以个人服务、私有服务和企业服务为主。云计算是以 IT 运营商提供服务，社会公有云为主。雾计算以量制胜，强调数量，不管单个计算节点的计算能力、存储能力多么弱，都要发挥作用。

云计算则强调整体网络的通信能力、计算能力，一般由一堆集中的高性能计算设备完成计算。雾计算扩大了云计算的网络计算模式，将网络计算从网络中心扩展到了网络边缘，从而更加广泛地应用于各种服务。

物联网发展的最终结果就是将所有的电子设备、移动终端和家用电器等都互联起来，不仅数量巨大，而且分布广泛。物联网的发展催生了雾计算的需求，也为雾计算提供了发展机会。

有了雾计算才使很多物联网业务可以部署。以车联网为例，车联网的部署要求有丰富的连接方式和相互作用，车到车，车到接入点，接入点到接入点之间的连接。雾计算能够为车联网的道路安全、交通保障、信息搜索、视听娱乐等提供服务。例如，智能交通灯对移动性和位置信息的计算特别需要，计算量不大，但对时延要求高，显然只有雾计算最适合。试想如果城市中的所有交通灯都需要由数据中心云计算来统一控制，那么不仅不及时也容易出错。智能交通灯本意是根据车流量来自动指挥车辆通行，避免交叉口虽无车但遇红灯时也要无谓停车的场景。在这个应用场景中，实时计算非常重要。每个交通灯都有计算能力，从而可自行完成智能交通指挥，这就是雾计算的威力。

9.2.2 雾计算与云计算的区别

前面已经提及，云计算是新一代的集中式计算，而雾计算是新一代的分布式计算，符合互联网的“**去中心化**”特征。雾计算不像云计算那样，要求使用者连上远端的大型数据中心才能存取服务。除了架构上的差异，云计算所能提供的应用，雾计算基本都能提供，但是雾计算所采用的计算平台效能可能不如大型数据中心。

云计算承载着业界的厚望。业界曾普遍认为，未来计算功能将完全放在云端。然而，将数据从云端导入、导出实际上比人们想象的更复杂和困难。由于接入设备（尤其是移动设备）越来越多，在传输数据、获取信息时，网络带宽就显得捉襟见肘。随着物联网和移动互联网的高速发展，人们越来越依赖云计算，联网设备越来越多，设备越来越智能，移动应用成为人们在网络上处理事务的主要方式。数据量和数据节点数不断增加，不仅会占用大量网络带宽，而且会加重数据中心的负担，数据传输和信息获取的情况将越来越糟。

因此，搭配分布式的雾计算，通过智能路由器等设备和技术手段，在不同设备之间组成数据传输带，可以有效地减少网络流量，数据中心的计算负荷也相应减轻。雾计算可以作为介于 M2M（机器与机器）网络与云计算之间的计算单元，以应对物联网产生的大量数据，运用处理程序对这些数据进行预处理，以提升这些数据的使用价值。

雾计算不仅可以解决联网设备自动化的问题，更关键的是它对数据传输量的要求更小。雾计算这一“促进数据中心内部运作的技术”有利于提高本地存储与计算能力，消除数据存储及数据传输的瓶颈，非常值得期待。

9.2.3　雾计算的实施

现在正在流行的“云计算”，是把大量数据通过“云”去计算或存储。这样就解决了计算机或手机存储量不够，或运算速度不够快的问题，当然也带来了其他很多好处。

所谓的“云”的核心，就是装了大量服务器和存储器的“数据中心”。由于目前的半导体芯片和其他配套硬件还很耗电，全球数据中心的用电功率相当于 30 个核电站的供电功率，而令人痛心的是其中 90%的耗电量都被浪费了，因为效率很低。谷歌位于全球数据中心的用电功率就达到 3 亿瓦特，这一数字超过了 3 万户美国家庭的用电量。

如果说现在用了大量电能来维持的云计算中心，还能给广大用户提供互联网云服务的话，那么当数据传输量进一步成指数式增长，则这个云中心将无法再维持下去。这个数据传输，指的是大量无线终端和“云”之间的传输。**随着物联网的到来，各种家庭电器及大量传感器，包括嵌入在可穿戴设备里的传感器都会连网，从而产生大量的数据。而大量数据的发送和接收，可能会造成数据中心和终端之间的 I/O（输入输出）瓶颈，传输速率大大下降，甚至会造成很大的延时。**

于是有人想出了一个方法，在终端和数据中心之间再加一层，即网络边缘层。例如，再加一个带有存储器的小服务器或路由器，把一些并不需要放到云端的数据在这一层直接处理和存储，可大大减少云端的压力，提高了效率，也提升了传输速率，降低了延时。这个方法叫做雾计算。

云漂浮在天上，看得见却摸不着，而雾就在你眼前，接地气。雾计算所用的设备，就是具有计算能力和存储能力的小服务器、路由器及网关，是处于大型数据中心与终端用户之间的设备，可以放到小区、工厂、企业和家庭等里的新型网络设备。

9.2.4　雾计算与物联网

雾计算是一种分布式的计算模型，作为云数据中心和物联网设备/传感器之间的中间层，它提供了计算、网络和存储能力，让基于云的服务可以距离物联网设备和传感器更近。

雾计算拓展了云计算的概念，相对于云来说，它离产生数据的地方更近，数据采集、数据处理和应用程序都集中于网络边缘的设备中（如我们平时使用的计算机、路由器、交换机和嵌入式处理器），而不是几乎全部保存在云端。如图 9.2 所示为云计算和雾计算之间的划分示意图。

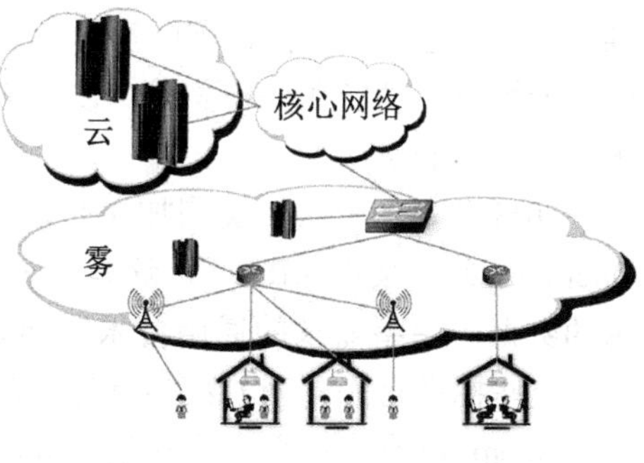

图 9.2　云计算和雾计算之间的划分示意图

9.3 雾计算架构

通常来说，雾计算环境由传统的网络组件如路由器、开关、机顶盒、代理服务器、基站等构成，可以安装在离物联网终端设备和传感器较近的地方。这些组件可以提供不同的计算、存储、网络通信功能，支持服务应用的操作执行。所以，雾计算依靠这些组件，可以创建分布于不同地方的云服务。

雾计算促进了位置感知、移动性支持、实时交互、可扩展性和可互操作性。所以，雾计算处理更加高效，能够考虑到服务延时、功耗、网络流量、资本和运营开支、内容发布等因素。从这个意义上讲，雾计算相对于单纯使用云计算而言，更好地满足了物联网的应用需求。

随着物联网从一个科技术语变成了广泛部署的网络应用平台，人们已经清楚地认识到，云计算的带宽、存储、延时、安全性和其他问题给许多系统造成了严重的限制。因此出现了雾计算，一种更分散的数据处理、数据分析、数据存储方法，它可在需要的时间和地点进行分析运算。

9.3.1 OpenFog 架构的产生

认识到网络行业对于分布计算方法的需求，Intel、ARM、思科、戴尔、微软以及普林斯顿大学边缘实验室于 2015 年 11 月组成了 OpenFog 联盟，旨在**定义雾计算的结构并保证互操作性。该联盟已经发布了雾计算系统架构规范（SAS）。**

国际雾计算产学研联盟（OpenFog 联盟）由物联网领域的众多领军者联合组成，汇聚了来自超过 55 家企业和高校的几百位行业领袖及学术精英。该联盟旨在基于开放标准技术创建一个框架，将有效、可靠的网络和智能终端，与云、终端和服务之间可识别的、安全的信息流结合在一起，通过奠定开放式架构和分享核心技术等多项举措，加速雾计算的推广和商用进程。目前，国际雾计算产学研联盟正在和 IEEE 等标准开发组织合作，提出严格的用户、功能和架构需求，以及详尽的应用程序接口（API）和性能标准，以指导实施可互操作的设计。

2017 年 2 月 9 日，美国加州弗里蒙特，雾计算联盟（OpenFog Consortium）宣布发布 OpenFog 参考架构（RA），这是一个旨在支持物联网（IoT）、5G 和人工智能（AI）应用的数据密集型需求的通用技术框架。该参考架构标志着向制定标准迈出了重要的第一步，这些标准是为复杂的数字事务处理提供高性能、互操作性和安全性所必需的。

OpenFog 是一种雾计算开放架构。这种架构的特点适用于垂直市场领域。OpenFog 架构从传统封闭式系统及依赖云计算的模型，转变为一种新计算模型。它基于工作负载和设备能力，使计算更加接近网络边缘，即 IoT 传感器和控制器。雾计算并不是为了取代传统云计算，而是作为补充和扩展。

雾计算是在数据产生源附近提供计算、存储、控制和联网功能，适用于各行各业，是有效解决安全、敏捷性、延迟和效率等问题所必需的。

雾计算联盟（OpenFog Consortium）主席 Helder Antunes 表示："正如 TCP/IP 成为支持互联网发展的标准和通用框架一样，OpenFog 正在为支持 5G、物联网和人工智能应用的互操作性制定标准和通用框架。虽然雾计算已经开始在智慧城市、联网汽车和无人机中使用，但它需要一个通用、可互操作的平台来增强数字化转型带来的巨大的机会。通过发布 OpenFog 参考架构，我们现在已向这个方向迈出了重要的一步。"

雾计算联盟（OpenFog Consortium）总裁 Jeff Fedders 表示："OpenFog 参考架构将确保我们满足雾计算的所有通信、软件、基础设施和安全需求。我们的目标是帮助并支持商业领袖和技术专家通过雾计算创造新应用和新商业模式。通过开发这个通用框架，我们正在为 OpenFog 架构和一个有活力的供应商生态系统解决所需要的硬件、软件和系统单元。"

9.3.2　云和雾的角色范畴

物联网 IoT 系统部署，和客户关键需求及应用场景息息相关。因此，物联网系统采用计算智能，通过管理系统的处理流程，让信息物理处理（Cyber Physical Process，CPP）达到最佳状态。CPP 被分为 3 个参数集：期望状态参数、观测参数和影响流程状态的参数。计算智能，可以通过 OpenFog 以及后端云资源部署实现，和领域实现方案相关。

物联网应用范例中至少有 3 大类计算层：法定控制、监督控制和决策支持。法定控制，让处理更接近于期望状态；监督控制，基于对当前和过去的状态进行学习，从而保证期望状态得到优化；决策支持，对所有装置累积的数据进行操作，然后反馈给底层控制层，或者企业资源规划（ERP）系统，进行战略决策。所有法定控制和监督控制，都在相对较小的范围内，通常在单个装置上面进行。相反，决策支持则基于分布到整个企业范围。这也相对规定了雾和云所扮演的角色范围。

9.3.3　OpenFog 架构特征

OpenFog 架构使用大量边缘设备和计算终端，与传统云服务一起，进行数据存储、计算、网络连接及管理相关的任务。OpenFog 架构和传统架构相比，特征如下：

- 在用户和商业部署附近，进行低延时存储。
- 靠近最终用户进行运算，避免延时和网络带宽损耗。
- 低延时通信，而不是所有通信都要经过骨干网路由和边缘设备同步。
- 靠近最终节点实现管理过程，包括网络测量、控制和配置。
- 通过安全方式，将采样本地的计算数据传输到云端，做进一步分析。

云架构和雾架构，并不是二者只可选其一。什么任务采用雾架构，什么任务采用云架构，取决于应用需求，也会动态地随着网络瞬时需求而改变。计算架构的选择基于网络状态、处理器负载、链接带宽、存储能力、故障事件，以及安全威胁。

OpenFog 架构定义了雾和云之间的接口，以及雾和雾之间的接口，优点在于：

- 认知改变：以客户端为中心目标，具有自主性。
- 效率提高：在最终用户设备上，动态合并本地资源。
- 快速敏捷：基于通用构架快速拓展、快速部署。
- 延时减少：实时处理和物理设备控制。

平台即服务（PaaS）是指云计算服务提供平台，让用户不需要构建和维护基础架构，就可以开发、运行和管理网络应用程序。而 OpenFog 架构则构建了“雾即服务”（FaaS），来应对特定的业务挑战，如图 9.3 所示。

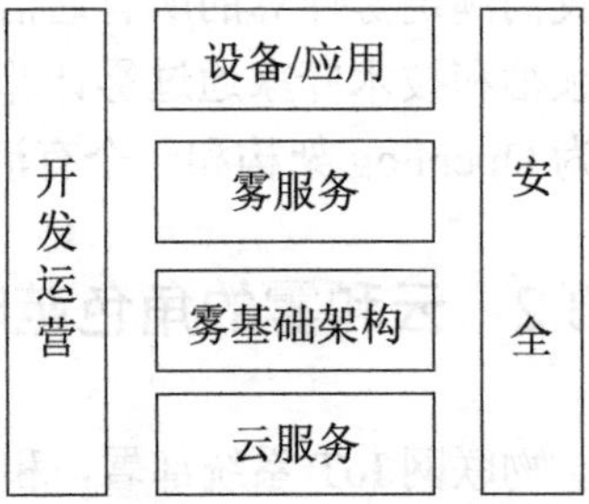

图 9.3　OpenFog 架构 FaaS（雾即服务）

- 雾计算基础架构（OpenFog Fabric）：由一些列行为模块组成，构建同质计算基础架构，使有用的服务可发布到附近生态系统，如设备、协议网关和其他雾节点。这种同质计算基础架构，通常构建在由多个供应商提供的不同硬件和平台上。
- 雾计算服务（OpenFog Services）：构建在 OpenFog Fabric 基础上，可包括网络加速、网络功能虚拟化、自防御网络、内容发布、设备管理、设备拓扑、复杂事件处理、视频编码、领域网关、协议桥接、流量卸载、加密、压缩、分析平台和分析算法库等。
- 设备/应用（Devices/Applications）：包括边缘传感器、制动器、已经独立运行的应用程序，部署在雾中或者横跨雾层部署，在 OpenFog 服务层处理。
- 云服务（Cloud Services）：利用云计算，处理更大规模的数据，建立预处理数据策略。它应该在不影响实时性的条件下，起到一些补充作用。
- 安全机制（Security）：是 OpenFog 部署的基础。由于每一层的功能模块具有自由访问控制机制，所以围绕着生态系统部署 OpenFog，必须在安全环境下运行。OpenFog 架构需通过先进的信息安全处理，保证数据在不同端点间传输的安全性。
- 开发运营：通过自动化驱动，通过框架和处理流程提高操作效率。OpenFog 中的 DevOps 支持驱动软件 OTA 升级，以及通过可控的流程为终端设备打补丁。

物联网发展速度是爆炸性的，让人印象深刻的是：**在目前的架构方案下是不可持续的。许多物联网部署面临着时序延迟、网络带宽不足、可靠性和安全性差等问题，这些问题在只采用云计算的模型中是无法解决的。**雾计算在云端设备和终端设备之间及设备和网关之间增加了一个层次结构，以高性能、开放和可互操作的方式来应对这些挑战。

雾计算是一种系统级的水平架构，它能够分配从云端到终端这一连续区域内任何地方的计算、存储、控制、网络资源和服务。它是一个水平架构：支持多个垂直行业和应用领域，将智慧与服务传递给终端用户和工商企业。

雾计算提供云到物之间连续性的服务，使服务和应用分布得更接近物，可以在从云到物这一连续区域内的任何地方。

雾计算是系统级的，从物开始延伸，包含网络边缘、云及多个协议层，不仅是无线电系统，不仅是一个特定的协议层，不仅是端对端系统的一部分，而是一个**跨越物联网和云**的系统。雾计算的应用行业如图 9.4 所示。

图 9.4　哪些行业需要雾计算

雾计算可以使物联网系统获得超低延迟、高效商务、保密加强、实时分析、减少成本、减少带宽、减轻网络负载的益处，如图 9.5 所示。

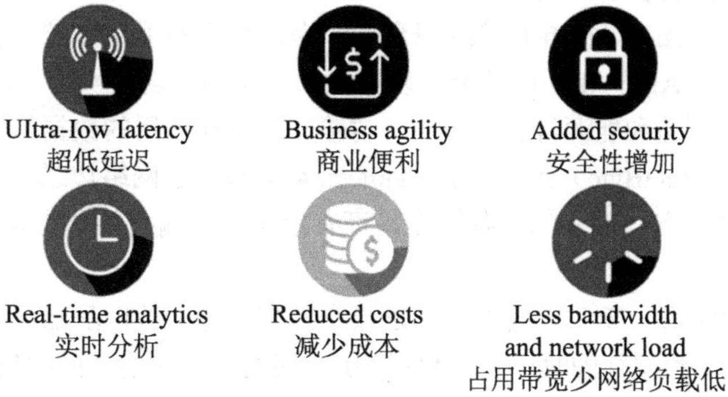

图 9.5　雾计算带来的益处

雾计算用于实现物联网、5G 和人工智能（AI）应用的数据密集型需求。其特征简述如下。

- Security：保密，附加保密信息确保数据安全、可信地传输。
- Cognition：认知，以客户端为中心目标，具有自主性。
- Agility:：灵活，在通用设备条件下，快速实现规模部署，应用创新。
- Latency：延迟，实时处理和控制信息物理系统。
- Efficiency：效率，局部多个不用资源动态组合，形成资源池，提供雾计算服务。

云端、雾端、终端之间的拓扑结构如图 9.6 所示。

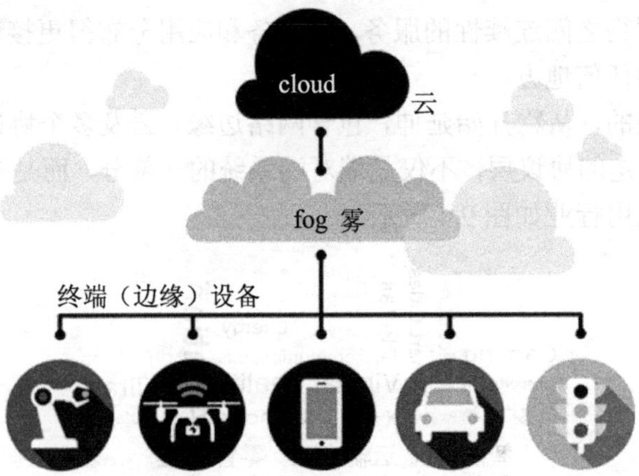

图 9.6　云端到终端之间需要雾计算、雾服务、雾设备补充

9.3.4 OpenFog 参考架构技术支撑

OpenFog 参考架构是一个高级别指导文献，有望成为雾计算的行业标准。OpenFog Consortium 正在和 IEEE 等标准开发组织合作，提出严格的用户需求、功能架构，以及详尽的应用程序接口（API）和性能标准，以指导项目实施、功能操作、应用设计。

交通、医疗、制造和能源等行业产生、传输、分析和使用的数据量巨大，且不断增长的数据总量以 ZB（ZetaByte）计算，使单纯的云架构和位于网络边缘的操作面临挑战。雾计算与云计算协力并覆盖孤立的设备操作，可有效支持云端到终端物联网、5G 和人工智能场景。

对于自主车辆系统，例如，智能汽车连接交通信号灯、城市基础设施和运行中的其他车辆并与它们通信，每次行驶时产生的数据将达万亿字节。这些数据的延迟必须在微秒级，可靠的网络可用性和带宽至关重要，目前的物联网系统架构不能满足这些任务关键型数据的需求。OpenFog 架构其特有的多层雾节点能够运用接近源头的数据并管理雾到物、雾到雾和雾到云端口之间的接口，成功地满足了智能设备的工作需求。

OpenFog 参考架构为雾节点（智能互联设备）与网络、部署模式、层次模型和应用实例提供了一个中、高层次的系统架构图。它是 OpenFog Consortium 正在开发的一系列文件的一部分。未来的架构文件将提供更多的底层细节以满足新需求，包括枚举需求、定量试验、安全认证和雾单元互操作认定。

OpenFog 参考架构的关键是该架构所基于的 8 个核心技术原则，被称为 8 个技术支柱。这些技术支柱体现了一个系统被定义为 OpenFog 所应包含的关键属性。这 8 个核心技术包括：安全性、可伸缩性、开放性、自主性、RAS（可靠性、可用性和适用性）、敏捷性、层次结构和可编程性，如图 9.7 所示。

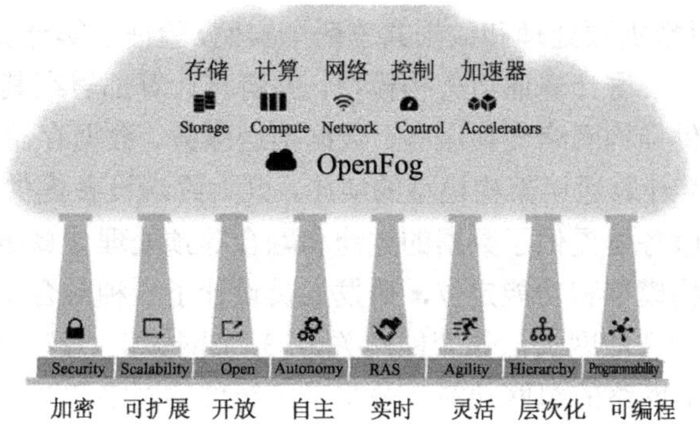

图 9.7　OpenFog 联盟给出了雾计算架构的 8 条支撑技术

- 加密技术（Security）：雾计算必须增加安全层，保证可信性，保护个人隐私，维护系统安全。
- 可扩展技术（Scalability）：雾计算必须性能可扩展，资源可扩展。局域化的自主控制、指令决策、数据分析，资源动态组合，可以减少网络资源的费用，降低成本。
- 开放技术（Open）：对于大规模应用来说，具有开放标准很重要，因为许多要求提供支持系统的硬件和软件，使计算资源可视化、控制决策透明化，数据标准化，设备可互操作。
- 自治技术（Autonomy）：以客户端为中心的理念，决策灵活、迅捷。
- RAS 技术（Reliability、Availability、Serviceability）：可靠性、可用性、可服务性。
- 敏捷技术（Agility）：智慧化数据处理，迅速在现场作出战略战术决策。
- 层次化技术（Hierarchy）：雾计算支持分层结构，具有本地、邻居和区域级别，有效的划分了计算任务。
- 可编程技术（Programmability）：软件、硬件高度可编程，多租户虚拟化，App 无线移动服务可编程。

9.3.5　雾计算架构模型实例

雾计算是在传感网络和数据中心之间的边缘服务器上构建的服务和应用，它将传感网络和数据中心的部分功能迁移过来，并提供有限的分布式计算、存储和网络服务。雾计算作为物联网和云计算的媒介，能够解决物联网时代由于云计算引起的终端节点请求延时、云服务器存储爆满、计算负担过重、网络传输带宽压力过大等问题。雾计算是一个新颖的研究方向，目前虽然在学术界还没有统一标准，但在大数据环境下（如智慧教育、智能交通、智能电网等）将会有广阔的应用前景。

围绕雾计算的定义及其特征，研发人员从智能终端的异构性入手研究基于雾计算的平台构架和服务器构建，设计了一种通用的雾计算架构模型，使用通用的网络设备实现了雾计算设计的功能，通过数据预处理和数据共享两个实例，验证了雾计算架构模型的可用性。

研发人员设计了一种雾计算通用架构模型，并将雾计算部署在其中的网络传输层，设计目的是为了实现提供异构网络转换服务、数据推送服务、数据存储服务和计算服务等核心雾计算功能。通过雾计算通用架构模型的实施，既为终端设备提供了本地化的智能分析和反馈服务，也为云服务器提供了数据的过滤和融合等预处理计算服务。

基于雾计算的架构模型和功能定位，研发人员设计了一种融合 ZigBee、蓝牙和 WiFi 等多种无线通信协议的智能网关。该智能网关由 3 个网关汇点模块和一个网关主模块构成，实现了无线传感器网络的组网功能，解决了无线传感网络和互联网的数据交换问题，通过分布图异常值剔除算法、分批估计数据融合算法，实现了传感数据中异常值剔除、有效数据融合及其他预处理功能。通过观测恒温环境的测试实验，验证了该智能网关不仅能够实现感知网络接入、异构网络转换等基本网络功能，还能完成精度较高的异常值检测和数据融合等基本计算功能，有效降低了感知数据在数据中心的存储数量级，减轻了频繁数据交换引发的网络带宽压力。

9.3.6 物联网计算边界的划分

雾计算是云计算的延伸概念，主要用于管理来自传感器和边缘设备的数据，将数据采集、数据处理和应用程序集中在网络边缘的设备中，而不是全部保存在云端数据中心。

设计实例：在终端设备和云端数据中心之间再加一层“雾”，即网络边缘层，比如再加一个带有存储器的小服务器或路由器，把一些并不需要放到云端的数据在这一层直接处理和存储，可以大大减少云端的计算和存储压力，提高效率，提升传输速率，减低延时。

雾计算自提出就是作为云计算的延伸扩展，而不是云计算的替代。如前面所讲，在物联网生态中，**雾可以过滤、聚合用户消息；匿名处理用户数据，保证其隐秘性；初步处理数据，作出实时决策；提供临时存储，提升用户体验。**

相对的，云端可以负责大运算量或长期存储任务（如历史数据保存、数据挖掘、状态预测、整体性决策等），从而弥补单一雾节点在计算资源上的不足。这样，云端和雾端共同形成一个彼此受益的计算模型，这个新的计算模型能更好地适应物联网应用场景，如图 9.8 所示。

雾计算技术采用分布式的计算方式，将计算、通信、控制和存储资源与服务分布给靠近用户的设备与系统。可以说，雾计算扩大了云计算的网络计算模式，将网络计算从网络中心扩展到了网络边缘，从而更加广泛地应用于各种服务。

雾计算在地理上分布更广泛，而且具有更大范围的移动性，使它适应越来越多不需要进行大量运算的智能设备。在一些对时间延迟敏感的应用场景，如实时控制和流媒体应用中，雾计算也具有更大的优势。例如，温度计每秒的读数是无须上传到云端的。雾计算技术要做的是在实时数据的基础上得到一个平均数，然后每半小时左右将其上传到云端。如果温度出现异常，传感器仍然可以相当智能，迅速反应。

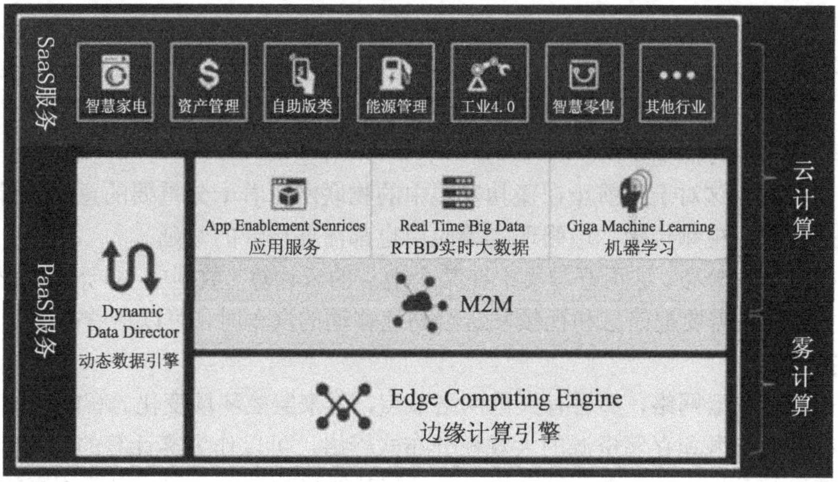

图 9.8　物联网中云计算与雾计算的边界定义

随着传感器的发展，物联网正席卷几乎各个行业，智能终端的数量和采集数据的规模都在几何级增加，对企业的计算和存储都带来非常大的压力，通过雾计算，大量的实时数据不用全部传到云端存储、计算，再把需要的数据从云端传回来，而是可以在网络的边缘直接处理有用的数据，大大提高了企业运行效率。

雾计算并非由性能强大的服务器组成，而是由性能较弱、更为分散的，处于大型数据中心以外的庞大外围设备组成，这些外围设别包括智能终端本身，也包括把智能设备与云端相连接的网关或路由设备，可以渗入工厂、汽车、电器、街灯及人们生活中的各类可计算设备中。

9.4　雾计算特点

“雾计算”的名字最初是由美国纽约哥伦比亚大学的斯特尔佛教授（Prof. Stolfo）起的，他当时的目的是利用“雾”来阻挡黑客入侵。后来美国思科公司把这个名词接了过去，用于网络发展战略和推销产品。而 IBM 一直在推动网络“边缘化”，准备把很多“云计算”的工作逐步移到“雾计算”中，就是把处于网络中心的“数据中心”里的数据，移到网络的边缘处。

雾计算对于企业来说有着明显的积极效果：企业大量的内部数据不用传到云端再从云端传回来，而是直接通过雾端来处理，能大大提高企业效率。对于个人来说，如果手机里的软件需要升级，也不必到云端升级，只需在最近的地方（如小区内）通过雾计算的设备升级就可以了。

9.4.1 雾计算的主要特点

雾计算的主要特点如下：

- 极低时延。这对于目前正在蓬勃发展中的物联网有着十分重要的意义，除此之外，网上游戏、视频传输、增强现实等应用也都需要极低的时延。
- 辽阔的地理分布。这正好与集中在某个地点的云计算（数据中心）形成强烈的对比。例如，如果需要把信息和视频发送给高速移动的汽车时，可以沿着高速公路设置无线接入点。
- 大规模传感器网络，部署有大量网络节点，用来监控环境变化。智能电网本身就是带有计算资源和存储资源的大规模分布式网络，可以作为雾计算的应用实例。
- 支持高移动性。对于雾计算来说，手机和其他移动设备之间可以互相直接通信，信号不必到云端甚至基站去绕一圈，因此可以支持很高的移动性。
- 支持实时互动。
- 支持多样化的软、硬件设备。
- 支持云端在线分析。

这里举一个应用雾计算到智能交通系统的例子。这个系统把交通灯作为网络节点，可以和传感器一起进行互动。传感器可以探测出骑自行车的人与正在接近的汽车的距离和车速。通过雾计算，这些智能交通灯可以与邻近的智能交通灯进行协调，可以对接近的汽车发出警告，甚至可以改变红绿灯亮起的周期，以避免出现交通意外。在智能交通系统的雾计算服务器里的数据，不用全部传到云端，再进行全局数据分析。

再如无线传感网络，它的特点是极低的功耗，电池可以 5 或 6 年换一次，甚至可以不用电池使用太阳能或其他能源来供电。这样的网络节点只有很低的带宽及低端处理器，以及小容量的存储器。传感器主要收集温度、湿度、雨量、光照量等环境数据，不需要把这些数据传到云端，直接传到雾端就可以了。这是雾计算的典型应用。

9.4.2 雾节点的位置

雾计算和云计算有很多相似之外。例如，它们都基于虚拟化技术，从共享的资源池中为多用户提供资源。雾计算更接近“地面”。这也指出了雾和云第一个不同点——位置。具体说就是它们在网络拓扑中的位置。

如图 9.10 是根据思科对雾计算的原始定义所作的图示。在思科的定义中，雾主要使用边缘网络中的设备。这些设备可以是传统网络设备（早已部署在网络中的路由器、交换机、网关等），也可以是专门部署的本地服务器。一般来说，专门部署的设备会有更多资源，而使用有宽裕资源的传统网络设备则可以大幅度降低成本。这两种设备的资源能力都远小于一个数据中心，但是它们庞大的数量可以弥补单一设备资源的不足。

雾平台由数量庞大的**雾节点**（即上文中雾使用的硬件设备，以及设备内的管理系统）构成。这些雾节点可以各自散布在不同地理位置，与资源集中的数据中心形成鲜明对比，如图 9.9 所示。

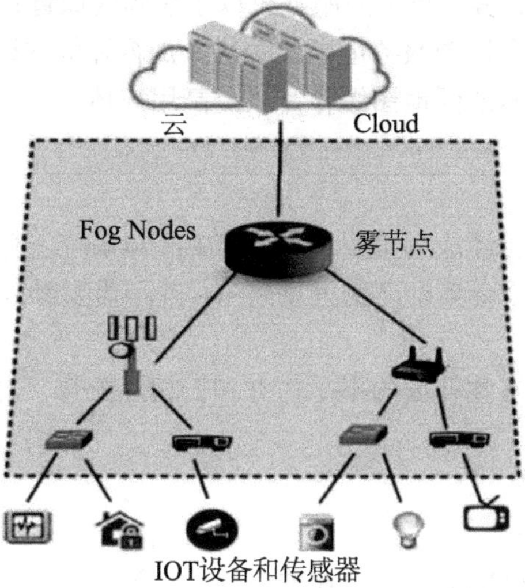

图 9.9　雾节点的位置

根据以上内容，可以总结出雾计算与云计算的不同点如下。

- 更低：雾节点在网络拓扑中位置更低，拥有更小的网络延迟（总延迟 = 网络延迟 + 计算延迟），反应性更强。
- 更多：相比较云平台的构成单位数据中心，雾节点数量庞大。
- 更广：雾节点拥有广泛的地域分布。
- 更轻：雾节点更轻量，计算资源有限。

9.4.3　雾计算的优点

除了 9.4.2 节中提到的**低延迟**，雾计算还有以下优点。

1. 节省核心网络带宽

雾作为云和终端的中间层，本身就在用户与数据中心的通信通路上。雾可以过滤，聚合用户消息（如不停发送的传感器消息），只将必要的消息发送给云，减小核心网络压力。

2. 高可靠性

为了服务不同区域的用户，相同的服务会被部署在各个区域的雾节点上。这也使得高可靠性成为雾计算的内在属性，一旦某一区域的服务异常，用户请求可以快速转向其他临近区域。

3. 了解背景信息

因为分布在不同区域，雾计算中的服务可以了解到区域背景信息，如本区域带宽是否紧张，根据这个信息，一个视频服务可以及时决策是否降低本地区视频质量来避免卡顿；对一个地图应用，则可将本地区地图缓存，以提高用户体验。

4. 省电

数据中心的电力消耗已经成为重要成本，其中冷却系统占有不可忽视的比重。雾计算节点因为地理位置分散，不会集中产生大量热量，并不需要额外的冷却系统，从而减少耗电量。

基于以上优点，雾能够弥补云的不足，并和云相互配合，协同工作。

9.4.4 雾计算的缺点

雾计算带来新的可能性的同时，也在安全性、高效利用资源、API 等方面带来了新的挑战。

- 雾使用大量分散设备，使中心化的控制变得困难。
- 雾节点的资源相对受限，需要节点间的协同配合才能优化各服务的部署。
- “何时将服务迁移至何处”则是应对移动终端设备动态的应用场景需要考量的问题。

随着雾计算概念的发展，雾被进一步扩展到“地面上”。雾节点不再仅限于网络边缘层，还包括拥有宽裕资源的终端设备。

终端设备与用户直接交互且数量庞大，在丰富雾设备种类的同时，也带来更多动态不确定问题，如电池电量、雾节点移动性等问题需要解决。

时至今日，雾计算已经成为研究的热点和重点，并被业界寄予厚望。然而，对雾计算的质疑仍然存在。

雾计算远远不止这么简单，它是对数以万计的“本地服务器”整体性的考量。它是一个平台而不是单独的一台机器。

国际上的科技巨头们选择的所有项目都与雾计算有很大关联，他们花费了大笔资金聘用了顶级科学家来攻关研究。例如：

- Arm、思科、戴尔、Intel、微软、普林斯顿大学，共同投资创办的雾计算研究项目 OpenFog。
- Orange（法国电信）与 Inria（法国国立计算机及自动化研究院）共同主导的雾计算与大规模分布式云研究项目 Discovery。
- 华为的“全面云化”战略。
- Intel 的 Cloud Computing at the Edge 项目。

- NTT 的 Edge Computing 项目。
- AT&T 的 Cloud 2.0 项目

与传统云计算不同，雾计算着重于网络边缘部位的信息计算，它令设备对信息的即时处理更为便捷，有着云计算所不可替代的优势。物联网是 20 世纪 90 年代末兴起的一个概念。它主要解决物品与物品（Thing to Thing，T2T），人与物品 （Human to Thing，H2T），人与人（Human to Human，H2H）之间的互连。

物联网所创造的价值并不真正来源于它所运用的数据，而是源自对这些数据的解读。解读后的信息可以令我们获悉其内涵的科学价值，提高设备的效率、可靠性和利用率，并由此为我们的生活带来便利。

从供应链管理到自动化制造，再到车辆停泊管理和废弃物处理，物联网正通过多种形式实现着它的价值。它使得企业得以用同样的投入获得更大的产出，或是用更少的投入获得同样的产出（如制造、农业、能源领域）；提升人类的健康与安全系数（如灾难预警、老人赡养、环境监测、辅助执法等）；也能为人类生活带来更佳的体验（如交通疏导等）。

如果想真正通过物联网来节约时间、节省成本，必须了解它所利用的数据从何而来。一般来讲，这些数据都会来自集中而可伸展的（Scalable）的云计算平台。这些云计算平台都是为物联网中的设备、物联网独有的连通性，以及物联网对于数据管理的需要而特殊设计的。

简单说来，云计算是将备用存储空间与计算基础结构连接起来的一种使用互联网的方式，这种网络使用方式也备受公司与企业的青睐。在物联网环境下，云计算为公司对物联网的各级部署管理（包括设备位置信息与管理、记账、安全协议和数据分析等）提供了一种灵活的解决方法。

正是因为云服务的强大，才使得软件开发者得以基于云计算来研发并升级物联网应用程序。物联网的远景十分宏伟：人们将会通过物联网建立一个由无数高度智能、相互联系的物品组成的世界。

很多科技巨头都将云存储和云计算作为一项服务提供给物联网市场。微软有 Azure 系列（微软一款基于云计算的操作系统，可以用来创建云中运行的应用，提供数据库、云服务、云存储、人工智能互联网等云端服务）；云服务“大亨”亚马逊的 AWS（Amazon Web Services）有 AWS Greengrass、AWS IoT Platform 和 AWS IoT Button 等一系列针对物联网的云服务；IBM 通过 Bluemix 云服务使用户获得 Watson 的使用权限。类似这样的例子不胜枚举。

尽管云服务产品丰富多样，但是它们的共同特征就是令用户能够在便捷灵活地使用多样 IT 产品的同时，无须购买繁多的硬件设施和软件程序。如此一来，云计算服务还可以省去管理和维护软、硬件的麻烦，可谓一举三得。

但是，对于想要拥有较低延迟率或数据传输量有限的应用程序和服务来说，云计算就显得心有余而力不足了。这时候，开发者们都希望将问题放置在网络边缘（Edge，通常是指网络的接入层，就是靠近用户端的位置）来加以解决。

美国商业管理顾问公司 Senza Fili Consulting 的董事长 Monica Paolini 在 LinkedIn 中写道：近几年，社会上掀起了一场“将所有东西都置于云端”的浪潮。云端是一个高度集中的平台，随虚拟化技术的发展应运而生。它满足了人们对降低产品成本、节约市场推广时间、提高创造自由性的渴望。然而在此过程中，我们却忽视了软件运行的“实际位置”对软件表现、网络资源利用效率和用户体验的重大影响。物理距离将会不可避免地增加反应延迟。

为了使跨产业物联网部署成为可能，雾计算联盟通过建立一个参考体系结构（Reference Architecture）来增强网络边缘与云端连接的互操作性。

该组织现已发现多个需使用边缘计算来实现物联网应用的案例，包括智能建筑、无人机运送服务、实时地下影像、交通拥堵管理及视频监控等。该组织在 2017 年 2 月曾公布了雾计算参考体系结构的执行概要。

雾计算联盟主席 Helder Antunes 称该雾计算参考体系结构的公布象征着一个“通用框架”的建立，该框架会促使物联网被社会所采纳。尽管雾计算已逐渐在智能城市、联网汽车、无人机等其他领域崭露头角，但仍需要一个通用的、可互操作的平台来推进雾计算的进步。

任何架构在带来新优势的同时，必然带来新问题。TCP/IP 架构把计算集中到网络边缘，带来了服务器性能瓶颈、性能低、DDOS 攻击和 IP 地址消耗过快等系列问题，于是在 TCP/IP 商用发展了大约 10 年后的 2004 年前后，修补 TCP/IP 架构的“大补丁”就兴起了，如 CDN、NAT 和流量清洗。

云计算架构将计算从用户侧集中到数据中心，让计算远离了数据源，但也会带来计算延迟、拥塞、低可靠性和安全攻击等问题，于是在云计算发展了大约 10 年后的 2016 年，修补云计算架构的“大补丁”——雾计算/边缘计算开始兴起了。

雾计算就是本地化的云计算。云计算更强调计算的方式，雾计算更强调计算的位置。如果说云计算是 WAN 计算，那么雾计算就是 LAN 计算。如果说 CDN 是弥补 TCP/IP 本地化缓存问题，那么雾计算就是弥补云计算本地化计算问题。

9.4.5 云、雾联合计算

本节以自动驾驶（Autonomous Driving）为实例介绍云、雾联合计算。将配备有激光探测与测量系统、图像处理系统、自动驾驶的智能车辆与其他载具、行人、智能基础设施，以及各类云端服务彼此联系在一起，来共同实现车内娱乐、预见性维护、远程诊断等一系列服务。

如果只是单纯地想要在汽车内通过登录 Netflix 云账号看视频，或者想要记录汽车运行和维修历史，那么云计算是可以满足这些需要的。而对于帮助车辆避开高速公路碰撞事故这样关键性的任务，云计算就不是最佳选择了，因为云计算会带来延迟。因此，对时间延迟要求较高的任务，应在网络边缘的平台进行处理。

为了实现“云、雾计算”的双管齐下，思科、微软两大公司联手，将思科的 Fog Data Services 与微软研发的 Azure 物联网云平台整合在一起，使网络边缘的分析、安全、控制，以及数据管理与云端连通性、决策判断、安全分析、App 开发等方面有机结合起来。云、雾计算的拓扑示意图如图 9.10 所示。

图 9.10　云、雾融合的物联网拓扑图

思科物联网战略组组长 Macario Namie 在他一则博文中写到：“通过将万物连接起来，人们得到了各式各样的实时数据。接下来，我们需要将数据转换为信息，更重要的是，我们需要将这些数据转化为可创造商业价值的实际行动。”

因此，人们对强大的计算能力和存储空间的需要骤然增加，而公共云供应商恰好满足了这些需要。但是在云服务发展的同时，数据传输和信息提速的费用也水涨船高，对于时间要求紧迫的关键性服务来说，这无疑是个棘手的问题。因此，众多物联网项目正在将这种运算能力散布到网络的各个边缘、数据中心、和公共云当中。

物联网经历了早期虚无缥缈的设想，如今已在人们生活中崭露头角。通过云计算与雾计算的联合，相信物联网的发展定会云开雾散，迎来科技创新的新曙光。

9.5　物联网计算模式

物联网的计算模式有云计算、雾计算、边缘计算、流计算等。此外，还有一些不成熟的计算模式，如霾计算等。

9.5.1　云计算

云计算是一种按使用量付费的服务模式，这种模式提供可用的、便捷的、按需的网络访问。云计算可配置的计算资源共享池，够快速提供计算服务、存储服务，用户只需投入很少的管理工作，或与服务供应商进行很少的交互即可满足需求。

云计算是谷歌公司在 2006 年的搜索引擎大会上首次提出的，经过了几年的探索期，直到 2011 年才为人们所熟知。

以往我们为了计算得更快，不断追求设计更高性能的计算机，但是计算机元器件技术的发展是缓慢的，要大幅提升单机计算能力，就只能通过建造超级数据中心、研发巨型机来实现，这些方法都有相当的局限性。为了解决这样的问题，谷歌想到了可以**利用网络将所有的计算机连接起来，然后通过软件去分配计算，让千万台计算机同时计算，然后得到最终的结果，这样的计算方法就是云计算**。云计算只要求计算机数量足够多，网络带宽足够大就可以得到超高速的计算能力，这相当于同时使用千万台计算机同时解一道计算题。

云计算的诞生意味着计算能力也可以作为一种商品进行流通，就像煤气、水电一样，取用便捷，费用低廉，最大的不同在于云计算是通过互联网来传输的。

云计算允许人们高效但可以廉价地分享昂贵的服务器资源，减轻企业用户的负担，但是同时也意味着它需要建设超大型数据中心，购买造价高昂的服务器。然而数据中心现有的发展根本满足不了云计算的高层算法，这就为雾计算的产生提供了空间。

雾计算提供了当地节点分布的地理位置信息，信息传递的时延非常低，而云计算则提供了中心化的全局信息。许多应用既需要“雾”也需要“云”。例如，大数据技术里的数据分析，首先通过 M2M（机器与机器之间通信）把传感得到的数据进行处理和过滤，然后放到 HMI（人机界面）这一层进行文本化及视觉化处理，可以让用户清晰地理解所有分析过的数据资料。

在云计算里，如果能时刻保证服务器在数据处理后能够及时发送到终端设备，那么云计算可以说是完美的解决方案。

9.5.2　雾计算

雾计算是以个人云、私有云、企业云等小型云为主，这和云计算完全不同。

由于雾计算的时延极低，大数据分析任务可以用手机来完成，真正做到了“移动数据分析”。

在物联网将成为下一代互联网的大趋势下，云计算本质上的一些缺点越来越明显，如不能支持高移动性、不支持地理位置信息及高时延等。雾计算正好能够解决这些问题，补足了云计算的短板，同时又可带来大量新应用和新服务。

雾计算使所需的带宽量大大降低，大大减轻了云网络的流量负担。智能交通系统、智能电网、智能汽车甚至健康医疗系统等，如果都是本地处理数据，只把最重要的数据传到云端的话，将变得非常高效，同时也可节省了大量成本。

雾计算并不与云计算形成竞争，而可以看作是云计算的延伸。从这个意义上来说，一些公司利用装备了无线通信设备的无人机、热气球，给偏远地区提供宽带网络服务，也可以算为一种雾计算，而这种雾计算真的很形象：漂浮在用户和云彩之间，有点“雾”的味道。

雾计算的处理能力放在 LAN 内雾节点的 IoT 网关、IoT 设备上，用于数据收集、处理、存储。多种来源的信息收集到雾端节点上，经过处理后的数据发送回需要该数据的设备上。

雾计算没有强力的计算能力，只有一些弱的、零散的计算能力。雾计算是介于云计算和个人计算之间的半虚拟化的计算架构服务模型。

9.5.3　边缘计算

从 2015 年开始，以边缘计算、雾计算为特点的嵌入式人工智能技术开始受到重视，它们的作用可以优化资源、提升效率。

边缘计算概念已经普遍存在于工业物联网应用、制造业、零售、ATM 机、智能手机和虚拟现实等领域。这一概念的核心是处理任务时，在网络端点或接近网络端点的地方完成一部分计算和分析，而无须将所有数据发回云端。算法和模型可以在云端建立，然后推送到边缘设备上。

把云计算的能力推到网络边缘，数据计算在设备端完成叫做边缘计算，在网关或路由器端完成的数据计算叫做雾计算。物联网的节点可能是家里的空调，也可能是路由器，在这些节点上直接做一些原来在云端做的计算服务。通过将原来在云端的计算，灵活地放到物联网的末梢，通过网关、路由器及设备本身的通信模块，如 WiFi 模块、蓝牙模块等完成部分计算功能。

边缘计算进一步推进了 LAN 内雾计算处理能力的理念，其处理能力更靠近数据源，不是在中央服务器里整理后实施处理，**而是在网络内的各设备处实施处理。**

例如，通过把传感器连接到可编程自动控制器（PAC）上，使处理和通信的成功成为可能。

和雾计算相比，边缘计算性质单一、故障点比较少，设备各自独立动作，可以判断什么数据保存在本地，什么数据被发到云端。以吸尘器为例，边缘计算的解决方案里传感器各自判断有没有垃圾，来发送启动吸尘器的信号。

物联网 IoT 在我们的生活中越来越广泛，将来接触的机会也会更多，**只记录数据的传感器已经落伍了，具有边缘计算能力的传感器才是未来发展方向。**

十年来，云计算备受瞩目，它提供给了新的计算模型，方便了服务的部署。但云并不是终点，未来仍会有新的计算模型推动新的服务，云、雾、物共同组成的物联网生态系统，将进一步方便人们的生活。

9.5.4 霾计算

如今无论是在科技领域还是社会生活领域，概念先行已经是一种非常普遍的现象。2006 年云计算概念被首先提出，2011 年思科举一反三，提出了雾计算等概念。有云就有雾，有雾就有霾，霾计算的概念也顺理成章地诞生了。

2006 年 8 月 9 日，谷歌首席执行官埃里克·施密特（Eric Schmidt）在搜索引擎大会（SES San Jose 2006）上首次提出“云计算”的概念，咨询公司埃森哲（Accenture）给出了关于云计算的一个实用、简洁的定义：第三方提供商通过网络动态提供及配置 IT 功能（硬件、软件或服务）。

雾计算是云计算的延伸概念，由思科公司首创。

霾计算概念的提出者还没有考查出来。霾计算可以简单理解为垃圾云计算或垃圾雾计算，因为云计算或雾计算虽然先进，但也不是没有缺点。

霾计算的概念可以很好地形容比较差的云计算或者雾计算，如果“云”或“雾”提供的服务，存在着丢失泄露、传输不稳定、费用严重超支等问题，其优势可能远不如对用户的伤害，恰如“霾”对人体健康的危害。

当然，无论是“云”还是“雾”，都不想成为“霾”。但是以上这些问题却事实地存在着，如果没有慎重的预防及认真的解决，随时可以由“云”或“雾”变成“霾”。目前云计算、雾计算方兴未艾，相关市场还很不成熟，随着云计算和雾计算的深入发展，各种问题也会接踵而来，如何预防、解决这些问题，已经被提到日程表的重要位置了。但就目前的云计算安全问题来看，这些问题仍是非常棘手的全球性问题，因为目前很多云服务提供商还缺乏实际的安全规划。

9.5.5 流计算

流计算对大规模流动数据，在不断变化的运动过程中实时地进行分析，捕捉到可能有用的信息，并把结果发送到下一计算节点。

流形式的数据可源自结构化数据源或非结构化数据源，可能包含各种数字信号。网络运营商针对流数据的实时分析，组织实时响应，发起事件警报。流计算可以过滤海量数据并识别丰富的高价值信息，从而支持更灵活且更敏捷的业务流程，进行实时数据关联和数据汇总，支持数据中心更快地做出响应。流计算其实是针对特定数据的一种计算方法，不关心计算的设备是聚集在一起还是分离的，也不关心计算设备性能如何，是一种非结构性数据的计算方法。

9.6　雾计算产业

雾计算不是虚拟名词、学术概念。雾计算产业已经开始布局，雾计算设备已经面世，雾计算应用实例已经成功部署。

9.6.1　产业布局

在“2017 中国（上海）国际物联网大会”上，国际雾计算产学研联盟大中华区委员会主任、上海雾计算实验室主任杨旸教授强调，雾计算已经成为国际研究热点，我国的雾计算技术研究和产业布局必须与国际同行同步开展。

在“2017 中国（上海）国际物联网大会”现场，有一个关于雾计算的演示。演示中用英特尔公司出品的一个迷你个人电脑（相当于一个“雾”的硬件计算节点），用软件定义网络（SDN）技术实现了 LTE 接入网和核心网功能，可以直接与多部 LTE 终端进行互联互通。许多数据处理功能和用户应用都可以在这个迷你电脑上实现，使用不同的软件，就可以就近满足不同用户的雾计算需求。

雾计算的创新在于计算资源的释放和共享。只要有人愿意共享，**雾计算的节点**就在我们身边，有些信息经过分布式雾计算之后不需要再传送到云端了，从而极大地减少了发送到云端的数据量，计算时延也大大降低，可以更好地满足实时计算的需求。

正是基于对雾计算广阔前景的敏锐洞察，ARM、思科、戴尔、英特尔、微软和普林斯顿大学于 2015 年 11 月共同建立了国际雾计算产学研联盟，中科院上海微系统与信息技术研究所是我国第一个加入此联盟的单位。目前该联盟在我国已有 10 多家本地成员，包括上海科技大学、富士康等高校和企业。

据悉，中科院上海微系统与信息技术研究所与上海科技大学联合成立了“上海雾计算实验室”，旨在打造具有独特优势的雾计算研究基地，加快建设具有全球影响力的科技创新中心。

9.6.2　雾计算参与物联网布局势在必行

为了承载和处理物联网终端设备产生的海量数据信息，云平台建设在持续加速地进行着。然而，云计算难以独自胜任物联网异常艰巨的数据处理任务。因此，雾计算（边缘计算）参与产业布局势在必行。云计算与雾计算的合理分工与密切配合，将开启一个更加美好的物联网时代。

放眼全球，当前的物联网部署工作可谓如火如荼，各大专业市场调研机构频频发出乐观的研究报告，预测接下来的 10 年物联网产业将迎来爆发式增长，物联网设备数量将达到千亿台以上规模。为了承载和处理物联网终端设备产生的海量数据信息，各国的云平台建设也在持续加速进行之中。然而，这个布局结构存在着一个明显的问题，并且在物联网的初兴阶段就已暴露出来，那就是云计算难以独自胜任物联网异常艰巨的数据处理任务。因此，雾计算和边缘计算的参与就成为势在必行的。

随着物联网设备和用户数量的迅速增长，云平台计算能力还有待提高，网络带宽瓶颈日益凸显。解决之道或许并不在于极力提升云计算能力。先不说云计算的进步能否跟得上物联网增长的速度，即使二者能同步前进，但规模异常庞大的云平台也会引发能耗过大、效率减慢等新问题。因此，用雾计算为云计算减负为优选。根据每台物联网设备的功能和产生信息量的大小，为其配备相应的边缘计算能力，这样用户无须上传信息到云端、等待反馈，可以及时得到同等效果的服务，并且节省了能源。

比起降低能耗和提高效率，雾计算对物联网更重要的意义在于保护用户的隐私与安全。为了提供服务，物联网终端设备的传感器可能会在人们不知不觉中持续收集着用户的数据信息。这些信息如果全部上传到公共的云平台进行处理再接收反馈，那么人们的隐私就难以排除在信息输送过程中被黑客截获并非法利用的可能。雾计算则取消了这种信息传输的必要性，它使得每一台终端设备都拥有数据分析能力，可以在自身形成的**“信息孤岛”**内把工作完成，使用户远离了公共网络空间中潜在的那些威胁。

形成安全的“信息孤岛”对于工业级用户来说尤为重要。黑客对连接着众多机械设备的工业物联网的攻击一旦得逞，可能会造成商业机密泄露，对工厂造成巨大的损失。因此，**加强单台工业设备的边缘计算能力尽量减少向公共云平台输送数据，是维护工业物联网安全的有效思路。**

新创企业 IoTium 就针对工业物联网推出了最新的“网络即服务”产品，将分析能力部署在网络边缘，以解决厂商普遍的资产安全问题。

人们时常抱怨自己购买的智能产品不够智能，是些智能半成品，总需要其他工具辅助才能提供完整的服务。如果物联网设备所有数据都上传至云端进行处理的格局不被打破的话，这样的抱怨将会一直存在。雾计算的加盟可以有效改变这一现状，赋予每一个物联网设备较强的独立处理信息的能力，完善客户的智能体验。

雾计算可利用靠近终端的设备进行数据处理，从而有效改善物联网庞大的信息量传送至云计算中心时引发的占用带宽过多或负载过重的情况。雾计算通过将计算、通信、控制和存储资源与服务，分配给离用户或数据源最近的设备和系统，可以帮助实现云能力的延伸和拓展，从而**提供统一的端到端、云+雾平台的服务和应用。利用开放的标准方法，OpenFog 架构将云端的智能与物联网终端无缝联合在一起，从传统封闭式系统及依赖云计算的模型，进化成为一种全新的计算模型，**如图 9.11 所示。

国际雾计算产学研联盟主席 Helder Antunes 表示：物联网互连、机器与机器的通信、实时计算需求和联网设备需求正驱动雾计算市场不断发展。多元化物联网技术应用普及和产业发展，充分释放了雾计算的无限潜力，合力构建了物联网产业新生态。

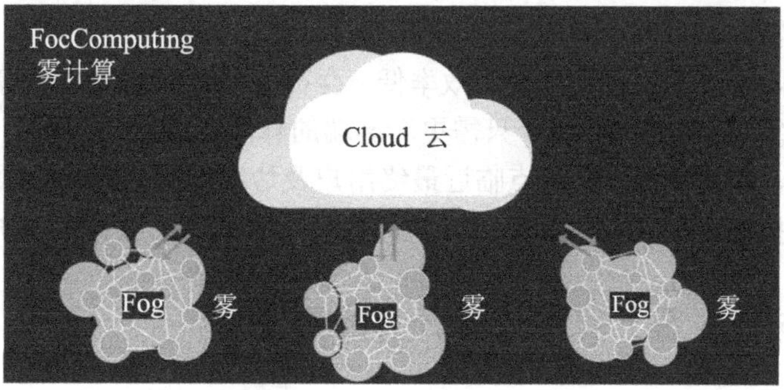

图 9.11　OpenFog 架构将云计算、雾计算和物联网终端联合在一起

9.6.3　雾计算的商业价值

1．低功耗，大幅降低成本

云计算把大量数据放到云端计算或存储，云的核心是装有大量服务器和存储器的数据中心。云计算全球数据中心用电功率相当于 30 个核电站，数据中心的电力消耗已经成为云平台的重要成本，其中冷却系统占有不可忽视的比重。雾计算节点地理位置分散，不会集中产生大量热量，不需要额外的冷却系统，从而减少了耗电量，节约了成本。

2．低延时互动，提升用户体验

雾计算靠近用户和商业部署，起到了一个频繁使用的数据库的作用，低延时存储，运算、通信更轻量，反应更快。

3．助力移动业务布局，实时移动数据分析

手机和其他移动设备之间可以直接通信，信号不必到云端甚至基站上绕一圈，因此可以支持很高的移动性，能够满足更为广泛的节点，让设备自身或者中间设备来分析和处理物联网生成的海量数据，真正做到移动数据分析。

4．去中心化地理分布，满足万物互联硬需

物联网发展的最终结果就是万物互联。这些设备不仅数量巨大，而且分布广泛，只有雾计算才能满足。例如车联网应用和部署要求有丰富的连接方式和相互作用，车到车、车到接入点等。雾计算能够提供丰富的车联网服务，如娱乐信息、安全警示、交通保障、数据分析、城市和公路沿线情况等。

5．安全可靠，保护商业数据隐私

- 保障用户正常使用。雾节点拥有广泛的地域分布，即使某一区域的服务异常，用户

也能快速转向其他临近节点。

- 无升级风险。传统设备远程升级效率低，存在固件升级失联风险等弊端。雾计算不需要将系统 OTA 固件升级，只需更新雾端的算法和微应用即可。
- 加密隔离，保护数据。雾节点临近最终用户及边缘位置，因此必须首先进行访问控制和加密措施，提供完善的隔离防护，控制隐私敏感的数据，保护数据安全。

9.6.4 智慧城市对雾计算、边缘计算的需求

将雾计算与智慧城市连接起来，需要大量传感器与基础设施的部署。

智慧城市的雾（Fog）意味着什么？答案是连接基础设施并分析生成数据。例如，在人群高流量区域需要利用传感器进行数据分析，以便在人员密度超过一定量的情况下报警。同时要确保真的危及安全时才发出警报。这是一个为应用场景提供分析服务的问题。边缘分析涉及网络边缘的其他雾节点，智能雾节点可以提供计算、分析和存储功能，而使雾节点上的设备能够更快地执行数据分析。如图 9.12 所示为不同的物联网（IoT）设备不同的计算能力分类。

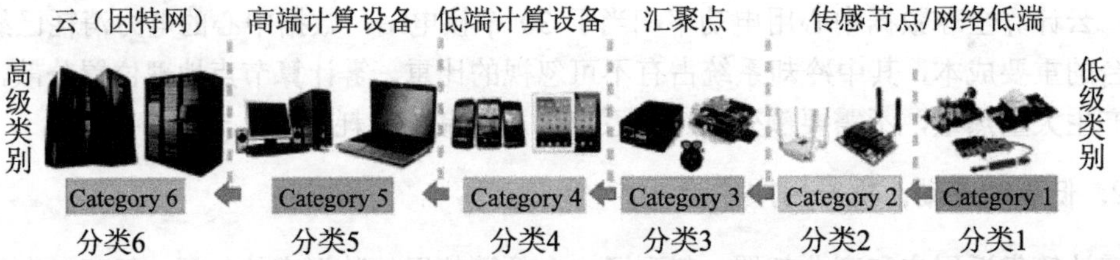

图 9.12 物联网（IoT）设备根据其计算能力进行分类

网络已经成为平台，它不是服务器或者云端。雾计算的硬件使微服务与网络边缘应用相结合，提供数据解析功能。

边缘计算是开发智能城市有效解决方案的关键。在数据均匀存储之前，对 IoT 传感器生成的数据采取分析行动的能力有很大的商业价值。这需要在靠近数据收集点的位置进行分析。

设想这样一个应用场景：摄像机和声学传感器可以生成数据，以警告司机或交通事故的第一反应者，并可以触发事故现场的路灯，提高其亮度。可以证明，这个场景说明了数据之间的互连性和设备间的可操作性。

执行智能处理的基础设施是连网设备，由其采集数据，完成计算，执行控制动作。这意味着边缘设备可以指示车灯照明更亮或控制警笛发出警报。基础设施的双向通信意味着智慧城市有能力将计算策略和软件更新推送到网络的边缘。

如图 9.13 所示，在智能城市等应用场景中，云计算、边缘计算、雾计算等处理的内容和对象各不相同，它们之间可以相互协调。

图 9.13 展示了雾计算作为边缘设备（可穿戴）和云（后端）和云计算之间的中间计算层。雾计算通过在边缘设备附近提供计算能力来提高整体运营效率。这种框架对于可穿

戴设备（用于医疗保健、健身和健康跟踪）、智能电网、智能城市和居家生活辅助等云计算服务都是有帮助的。

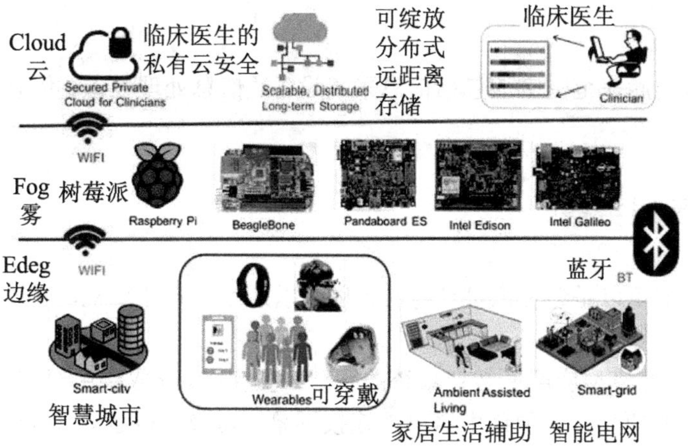

图 9.13　云计算、雾计算、边缘计算协同工作

如图 9.14 展示了基于雾计算的各种应用场景：

- 图 9.14a 所示为不同类型的农业现场可以安装传感装置，以监测种子和植物的生长情况。
- 图 9.14b 所示为传感器部署在智能城市的公交车中，人员出行数据将根据消费者提供的情境信息和条件进行收集。
- 图 9.14c 所示为穿戴式传感器监测在公共场所（如公园）进行锻炼的人员。相关部门可以通过该类数据分析进一步规划和升级相关的基础设施。

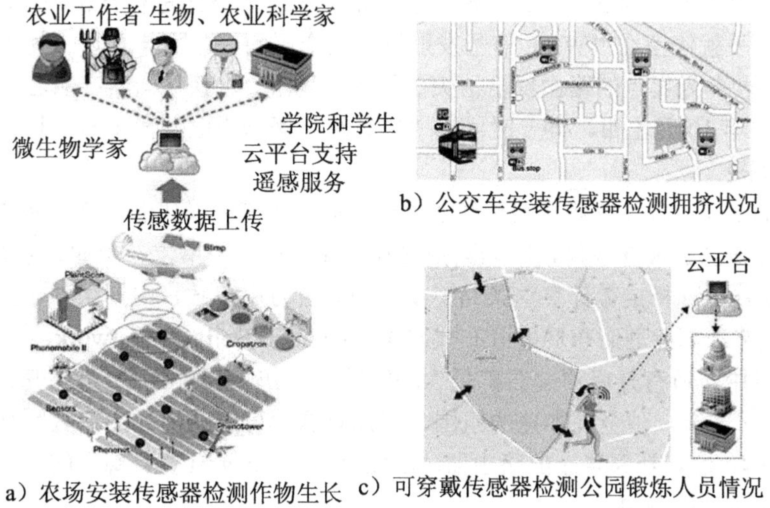

图 9.14　基于雾计算的各种应用场景

9.7 雾计算装备

雾计算装备的涵盖范围应该包括信息采集设备、信息处理设备、信息传输设备和执行机构等。

9.7.1 雾计算服务器

雾计算服务器可以是迷你微型计算机，也可以是嵌入式计算机，通过一块电路板就能装载一个完整的计算机系统。

例如，把雾计算模型应用于教育系统的智慧云教室中，选取路由器作为雾计算服务器，实现了数据共享的功能。这种路由器可以连接屏幕、键盘、硬盘，是嵌入式计算机+路由器的组合。

通过实验，验证了雾计算的加入能够有效减少智能终端与云服务器之间由于数据传输引起的时延，极大提升了整个网络的性能，改善了用户的实际使用体验。

9.7.2 雾计算路由器

随着市场的发展，人们对路由器的需求层次也有所提升，除了性价比之外，是否具有优秀的产品理念成了人们选择的新标准。那么如何判断一款路由器具有优秀的产品理念呢?

大多数的路由器厂商都会从硬件配置和功能完善度等方面进行宣传，因此人们对路由器的认知，几乎就停留在“WiFi 信号发射机”这个层面上。而一款以“智能路由领域第一个雾计算模型”为卖点的路由器恰恰突破了这个局限。这款路由器产品名为 newifi 新路由器 3，2016 年 10 月上市，同一时间内“雾计算”概念借助其“宝石矿场”功能在智能路由器领域生根。

雾计算的实现，必须依赖网络边缘的处理中心，而在边缘化的网络设备中，路由器可以说是雾计算概念的最佳载体，因为路由器几乎深入每一个单位、企业、家庭中。

newifi 新路由选择走雾计算这条路，使其拥有百万用户数，占据了独一无二的市场优势。在为实现雾计算计划而布局的分布式 CDN（Content Delivery Network，内容分发网络）宽带加速项目中，所有开启“宝石矿场”功能的 newifi 新路由用户都将变身成为微型的 CDN 服务器，营造一种全民加速的氛围。因此有这种可能：为你的家庭网络提供加速服务的微型 CDN，恰好是邻居家的路由器。由此可见，“newifi 雾计算”的布局将很大可能实现全民网络加速的效果。

从用户得益方面说，“newifi 雾计算”战略布局，是通过收集社会闲置带宽并利用的过程，帮助建设网络高速路，为用户带来更加高速的上网体验。另一方面，开启“宝石矿场”功能加入到“newifi 雾计算”计划中的用户，将凭借分享出的闲置带宽获取相应收益，同时这个过程，可以用“挖矿”来表示。也就是说，只要将 newifi 新路由器 3 带回家后，连接上一个大于 200GB 的硬盘，就可以在 newifiAPP 上一键开启“挖矿”功能。据真实“挖矿”用户反馈，大部分用户每月的“挖矿”收益可以抵消每月的宽带费。

通过对 newifi 新路由雾计算的了解，我们知道了为何“宝石矿场”功能会如此受欢迎。首先闲置带宽变网费的机制让社会闲置带宽资源充分利用，再则分布式 CDN 项目的布局打造的是一种共赢的模式，厂商、CDN 服务商及网民都将是其受益者。由此可见，这款带着雾计算标签的新路由器势必会受到市场的关注和认可。如图 9.15 至图 9.17 所示为 newifi 新路由器的“宝石矿场”功能共享带宽，节省流量资费情况等截图。

图 9.15 共享带宽资源，节省流量资费

图 9.16 基于雾计算架构的智能路由器实物图

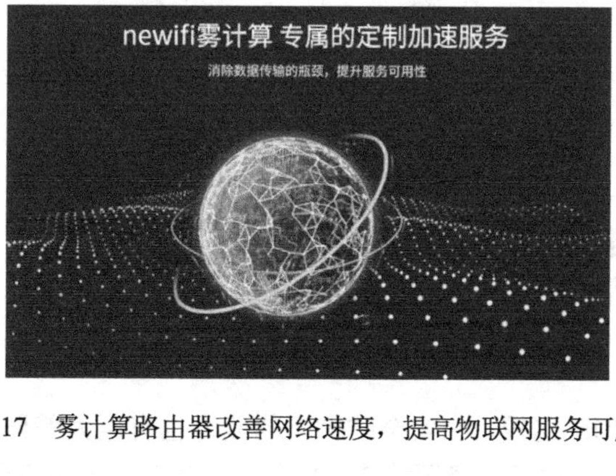

图 9.17 雾计算路由器改善网络速度，提高物联网服务可用性

newifi 雾计算路由器，完成了一次 CDN 价值链的蝶变。

雾计算目前已经成为路由界专业人士的研究重点，雾计算和云计算有很多相似处，它们都是基于虚拟化技术，更加合理地分配共享资源池中的资源，从而为更多用户服务。雾计算依靠网络拓扑结构中更加低层次的微型数据中心，这些微型数据中心可能是家庭中使用的路由器，也可能是人们手中的某台电子设备，而并非是传统意义上的无数台具备超大存储及计算能力的计算机。这种计算能力的下放，大大减轻了核心数据中心负载，更加有利于输出结果的精准性，提升了计算效率。

newifi 新路由提出的 newifi 雾计算概念，实质上是对雾计算核心概念进行具象化的产物，将雾计算核心概念与云 CDN 进行融合，领先一步创建了智能路由界第一个雾计算模型：newifi 分布式 CDN 网络加速。

分布式 CDN 网络加速项目凭借其巨大的用户基础，构建了百万量级的 CDN 动态节点，搭建起一个物理范围覆盖全国的 CDN 节点网络，使 newifi 雾计算平台初具雏形。目前该平台累计已为上百家互联网公司提供 CDN 网络加速服务。据与 newifi 新路由合作的客户反馈，newifi 新路由提供的 CDN 加速服务比传统的 CDN 服务更加细致，而且成本降低了数倍。

传统的 CDN 是依靠部署在各地的边缘服务器，通过中心平台的负载均衡、内容分发、统一调度等功能模块，使某区域的用户定点获取所需内容，如图 9.18 所示。

相较于传统的 CDN 内容分发技术，云 CDN 更加注重信息的实时性。由无限网络节点构成的云 CDN 网络，采用了动态节点分发技术，当接到用户资源调取的请求时，自动选择最佳通道为用户传输数据。这里的选择条件是，哪里的数据物理距离更近，哪里的数据质量更高，哪条传输通道的稳定性更好、反应时间更短，这些因素都是每一个云 CDN 节点已有的逻辑。分布式 CDN 网络加速项目的布局，消除了各运营商之间互联的瓶颈，实现了跨运营商的资源调取，达到了良好的网络加速效果。相对而言，传统 CDN 则无法实现这样的动态调控的过程。因为两者在分发节点数量上存在巨大差异，区域覆盖上也无法相提并论。

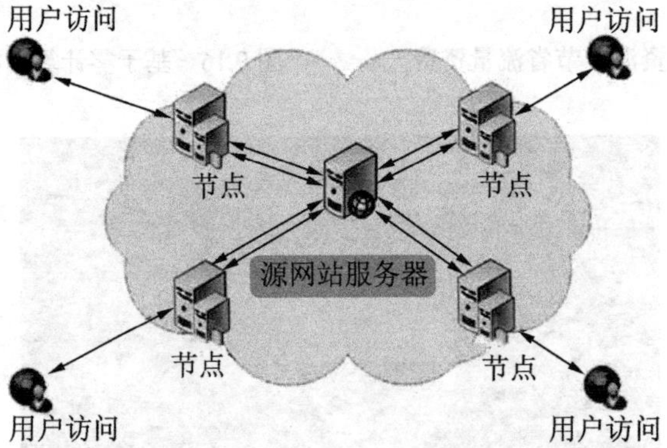

图 9.18　传统 CDN 部署拓扑架构

传统 CDN 与云 CDN 比较，在安全防御上的能力也有巨大差异。云 CDN 具有高防功能，数据的备份加密分散传输、资源站 IP 的隐藏及动态的传输路径等，有效提高了黑客的攻击难度。例如，某用户向网页发出登录某个系统查看机密信息的请求时，距离用户最近的 CDN 节点将用户请求的信息发送到用户的显示器中，在这个过程中，负责分发本次信息的 CDN 节点 IP 地址已经隐藏，黑客很难发现，并且因为资源传输路径的动态变化，对信息的去向也很难追踪，这样就使用户向服务器请求调取的个人私密信息得到了最大限度的安全保障。

从各方面的比较得出结论，云 CDN 具有良好的发展潜力。

对一般互联网公司来说，旗下的每一个网站站点都需要有相应的数据中心来存储分发资源，所以按照传统的方法，这些互联网公司必须向 CDN 运营商购买云端的使用权，而往往这笔费用占据了互联网公司绝大部分运营费用。

从更高层面上来说，互联网公司向 CDN 运营商购买的云端使用权，就属于云计算的一种表现形式。通过虚拟化技术，云端为客户提供虚拟化的远程资源，如远程存储、远程通信及计算结果的远程分发等。如此来说，购买的云端使用权也就等于租用远程数据中心。实现数据的远程传输、计算，对网络带宽、网络传感器、云端承载力提出了要求。就目前的状况来说，网络带宽增长速度跟不上网络使用设备的增速，网络带宽急需拓展；传感器设备 24 小时不停歇地在向云端数据中心传输数据，其数据多种多样，优劣并行，造成云端的计算压力与日俱增，因此云端计算需要有数据初步筛选的过程。

雾计算处于更加基层的物理布局中。从深层次上来说，云计算的载体是云端数据中心，而雾计算的载体则是用户与云端数据中心进行通信过程中不可计数的小型网络设备，如路由器、基站等。仅从这一点来说，雾计算的载体数量将是云计算载体的无数倍，因为**每一个用户家庭中的路由器都有可能成为雾计算中心。**

雾计算同样为用户提供虚拟化的远程资源，但是相较云计算，雾计算在物理距离上更加靠近用户，在实时性上有远超云计算的优势。假如互联网公司不将服务器部署在国外，而是选择性地分层化地使用家家户户都有的路由器作为服务器，那么为每一次用户点击而服务的设备很有可能就是邻居家中的路由器，这样数据传输物理距离得到了最大化的减少，网页响应时间也相应减少。雾计算设备地域分布越广，对互联网公司来说服务器成本会大大降低，而且收集的用户信息也会更加精准。

未来，对于如何避免因数据量膨胀带来的网络拥堵问题，相信雾计算将会发挥巨大的作用。要实现雾计算的布局，需要强大的技术实力和基层设备资源，雾计算路由器则有着得天独厚的优势，如图 9.19 所示。

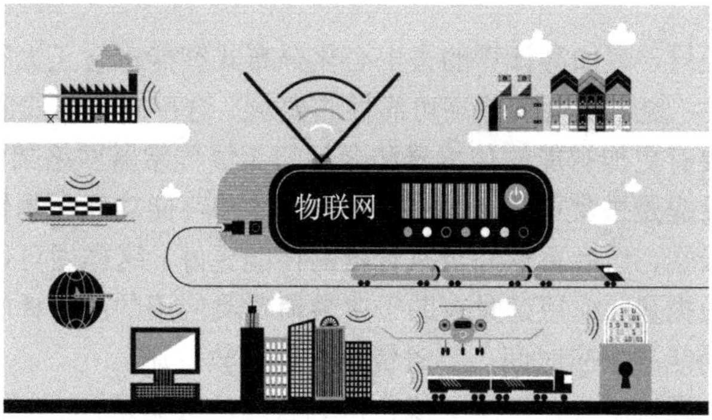

图 9.19　物联网雾计算路由器应用范畴示意图

9.7.3 雾计算网关

机智云是国内物联网服务提供商，其对雾计算的落地策略不同于思科等通信设备供应商。机智云的雾计算发力点落在了数量更为庞大的通信模组 DTU（Data Transfer Unit）和网关（Networking Gateway）上。这些设备都是机智云直接可控的计算单元。

过去的几年中，云计算的兴起把终端部分的计算和存储挪到了云端，便于数据聚合和统一管理。现在，雾计算把聚合的计算和存储能力分配到管道和终端部分，形成更快速响应和超大规模的运算体系。这个计算体系是一个企业对云端、管道、终端的控制力和动态管理能力。把动态部署运算的能力赋予低级处理器，连几块钱的普通单片机（MCU）也可以参与到雾计算中。

机智云 ECE 雾计算框架，在 DTU 或网关上嵌入了一个“微容器”，可以执行以 JavaScript、Python 和 Lua 等轻量级的脚本语言构成的“微应用”。这些“微应用”可以进行数据处理、协议转换，实现设备之间的互联互通。开发者可以直接在云端编写各种脚本，然后通过 ECE 系统方便地推送到微应用容器中，这样就可以实时把运算能力部署到设备端。设备不用重启，也不需要将整个系统 OTA 固件升级，只需要更新其在雾端的算法和微应用。

具备“微应用”的设备可以根据业务需求，实现毫秒级数据采集分析，提供更大的可分析数据量，并具备本地判断能力，精确度与效率得到了大大提高。但这种设备端的计算并不会取代云端运算，而是由设备端经过微应用数据处理，将已经处理好的有用数据发送到云端，云端再去做数据汇总，设备端有效放大了云端的汇总能力。通过雾计算的方式，云端可以快速灵活地更新它在雾端的微应用，有效地把“软件定义硬件”升级到“云端定义硬件”。

未来，真正的计算变革会在你我身边，不在“云”中，在“雾”里。

9.7.4 雾计算传感器

随着物联网的发展，诸如雾计算的去中心化分布式智能概念正大行其道，以满足对更低延时、更高安全性、更低功耗和更高可靠性的要求。这种向分布式的数据处理和存储方法发展的趋势，需要有更加智能的传感器和全新的无线传感器网络架构。

雾计算的基本前提是去集中化，即一些处理功能和存储功能在本地执行，比将数据从传感器一路发送到云端，然后再返回至执行器的性能更好。这样做可以缩短延时，并减少了需要来回传送的数据量。缩短延时有助于改善消费类应用的用户体验，在工业应用中还可以改善关键系统功能的响应时间，节省费用甚至拯救生命。

这种分布式方法通过减少从网络边缘传送到云端的数据量，来提高安全性、降低功耗、减轻数据网络负载，从而提高了总体服务质量（QoS）。雾计算能促进本地资源池的建立，充分利用给定区域的可用资源，并将物联网的基础功能之一——数据分析加进来。

随着雾计算的兴起，传感器开始变得更加智能，具有一定程度的内置处理、存储和通信能力。出于成本、空间、功耗、尺寸和功能方面的考虑，开始研发新型智能传感器。

MEMS 传感器集成了数字功能，实现了双向通信、自检和补偿算法，在小尺寸和功能集成方面，一直是设计师的理想选择，如图 9.20 所示。

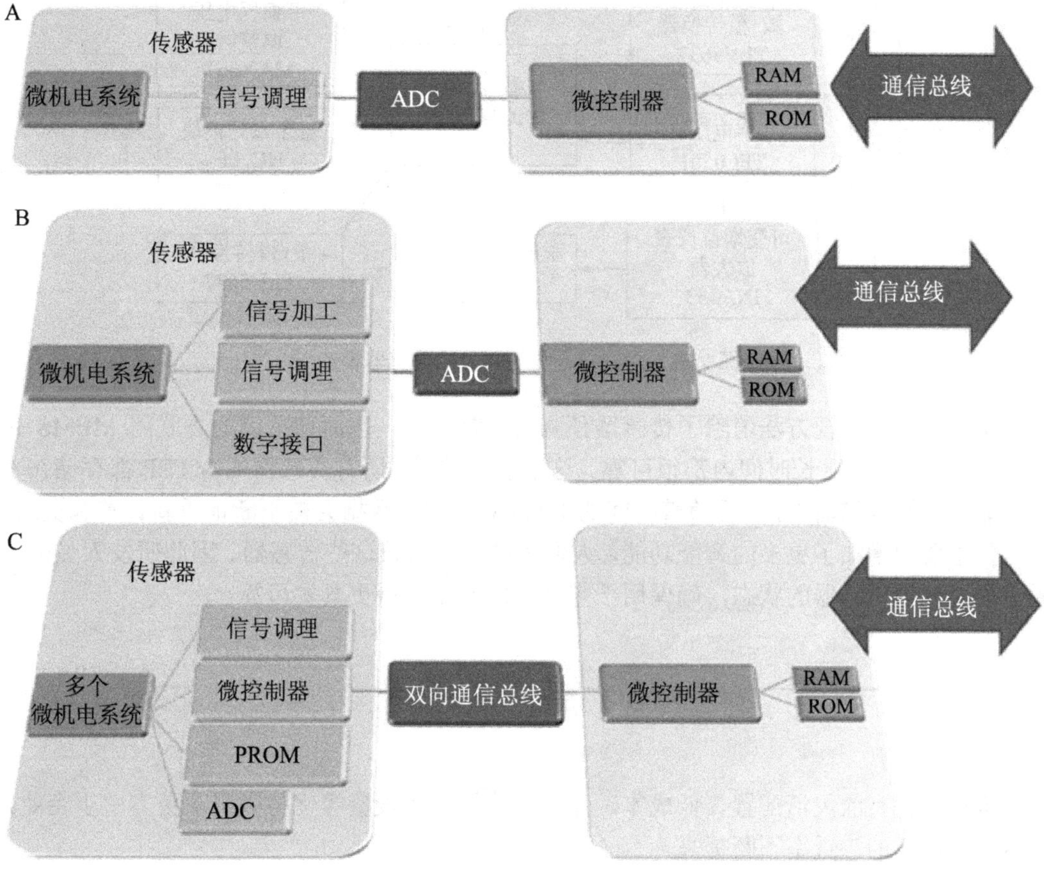

图 9.20　MEMS 智能传感器设计理念变迁

MEMS 智能传感器从基本的模拟信号调节（A）一直到板载 MCU（B）、本地内存和 ADC（C），提高了数字集成程度，有助于 MEMS 传感器更好地实现自检和主动补偿例程，但实时的可靠性监视仍然很难。

用无处不在的智能传感器实现雾计算时，确保来自这些传感器的数据的可靠性变得越来越重要。与此同时，雾计算原理的实际运用意味着通信基础设施正在落实到位，以确保节点间能够更好地通信。传感器厂商研发实时传感器故障分析方法，使其适用于新的检测和组网范例。

在设计建议中，MEMS 研究小组使用了一个低功耗的 8 位 PIC18F4550 MCU、一个 10 位的模数转换器(ADC)、一个 TI INA333 仪器放大器和一个 HC-06 蓝牙模块来监视传感器的平均无故障时间(MTBF)，并将数据传送给智能手机，如图 9.21 所示。

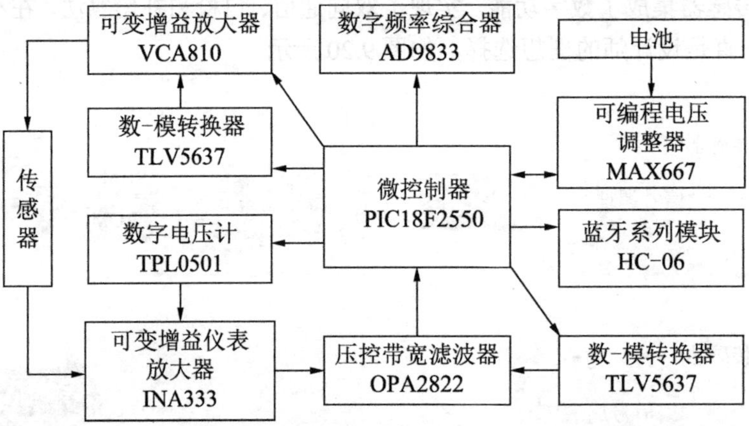

图 9.21　含有自检自测功能的传感器设计

实时传感器监视方法消除了传感器预测的异常行为，因而使关键的物联网 MEMS 传感器数据变得在很长时间内都很可靠。这里的关键是，所有传感器的 MTBF 都存储在本地的非易失性存储器中，并且随着时间的推移，其可靠性数据会被不断地重新计算和更新。

传感器中增加了更多的智能功能，人们也越来越依赖这些传感器。因此研发人员需要更透彻地理解传感器的状态，确保用于雾计算的数据变得更真实可靠。

9.8　雾计算应用

雾计算特有的灵活配置、低成本、无须一次性大额投资等优势吸引了更多中小企业，这将使雾计算的渗透率不断提高。

9.8.1　智慧交通

目前的城市道路监控系统，从监控探头到本地中心机房的通信跳数一般在 3～4 跳甚至更高，如果系统需要作出实时决策，则会面临网络通信延迟的挑战。

如图 9.22 所示为一个智能交通灯系统，除了监控探头作为传感器之处，还有交通灯作为执行器。雾计算的引入将为这一系统带来更多的可能性。例如，监控过程中，相比上一帧画面，通常只有一部分画面变化，而另一部分画面不变，非常适于压缩处理。对于需要人为监控的画面，雾节点将视频流直接转发给中心机房，而其他监控视频只需要存储，对实时性要求不高，因此可以在雾节点处缓存若干帧画面，压缩后再传向中心机房。这样从雾节点到机房的网络带宽将得到缓解。

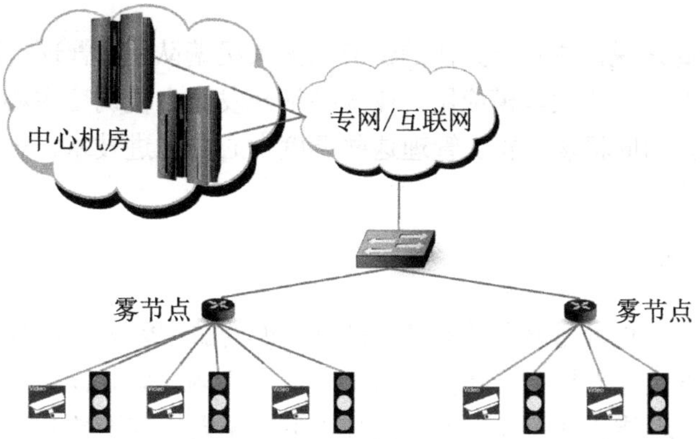

图 9.22　用例——智能交通灯系统

在雾节点处，可判断监控画面中是否有救护车头灯闪烁，然后作出实时决策发送给对应的交通灯，协助救护车通过。

上例仅是智慧城市中的一个具体缩影，雾计算在智能电网、车联网、智慧家庭等领域的应用场景不胜枚举。

9.8.2　无人机快递

无人机，是典型的物联网应用。传统的快递行业面临着巨大的人员开销、设备成本和安全问题。然而无人机快递却可以精准而及时地完成货物投递，有效地节约各种资源。所以无论是国内的顺丰，还是国外的谷歌、亚马逊、沃尔玛、DHL 等企业，都在研发和测试自己的无人机快递服务。但是目前的无人机快递服务在技术、安全和监管方面都面临诸多问题，尚未成熟。下面以无人机快递服务为例，来剖析雾计算如何解决这些问题。

1．安全性

无人机快递服务必须要带来空域共享的问题。因为快递业务的繁忙，空中可能会有数以万计的无人机，这时就会带来很多的危险和冲突。例如，无人机之间的相互碰撞、无人机和飞鸟，以及无人机与高层建筑之间的碰撞。所以无人机必须能够快速辨别碰撞物，并迅速作出反应。

2．带宽瓶颈和开销

在无人机运输货物和交货的过程中，控制端需要不断地进行通信和追踪，所以这些通信数据、控制过程转化为了每次无人机飞行的数据流。但是获取这些数据需要卫星导航，大大增加了商业应用成本。

3．无人机调度中心管理

对于每个供应商来说，独立于其他的供应商无人机编队，只管理自己的无人机编程是不切实际的。为了无人机的大规模应用，业内必须开发无人机调度中心，来协调各个公司无人机编队的飞行，如同机场一样。管理这些调度中心的先进技术，对于协调地面及空中的无人机操作十分重要。

4．监管的复杂性

无人机需要在复杂的监管环境中操作。世界各地的航空管理局都为无人机的操作制定了规范。有些规范限定无人机必须在操作者的视线范围内飞行，设置了禁止区域和禁飞条件。也许未来，当出现能够确保飞行安全的技术后，无人机或许被允许可以在视线以外的地方飞行。

5．雾计算解决方案

面对无人机快递应用的种种挑战，雾计算的应用能够解决无人机飞行的难题。

6．地面快速协调

机场经常是一片繁忙时的景象。很多飞机在排着长队等待起飞，同时又有很多飞机降落在跑道上。商用的无人机调度中心也是同样的运行模式，空中交通的容量和机场一样，甚至更多。

调度中心有多个无人机的入港位。高度自动化的设备加载和卸载快递包裹。无人机在每次飞行前都需要进行例行检查。所有的无人机都必须有飞行计划，以便对起飞和降落进行调度，防止冲突。调度中心需要在短时间内完成大量无人机的装货、起飞、降落和维护工作。

一个无人机在最终进入机场的时候，速度可达100英里每小时（或147英尺每秒）。在下降的过程中，在无人机和地面“控制塔”之间，需要每秒数百次循环的实时信息更新。然而通过云端的信息传递，最佳的情况延时大概在80毫秒左右。所以无人机在一次消息往复之间，会飞行12英尺。因为所有的消息要通过云端，所以产生了延迟，很难完成瞬间响应。

雾计算会考虑到高流量无人机交通的安全控制需求，提高通信效率、加快存储和计算的速度，更有效地持续响应，更新软件，进行大数据实时分析，以满足无人机飞行的需求。

地面的雾计算控制器，缩短了无人机和“控制塔”之间的通信循环时间，一定程度上减少了延时，所以无人机只飞行两英寸，就可以进行一次信息更新。

然而某些地面信息仍然需要上传到云端，如通信记录，可以发送到云端进行长期的存储和分析。

7. 空中自主操作

任何时候，空中的无人机都需要进行安全管理，就像客运和货运的交通管理一样。但是，空中的无人机安全有着不同的维度。无人机是无人控制的，所以没有飞行员、副驾驶和导航员来检查天气状况，及这个区域的其他飞机，作出相应调整。

因为是无人驾驶，所以无人机需要足够的“智能”来自主运行。首先，需要无人机上的雾节点能够意识到任何邻近无人机的物体，包括天气状况、其他无人机、飞鸟或者建筑。其次，对无人机感知问题进行分析并且作出反应。反应时间要达到亚毫秒级。而在云端，进行这样的处理循环时间则太久。有可能等到无人机报告问题时，处理的问题的最佳时间已经错过。

空中自主飞行，意味着无人机可以进行自我检查，保证所有的系统可以正确操作。并且一旦发现问题，无人机上的雾计算节点，可以采取适当的措施进行纠正或补偿，并且可以返回调度中心进行维护。

8. 地面和空中的安全性

安全性是无人机的重要考量因素。如果黑客锁定和控制带有供给药物或数据的无人机将是非常危险的。在多传感器上增加安全功能，如加密和防止芯片克隆，将增加无人机的成本。而从云端下载安全证书、补丁和更新，需要花费很多带宽，所以只能采取折中的安全性方案。

无人机上的雾节点可以控制安全性，不需要增加无人机的复杂度，无人机大小和任何无人机部件的开销。雾节点可以在飞行中进行安全更新，防御周边黑客的攻击。

例如，飞机上一般都会配备有很多重要的传感器用于防止系统故障。飞机每飞行一小时，这些传感器可以产生高达40TB的数据。如果将其乘以每天的飞行小时数就会发现，航空业产生的数据量是惊人的。这些传感器在飞行中提供重要的数据，但是这些数据中也有大量的无意义数据在降低传输效率和储存空间。我们可以将目前正在快速发展的无人驾驶汽车想象成无人飞机，每辆汽车产生的数据都相当于一架飞机，那么当无人驾驶汽车数量很多的时候，所产生的数据量已经不是天文数字可以描述的了。如果这些数据都要送到云计算的云端服务器进行分析，那么效率必将大打折扣，而雾计算则避免了这一问题。

9.8.3 雾计算推动物联网发展

随着物联网产业的增长，雾计算或边缘计算已经开始从“创新触发”阶段演变到“产业推广”阶段。雾（边缘）计算是一种计算数据的体系结构，应用程序和服务被从集中的云端推到网络的逻辑终端即边缘。有许多其他名称的边缘计算架构，如网格计算、对等计算等。

1. 雾计算是去中心化的云计算

在云计算架构中，集中式服务器负责整个应用程序或设备所需的计算。然而，与物联网生态系统遵循同样的原则变得越来越麻烦。物联网的生态系统可以逻辑地分解为4个组成部分：数据、物体（设备）、人和过程。在数据层面，我们意识到，尽管庞大的数据量正在从连接的设备上产生，但大部分数据是暂时性的，即数据的价值产生后几分钟内就消失了。因此，怎样处理这些数据、从数据中提取哪一类价值、数据的生产和存储，以及各种需求分析是完全不同的领域。

根据大数据的特点，即数据量、时效性、多样性，通过对比云计算模型为代表的集中式大数据处理和雾（边缘）计算为代表的边缘式大数据处理，可以看出雾计算的优势。边缘式大数据处理时代，数据类型更加复杂多样，数据处理的实时性要求更高，数据量也超过ZB级，边缘计算可以提高数据传输性能，保证数据处理的实时性，降低了云计算中心的负载。

2. 雾计算可以有效减少网络负载，提升效率

多个设备聚集在一起，连接到单个计算节点就形成了一个较小的网络。在某些情况下，单个设备分配给单个计算节点而不是群集。我们假设使用场景、细节情况，用于创造一个雾计算模型。假设你的手机有一个健身应用程序，跟踪你每天燃烧的卡路里数量，并与你的目标和历史表现进行对比，每天通过你所走的步数报告燃烧的卡路里量。这个应用程序，是通过手机上配备各种传感器如计步器、加速度计等来实现的。这些传感器可以捕获手机的每一个颗粒的运动数据；即在微秒级别捕获手机的X和Y坐标，研究并计算你一天中走了多少步。假设手机在你的口袋里，当你行走时，在X坐标轴向前移动时Y坐标上会有轻微的变化。手机传感器传来的坐标数据能够形成一个模式来检测一个完整的步行周期。使用这些模式，可以计算用户走过的步数。如果从一个简单的云计算的角度来分析这个过程就是传感器会收集一天中的全部日志数据，从计步器上将约50MB数据发送到云端。然后由服务器对数据进行分析，检测所走的步数，将其转换为燃烧的卡路里数，并将结果发送回手机。如果有500万个用户需要通过网络将大量数据发送到云端，那么将在云端占用大量的网络计算和存储资源。如果使用雾计算架构，利用手机的内部计算能力和存储资源，就可以计算每30分钟所走的步数。在一天结束时，手机上的应用程序可以把用户累计所走的步数发送到云端，数据的大小将远小于1KB。

3. 雾计算的应用前景广泛

以制造业案例为例，假设大型公司在某地建立了工厂，用来生产清洁剂。可以想象一下，整个生产流程中有一台搅拌机（垂直或水平搅拌机）吸收不同的原料，并将它们进行搅拌，在制造过程中生产出合成混合物。搅拌机的运转原理是以预设的转速定时旋转，搅拌机筒吸收不同的原材料，其运转会耗费一定量的能源。

如果我们利用物联网生态系统，让这个设备成为“智能搅拌机”，给搅拌机安装大量的传感器来捕捉各种参数数据，然后将数据传回云服务器进行后续分析。

为了让机器成为“智能设备”，我们需要雾计算架构，也就是增加本地实时计算数据流的能力，并将其作为历史数据来分析，帮助机器作出决策来提高效率。这将是一个利用机器学习优化机器功耗，搭建雾计算网络的场景。

简而言之，通过推动计算边缘化，我们也将智能推到网络边缘，让设备能够作出自主决策来提高效率，并成为智能设备。未来，雾计算将与云计算相辅相成、有机结合，为万物互联时代的信息处理提供更完美的软硬件支撑平台。

9.9 本章小结

本章阐述了雾计算的概念。雾计算在物联网发展的推动下，由学术名词演变为雾节点、雾计算服务器、雾计算路由器、雾计算网关等产业化的物理设备。由虚变实，雾计算推动了物联网的发展与进化。

9.10 习题

1. 什么是云计算？
2. 什么是雾计算？
3. 雾计算服务器有哪些功能？
4. 雾计算路由器有哪些功能？
5. 雾计算就是边缘计算对吗？简述雾计算和边缘计算的细微差别。

第 10 章　云计算发展趋势展望

云计算将改变社会信息形态，从产品生产到商品销售，从生活服务到医疗保健和智慧医院，从智能电网到智慧交通和智慧城市，渗透到了教育、卫生、农业和工业等不同行业。云计算技术创新和应用创新层出不穷，呈现出百花齐放、百家争鸣的繁荣景象。

云计算是以数据为中心的数据密集型计算模式，是多种分布式计算技术及其商业模式演进的产物。

云计算、云存储和云服务的远程化给通信网络带来了压力，如果接入网络的带宽较低或网络环境不稳定，会使云计算的性能降低，服务效率打折。因此，云服务提供商、网络通信商只有优化网络带宽，提高质量才能满足云计算的需求。云计算和云服务的深入发展将促使高速、安全和稳定的网络服务的发展。

10.1　云计算关键技术研究进展

云计算的关键技术涉及虚拟化技术、存储技术、节能技术和安全技术等，本节将做具体介绍。

10.1.1　虚拟化技术

虚拟化技术由于在提高基础设施可靠性、提升资源利用效率等方面有巨大优势，因此应用领域越来越广泛。新兴的云计算和云服务，更需要虚拟化技术的支撑。

虚拟化技术的起源最早可以追溯到 1959 年，克里斯托弗（Christopher Strachey）发表了一篇名为 Time Sharing in Large Fast Computers 的学术论文，这篇文章被认为是虚拟化技术的最早论述。

20 世纪 60 年代，国际商业机器公司 IBM 为其大型机发明了一种虚拟机监控器技术。20 世纪 70 年代，IBM、惠普和 SUN 等公司将虚拟化技术引入到各自的精简指令集（RISC）高端服务器和小型计算机中。

1999 年 VMware 公司提出了以虚拟机监控器为中心的软件解决方案。该方案在全虚拟化模式中，使 PC 服务器平台实现了虚拟化。

2005 年和 2006 年，两大 CPU 生产商英特尔（Intel）和超微半导体公司（AMD）对硬件进行修改，分别推出了支持硬件虚拟化技术的产品。这项技术改变了 x86 架构对虚拟化支持的效能，X86 架构由此成为了虚拟化技术发挥作用的重要平台之一。

VMware 就是在云计算中使用的主要虚拟机之一。它是一个虚拟数据中心操作系统，能将离散的硬件资源统一起来，创建共享平台，具有可缩放、高可用性、负载均衡和资源使用率高等优点。

随着云计算的兴起，虚拟化技术走进了全面鼎盛的发展时期。虚拟机技术是云计算系统中的核心关键技术之一，它可以将各种计算及存储资源充分整合和高效利用，通过虚拟化手段将系统中各种异构的硬件资源转换成为灵活统一的虚拟资源池，从而形成云计算基础设施，为上层云计算平台和云服务提供相应的支撑。

但是，虚拟化技术也会引入比物理主机更多的安全风险，因为同一物理主机上的虚拟机之间可以不经过防火墙与交换机相互访问。因此，使用虚拟技术的云计算平台须向其用户提供安全性和隔离保证。目前已有很多研究者针对虚拟化系统和虚拟化管理的安全问题进行研究，如有些学者提出了基于嵌套虚拟化技术的可信构建方法、基于现有硬件特性的安全监控策略和基于高权限虚拟机的数据隔离机制等，这些方法、策略、机制，为可信云服务提供了新的途径。

10.1.2　数据存储管理技术

计算能力可变、数据储存在不信任的主机上、数据是远程复制，这是云计算的 3 个特点。有两种数据管理应用程序适合在云计算中部署，一种是事务处理相关的数据管理系统，另一种是分析相关的数据管理系统。

事务处理相关的数据管理系统，没有采用共享的体系结构，在对远程数据复制时，ACID 的需求很难得到满足，而且在不信任的主机上存储数据也有较大风险。ACID 要求对基于分析的数据管理系统来说不是必须的，而且保证敏感数据在分析之外，从而保证了它的安全。所以，基于分析的数据管理系统应该是很适合在云计算环境中部署的。

云计算系统底层需要大数据的存储支持，才可以对外提供云存储服务。云存储克服了传统存储系统在容量和性能扩展上存在的瓶颈，以其扩展性强、性价比高、容错性好等优势得到了业界的广泛认同。

1．冗余存储技术

为保证用户所存储数据的高可用性和高可靠性，云计算的分布式文件系统多采用冗余的存储方式，即为同一份数据存储多个副本，如谷歌的 GFS 和阿帕奇（Apache）的 HDFS（分布式文件系统），都是采用 3 个副本来保证数据的冗余。这是一个简单有效但不是最优的方法。

2. 擦除码存储技术

擦除码存储技术的工作原理是将存储系统接收到的大块数据进行切割并编码，之后再对切割后的数据进行再次切割并编码，一直重复这一操作直到数据切割到满意的数据块大小为止。这样使数据块分散成了多个数据块再进行冗余校验，然后将不重复的数据块和编码写入存储系统中。实验表明，采用了擦除码存储技术来降低存储成本，对同样的数据，能够节约25%～30%的HDFS（分布式文件系统）集群的存储空间。

3. 分布式列存储技术

由于云计算对大数据的读操作频率远大于数据的更新频率，因此，云计算的数据管理通常会采用分布式列存储技术。列存储模型最大的特点是方便存储结构化和半结构化数据，方便做数据压缩，对某一列或者某几列的查询应用有着非常大的I/O优势。当前比较典型的基于列存储模型的分布式数据存储系统是谷歌公司的Big-Table和Apache的HBase。

10.1.3 节能技术

在云计算环境中，数据中心是云计算硬件架构底层的独立计算单位。数据中心的基础设施通常由数以万计的计算机构成，随之而来的一个待解决的问题是数据中心巨大的能源消耗。以能耗有效利用率PUE为例，PUE=数据中心总设备能耗/IT设备能耗，很多企业构建的数据中心PUE都在2以上，也就是说如果有1000瓦能源，只有500瓦被有效使用，其余的都浪费了。而一线行业巨头目前的能耗率通常在1.3左右，即如果有1000瓦能源，将有769瓦被有效使用，粗算下来实际使用率差了一半。针对此问题，国内外学者及相关机构已经对诸多节能技术进行研究，很多降低能耗的方法已被提出。

1. 组件级的节能

对于计算机系统组件的设计目标是使这些组件能够按使用率成比例的消耗能源，即存储系统中的缓存、内存及磁盘等没有使用的部分不消耗或只消耗很少能量。组件级的节能主要包括CPU组件节能和存储组件节能两种形式。解决服务器能耗问题的主流技术是动态电压和频率缩放DVFS（Dynamic Voltage and Frequency Scaling）方法。其核心思想是通过动态调整CPU的电压和频率，使其能动态适应负载的变化，进而实现节能。基于DVFS的节能技术都是利用物理机CPU的空闲时间来降低能耗。对于云数据中心，人们对虚拟机的能耗更感兴趣。显然，基于DVFS的节能技术不能直接应用于虚拟化技术的云数据中心。

2. 服务器整合

服务器整合是通过虚拟化技术进行节能，利用虚拟机动态迁移机制进行服务器整合，使一些物理机处于空闲状态，然后通过使其处于休眠或关机状态，达到节能效果。针对虚拟化集群，应考虑关停资源代价、采用服务器整合策略实现节能。

3. 数据副本管理

MapReduce 的开源实现 Hadoop 的分布式文件系统，其默认地对每个数据项保持 3 个副本。3 个副本意味着 300%的高昂设备运营费用。这种典型的超额配置保证了在资源需求高峰期间能维持数据的可用性。研究表明：通过改变数据副本放置策略可以有效节省系统能耗。通过修改 Hadoop 的任务调度和数据块分配算法，使任务调度与数据副本位置相互感知，从而达到节能效果。

4. 关闭节点

研究表明：可以通过减少在线节点数量，实现节点数量与能耗之间的最佳折中。目前，关于节点管理策略的研究思路主要采用机器学习理论进行决策，使不常用的节点处于低能耗或关闭状态来达到节能的目的。例如，采用基于 Bell-man 方法，确定何时让一些节点进入睡眠状态来实现节能的目的。用能量感知的节点启停算法，在保证最大性能前提下，利用系统行为信息和学习模型，预测系统能耗量及 CPU 负载，进而改进任务调度决策。网络节点上的智能设备从资源、能耗和负载行为中直接学习（机器学习），进行能耗管理和自适应的任务调度。也可以通过动态重定位虚拟机，使在线节点数量保持最小，空闲节点最多，然后使空闲节点处于不活动状态达到节能目的。

10.1.4　云计算技术新形态

1. 存储云

存储云就是把数据上传到云端，并在使用时将其从云端取回来。

2. 软件云

软件云除了数据之外，程序本身也可以从云端调用。最开始的软件云只能做到个人设置的云端同步，比如无论你在哪台计算机上开启浏览器，浏览器皮肤、收藏夹、Cookie 信息都是完全一致的，不需要进行重复设置。目前已经有部分软件可以做到这一点了。

下一步是程序代码的云端调用，例如函数库，软件将不会再出现烦人的升级提示，而是直接在云端运行最新版本，然后在本地显示结果。

十年之内，我们安装软件时填写的路径将会多出一些选择。例如，目前我们只能填写 C:\之类的盘符，但不久之后，我们可以选择把软件“安装在数字云盘、安装在百度云盘”。即使重装了系统，但只要安装了云盘客户端，便可以对这些安装在云盘上的软件进行调用。

3．系统云

当云盘的功能逐渐强大，开始支持越来越多的软件安装在云盘上时，云盘客户端便开始向云系统的方向发展。那时才标志着真正迈入了云的时代。

4．统一云

系统云并非云技术的终极，云技术的终点是统一云。

百年之内，提供云系统的厂商们将会发现数据不应存在界限，不同系统的用户数据完全可以共享。就是将不同系统中的数据统一为同一个数据库，所有系统从一个云数据库中调取资料。对于个人来说，就达到了本文之前所描述的：无论你使用 Windows 或 Ubuntu，都可以打开同一篇文档，使用同一个软件。

“云”的基本特征是无处不在，任何限制、约束、空白都说明云的发展未至圆满。当我们有一天能够毫无阻碍地处理所有的信息，而无须考虑时间、地点、平台、国家、厂家时，云的世界才算真正到来。

10.2 云计算安全技术研究进展

伴随着云计算的快速发展，越来越多的企业或个人将数据托管到云端。因为云计算具有虚拟化、可伸缩的特性，所以无法保证用户托管到云端中的数据安全性，导致安全事件屡有发生，很多人抱着观望和谨慎的态度看待云计算。云计算安全问题已成为阻碍云计算推广的障碍之一。

数据的安全包括两个方面：一是保证数据完整、不会丢失；二是保证数据不会泄露和非法访问。云计算的虚拟化、多租户和动态性加重了安全问题。云计算数据的安全性问题解决不了，会影响云计算的发展和应用。私有云是针对某个企业单独构建的，它的基础设施和云平台、云服务由企业控制，因而也就能保障数据的安全性和服务质量。

1．云计算安全现状

对云安全研究最活跃的组织是在 2009 年的 RSA 大会上宣布成立的一个非盈利性组织云安全联盟（CloudSecurityAlliance，CSA）。该组织专注于云计算的安全体系及安全标准等领域，在 2009 年 12 月发布了一份云计算服务的安全实践手册《云计算安全指南》。该指南总结了云计算的技术架构模型、安全控制模型及模型之间的映射关系。在 2011 年 11

月发布了第 3 版云计算服务的安全实践手册《云计算关键领域安全指南》，该指南从架构、治理和实施 3 个部分，14 个关键领域对云安全进行了深入阐述，重点讨论了当企业部署云计算系统时面临的安全风险并且给出了相应的安全建议。在当前尚无一个被业界广泛认可和普遍遵从的国际性云安全标准的形势下，该指南对业界有着积极的影响。云计算服务对使用者来说，面临着特权用户的接入、可审查性、数据位置、数据隔离、数据恢复、调查支持及长期生存性等潜在的安全风险问题。欧洲网络和信息安全研究所 ENISA 发布的云计算安全白皮书指出：云计算系统的使用，会带来数据处理、保护不透明性等安全问题。

2. 云计算安全关键技术

针对云计算面临的安全挑战，国内外研究者对云计算安全的一些关键技术进行了相关研究，主要集中在以下几方面。

1）加密数据处理

用户数据应以密文形式存储在云端中，如果能够直接在密文上进行计算，则有利于保证数据安全和用户隐私。目前关于密文处理的研究主要集中在基于密文的检索与处理。比如，IBM 研究人员开发了一种完全同态加密方案，该方案使云应用在不解密数据的状态下处理数据。若该技术进入实施阶段，就可解决云中数据在整个生命周期内的加密问题。微软公司提出的 Cryptographic Cloud Storage 中实现了基于密文的检索、基于属性的加密机制、数据持有性证明等技术。

2）数据隐私保护

在云中数据的生成与计算阶段，引入了集中信息流控制和差分隐私保护技术，防止计算过程中非授权的隐私数据被泄露，并支持对计算结果的自动解密。

在云中数据的存储和使用阶段，提出了基于客户端的隐私管理工具来支持用户控制自己的敏感信息在云端的存储和使用。

3）可信云计算

将可信计算技术引入云计算，以可信赖方式向用户提供云服务是云计算发展的必然趋势。Santos 等人提出了一个可信云计算平台，通过该平台可以为用户提供一个密闭的箱式执行环境，确保用户虚拟机运行的安全性。

4）云安全体系与技术框架

结合公钥基础设施、轻量目录访问协议、单点登录等技术的云计算解决方案，引入可信的第三方提供安全认证，并根据云计算系统分层的特性，分别给物理层、基础设施即服务、平台即服务、软件即服务提供安全认证。提出一个包含云计算服务体系和云计算安全标准及测评体系的云计算安全框架，这个框架可以为用户的安全目标提供技术支撑。

国内外关于云计算安全问题的研究刚刚起步，虽然很多的组织和机构都在积极地对云计算的安全问题进行分析和研究，但主要是 CSA 及微软、谷歌机构所给出的云计算安全问题的初步解决方案。

10.3 云计算标准规范研究进展

云计算目前还没有统一的、标准的技术体系结构，如果不同厂家对云计算提供不同的解决方案，则会导致不同厂家设备之间的硬件转移和互通、互联、互操作等方面出现问题，阻碍云计算的发展。只有研究和制定云计算相关的标准和技术，才是云计算大规模占领服务市场的关键，云计算的标准化工作正在进行，未来用户可以在不同云计算服务商之间“漫游”。

目前，已有 30 多个国际组织参与到云计算标准的制定工作中。云计算标准体系被划分为为 7 部分 28 个细分领域，2015 年国内有 17 个云计算新标准研究立项。由我国重点参与的两项云计算国际标准《信息技术 云计算 概述和词汇》和《信息技术 云计算 参考框架》已正式发布。

全球参与云计算标准化工作的企业和组织有很多，很多企业和组织为云计算成立了专门的部门，但其中仅有少量的标准得到广泛认可。主要是因为云计算还处于不断发展阶段，业界各方很难达成共识。要实现云计算真正的产业化并步入平稳发展阶段，必须制定统一的技术标准和运营标准，确保云计算平台的互操作性及云服务的可移植性，即应优先制定云服务提供商之间的接口标准以及云服务提供商与用户之间的接口标准。

10.4 云计算硬件基础建设进展

我国一线的云计算巨头如阿里云、腾讯云，以数据中心的服务器数量超过 50 万台，这是作为衡量云计算厂商的最基础的硬指标。数据中心建设进入了高峰期，云计算厂商的服务器数量有可能会突破 100 万台。而阿里云可能是最先突破这一数据的厂商。

另一方面，随着亚马逊、华为、百度开放云等纷纷扩建数据中心，以便在云计算市场开展竞争，更多的数据中心在各地也被建立起来，但也会有数据中心可能因为经营不善而关闭。

我国政府也积极部署云计算基础设施，许多一线云计算厂商在全球范围内开始布局数据中心。例如，阿里云在美国硅谷设立了两个数据中心，在新加坡建立了一个数据中心，在欧洲与德国电信合作建立数据中心，在迪拜与 Meraas 合作构建数据中心等。华为、腾讯云及其他云计算厂商也会共同合作，继续扩建数据中心。另外，在国外构建数据中心时，云计算提供商还应遵守当地法律。

随着云计算市场的持续扩张，尤其是各巨头云计算业务高速增长，云计算提供商需要建设更多数据中心以满足业务需求。例如谷歌宣布，到 2017 年年底将在全球建设 12 个新的数据中心，以提高其云服务空间。从国内看，“互联网+”、大数据策略和大数据综合试验区建设进入推进落实阶段，需要更多数据中心的支撑。

各地政府对大数据、云计算等战略性新兴产业也高度重视，大部分省市出台了大数据相关规划和实施方案，其中对云计算进行了部署，并对数据中心引进给予诸多优惠政策，硬件厂商、运营商与各地的大数据、云计算合作也进入推进阶段，全国范围内一大批数据中心正在或即将开工建设，我国数据中心仍将处于高速建设发展时期。

1. 数据中心的云化

目前，云计算正在转化传统的数据中心，企业将数据中心虚拟化，并将工作负荷和数据扩展到了云端。据 Gartner 调查显示，企业数据中心的发展路径为：从数据中心的虚拟化到私有云、混合云，直至以“云爆炸”方式获取外部云资源，提升私有云的能力。未来，72%的服务器工作负荷将实现虚拟化，近 1/3 的企业将具有私有云的能力。

2. 云计算的未来属于PaaS

云计算的 3 种服务模型即基础架构即服务（IaaS）、软件即服务（SaaS）和平台即服务（PaaS）正在快速演变。由于企业对软件开发和维护所投入的时间和资金有限，导致 SaaS 原地停留。IaaS 为用户提供灵活性和自主权的同时，增添了复杂性。另外，IaaS 可能无法通过门户提供系统实时编制（Orchestration）能力。PaaS 屏蔽了底层的硬件基础架构，为用户提供覆盖软件全生命周期中需求分析、设计、开发、测试、部署、运行及维护各阶段所需的工具，降低了用户进行应用程序开发的技术难度及开发成本。因此，有理由相信，更多的中小企业将会在未来的几年采用 PaaS 云。PaaS 将是云计算的最终目标。在一个通用、可移植的平台上进行 SaaS 或私有软件的开发，将有助于打破基础架构的禁锢，并能使应用更具有可移植性、健壮性和可扩展性。

10.5　云计算服务个性化研究进展

国内包括三大运营商在内的各家云计算服务商都上线了各类数据服务，但云服务商刚推出的数据服务种类比较少且简单，更重要的是还需要经过大量用户的验证。

10.5.1　资源调度服务

资源调度的目的是实现作业与资源的优化匹配，把不同的作业以较合理的方式分配到相应的节点去完成。由于分布环境中各节点的运行速度、主机的负载、网络通信的时间等是动态变化的，因此资源调度是一个非常复杂的 NP 问题。

1. 基于经济学的调度

由于云计算的商业运营模式，使其经济因素成为了作业调度系统重点考虑的调度指标。国内外科技人员提出了不同的调度算法。例如，Buyya 等人首次提出面向市场的云计算体系结构和面向市场的资源分配和调度方法，该体系结构通过资源分配器实现资源使用者与资源提供者之间的协商，来保证资源优化分配；You 等人提出了一种基于市场机制的云资源分配策略，并设计一个基于遗传基因的价格调节算法来处理市场的供需平衡问题；徐保民等人模拟市场经济中的有关资源公平分配的原则，提出了一个基于伯格模型的资源公平调度算法。

2. 以服务质量为中心的调度

服务质量 QoS（Quality of Service）是衡量用户使用云计算服务满意程度的标准。研究基于 QoS 的调度通常以最小完成时间或最优跨度等为目标。目前已有很多基于 QoS 的研究。例如 Abdullah 等人研究了基于可划分负载理论（DivisibleLoadTheory），旨在减少整体作业处理时间的调度问题。根据作业的运行进度和剩余时间，动态调整作业获得的资源量，以便作业尽可能地在截止时间内完成。

3. 以资源利用率为目标的调度

云计算区别于单机虚拟化技术的重要特征是通过整合物理资源形成资源池，并通过资源管理层实现对资源池中虚拟资源的调度。云计算采用的商业理念及成熟的虚拟化技术，使得它的资源管理呈现出不同特性。云服务提供商针对如何分配和迁移虚拟机到物理主机的问题进行研究，提出了一种优化动态调度时间的资源调度方法。从约束的 QoS 资源分配问题出发，引入博弈论，给出了公平的资源调度算法。云服务提供商对分布系统，特别是云计算系统，利用博弈论进行资源管理的算法，具有较好的本地响应时间。

10.5.2 混合云服务

随着云计算成为主流，企业采用云计算已经成为了必然的选择。目前大多数企业采用的是公有云或私有云，以满足不同的需求。

私有云意味着用户连接的是本地资源。尽管它缺乏灵活性，价格昂贵，但是对于某些 IT 部门如需要处理各种规章制度的组织来说，私有云不可或缺。公有云意味着用户需要连接外部的由云服务提供商提供的服务。公有云的使用在计算领域掀起了一场革命。

目前，既可以使用私有云服务用于某种目标，又可以使用公有云用于其他目的，因此混合云已成为企业关注的焦点。混合云不仅是一个可定制的解决方案，而且其架构结合了私有云（可信、可控、可靠）和公有云（简单、低成本、灵活）的优势。因此，未来真正被跨国的云服务提供商视为爆发点的应该是混合云服务市场。

公有云平稳发展，而私有云和混合云发展迅速。云服务的 3 种形态如图 10.1 所示。

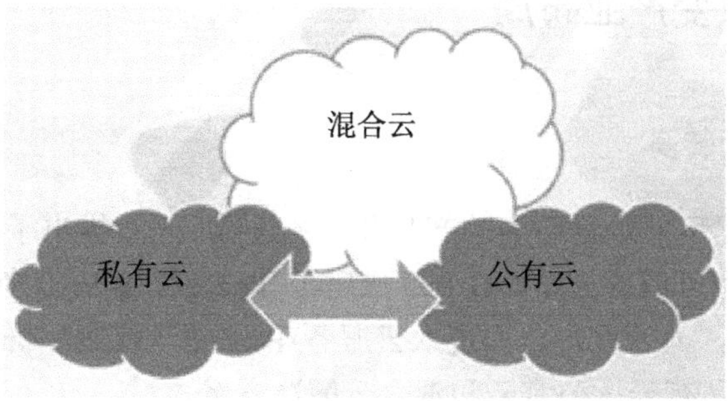

图 10.1　云服务的 3 种形态

10.6　云计算商务模式创新研究

云计算的商务模式，在于服务形式的多样性。云计算充分利用移动网络的便利性，为需要者提供信息服务，不管是医患之间、师生之间、店主与客人之间，还是司机与乘客之间等，凡是需要信息传递的客体之间，都需要信息服务，都有云计算商业机会。

10.6.1　云计算商业模式创新

云计算的商业模式在于服务模式的创新。在工业、农业、医疗、教育、安防和金融等行业，云服务模式多样，信息化渗透到人们生活的方方面面。

- 多媒体：智慧城市海量视频监控与大数据分析。
- 物联网：智能物业，实现消防、电梯等设备的远程监控与维护。
- 金融：连接微信和支付宝，实现更便捷的支付和投资渠道。例如，天弘基金是第一个核心系统在云上的基金公司，基于阿里云平台，在几小时内就搭建了所需要的云计算环境。上云后其性能表现优越，实时请求处理可达到每秒 11 000 笔。
- 医疗：建立个人健康数据云平台，实现分级诊疗和远程会诊。社区医院可以通过平台为患者准确预约合适的上级医院，找到对应专科和具体专家，并代为挂号，方便跨地域转诊。当遇到疑难杂症时，还可以通过平台寻找同行专家远程会诊。
- 政务：办公系统上云，全面打通各级政府信息流。
- O2O：借助云计算大数据，重塑传统服务行业。
- 慕课：大规模公开在线课程。资源放在云端，方便在任何地方任何时候学习。同类型的还有翻转课堂，学生在家看视频上课，在学校写作业，与教师、同学讨论。

10.6.2 云计算改变产业布局

1. 行业巨头的云转身

微软以云为先，尽可能地将更多的产品和服务进行云化，推出了基于 Azure、Windows Intune 企业移动套件和云解决方案。Office 推出了 iPad 版，Win10 免费，把软件称为一种服务。Oracle 云为先，人为重，全面进入云服务在 SaaS、PaaS、IaaS 三个层面的业务。VMware 拥有完整的私有云、公有云和混合云解决方案。

传统基础设施提供商兼并、整合，做大、做强，构建完成云解决方案。传统软件厂商向云转型已成必由之路。IBM 是云计算的最早倡导者，积极从硬件向软件进而向服务转型，收购了 SoftLayer、Cloudant 等多达十几家的云服务提供商。浪潮公司是国内领先的云服务提供商，发布了“以数据为核心”的云战略，利用云计算核心装备，软、硬件业务整合的技术优势及大数据分析能力，推进了云计算中心的建设。戴尔公司发布“任意云”战略。提出“云就绪、云部署、云管理”三步走的云演进策略，并收购了 EMC，补全了虚拟化和存储产品线。

2. 互联网行业持续繁荣

亚马逊围绕 AWS 已经形成了一个生机勃勃的云计算生态系统，涵盖云计算、云存储和数据库等 50 种以上产品和服务，使 AWS 云服务的深度和广度，以及所提供的丰富功能，远超其他云服务商。AWS 遍布全球 190 多个国家，拥有数十万的客户，并且有数千个系统集成商帮助客户向 AWS 迁移，数以千家 ISV 在使自己的软件顺畅地运行在 AWS。

阿里云飞天平台以 IaaS 服务为基础不断增加新的服务，对 AWS，提供了 20 种以上云服务。中国云计算市场需求旺盛，本土厂商机遇良多，市场需求表现为：

- 社会信息化需求快速发展，需要更多种类的信息化应用。
- 企业客户对低成本、高效率的信息化应用需求越来越强烈。
- 垂直行业的云应用正在取得突破，如智能家居与云计算的结合。
- 工业 4.0 与智慧城市的大力推广，使云数据中心规模更大，数量更多。
- 互联网、物联网快速发展，用户与终端规模剧增，需要强大的计算能力对海量数据进行深入分析。

3. 移动商务的云化

移动云计算的用户终端通常是桌面终端或移动终端，近年来随着移动互联网与移动电子商务的快速发展，移动互联网用户接近 8 亿，微信用户已突破 6 亿，在手机终端形成的市场已悄然聚集了数万亿的巨大财富。“微”经济时代已经来临，“移动云计算”市场潜力巨大。要实现以上微信经济和移动云计算，企业 IT 架构和流程需要变更和 扩展，同样，云安全也是一大挑战。

10.6.3　云计算产业发展趋势

1. 云分析将无处不在

云分析几乎影响着每位消费者和每个商业领域。通常，消费者不会注意到云，因为云在不同的应用程序的后台提供支持。云分析正变得越来越普遍，从零售建议到数字营销，从金融风险管理到初创企业衡量其新产品的效果，从基于基因学的产品开发到快速处理临床试验数据，这些领域都通过借助云分析而达到新的水平。

AWS 已经清晰的看到了这一趋势，因为数据仓库服务 Amazon Redshift 已经成为亚马逊公司历史上增长最快的云服务。Amazon Redshift 是许多企业使用的第一个云服务。随着越来越多的企业开始了解数据分析对其发展的作用，预计该服务将实现爆发式增长。

2. 云将实现自助分析

业务部门借助云服务的资源，在云中迅速创建自己的数据仓库，并可根据其需求和预算选择数据仓库的规模和速度。它可以是一个在白天运行、拥有两个节点的小型数据仓库；也可以是一个仅在星期四下午运行几个小时、拥有 1000 个节点的大型数据仓库；或是一个在夜间运行，第二天向工作人员提供所需数据的数据仓库。

全球商业出版物《金融时报》如何使用数据分析就是一个很好的例子。《金融时报》拥有 120 年的历史，已经在诸多方面进行了变革，它通过使用云来运行商业智能（BI）工作负载，得以分析所有报道，使报纸更加个性化，为读者提供定制化的阅读体验，彻底地改变向读者提供内容的方式。

借助新的商业智能系统，《金融时报》每天能够实时分析 140 篇报道，并提高了完成分析任务的敏捷性，分析所需时间从几个月缩短到几天。此外，《金融时报》也扩展了其商业智能，更有针对性地向读者提供广告。通过使用 Amazon Redshift，《金融时报》每天能够处理 1.2 亿个独立事件，并集成内部日志和外部数据源，为读者打造一份更加动态的报纸。

3. 云让一切变得智能化

一切都可以变得“智能化”，智能手表、智能衣服、智能电视、智能家居和智能汽车等，绝大多数的智能设备的软件都是在云端运行的。

无论是家里的温控器、手腕上的活动跟踪器，还是漂亮的超高清电视上的智能电影推荐，它们都由在云上运行的分析引擎驱动。由于这些智能产品的“智能”存在于云中，因此也催生了新一代设备，如飞利浦 CityTouch 实现了路灯照明智能化。

飞利浦 CityTouch 是适用于整个城市的智能路灯管理系统。它提供联网的道路照明解决方案，允许整个郊区和城市智能地控制路灯照明，做到实时管理天黑后的环境，能够在人流量较高的街道上保持良好的照明，在恶劣天气或环境光线过暗时增加亮度，或者在人员稀少的工业区调暗灯光。

这项技术已经被应用于布拉格和伦敦郊区等地。CityTouch 正在使用云作为后端技术来运行该系统，并从路灯上安装的传感器收集的大量数据中提取有价值的信息。这些数据使城市管理人员更好地了解天黑后城市的情况，并采用更有效的照明管理计划，避免过多的光污染对城市居民和野生动物造成的不良影响。

4. 云分析将改善城市生活

云分析能够利用城市环境信息来改善世界各地城市居民的生活条件。芝加哥是首批在全市范围内安装传感器来永久测量空气质量、光强度、音量、热量、降水、风和交通的城市之一。来自这些传感器的数据流入云中进行分析，用于改善居民生活方式，并且收集的数据集会在云上公开，以供研究人员寻找分析数据的创新方法。

英国的彼得伯勒市议会公开了其收集的数据集，让当地社区参与创新。人们将议会公布的不同数据集进行整合。例如，人们可以把犯罪数据和天气情况关联起来，帮助议会了解在炎热天气中是否会发生更多的入室盗窃案，以便他们更好地分配当地警力；或把就医数据与天气情况关联起来，发现其中的趋势和模式。在云的帮助下，这些数据开始向大众开放，以推动创新。

5. 云将实现工业物联网

工业机械将与互联网连接，把数据传输到云中，以获得有关使用情况的观察、提高效率，避免停机。

无论是通用电气给燃气涡轮机安装仪表、壳牌公司在油井中放置传感器、凯驰配备工业清洗机车队，还是建筑工地使用 Deconstruction 的传感器，所有这些都将连续地向云发送数据流，以供实时分析。

6. 云将实现视频分析

长久以来，视频仅用于存档、回放和观看。借助云强大的处理能力，一个新的趋势应运而生：把视频当作数据流来进行分析。这被称为视频内容分析（VCA），适用于零售、运输等多个领域。常见的应用领域就是在装有摄像头的地方，如商场和大型零售商店。视频分析可以帮助商场了解人流模式，可以提供人流量、停留时间及其他统计信息。这使零售商能够改善其商店布局和店内营销效果。

另一种常见的应用领域是音乐会等大型活动的实时人群分析，以了解整个场地的人流情况、预防拥堵，从而改善参与者的体验。交通部门也利用类似的方式疏导交通、监测高速公路上的停滞车辆和高速路上的物体及其他运输问题。

另一个把视频内容分析运用在消费领域的创新例子是 Dropcam。Dropcam 对联网摄像头传送的视频进行分析，为客户提供警报。

VCA 也成为了体育管理的一个重要工具，如球队可以使用视频从不同角度分析球员特点。例如，在一场英超比赛中，球队可利用许多记录下来的视频流的分析数据，来改进球员的训练策略，并完善具体的训练计划。

7. 云将改变医疗分析

数据分析正迅速成为分析健康危险因素和改善病人护理的核心，云正在发挥着至关重要的作用，帮助实现数字化医疗。

云支持创新的解决方案，如飞利浦 Healthsuite（一个管理医疗数据并为医生和患者提供支持的平台）。飞利浦 Healthsuite 数字化平台分析并存储着从 3.9 亿个影像检查、病历和患者输入中收集的 15PB 患者数据，为医务人员提供可操作数据，这些数据可以直接影响病患照护。这项技术改变了世界各地人口的医疗现状，可以看到云在推动患者诊断和治疗方面发挥了更大的作用。

8. 云将实现安全的分析

从网购到医疗再到家庭自动化，数据分析在如此多的新领域得到应用，因而分析数据的安全性和私密性变得至关重要。在存储和分析引擎中应深度集成加密功能并让用户能够拥有密钥，确保只有这些服务的使用者有权访问数据。

云计算产业前景美好，但与发达国家相比，我国云计算市场还未出现“大佬”公司，市场规模也有待提高，未来仍旧需要努力追赶。相关企业需要把握好以下云计算发展趋势，并抓住机遇发展。

- 其一，云时代信息安全重要性日益凸显。随着云计算和移动互联网的普及，越来越多的业务在云端开展，越来越多的数据在云端存储，用户数据泄露或丢失是云计算信息安全面临的巨大安全风险。因此，基于云服务的安全防护难度工作虽然加大，但这一领域的商业价值也将越发凸显。
- 其二，垂直领域融合加深将带动云计算市场迅猛发展。相较于美国等发达国家，我国云计算市场规模仍较小，云计算应用领域及渗透深度有很大的发展空间。云计算服务商应不断加深与各垂直领域的融合，开拓更大的云计算服务空间。
- 其三，抓住智慧城市与智慧工业发展契机。作为云计算应用的重要领域，智慧城市与智慧工业概念兴起，将使得云计算大有可为，值得企业发力。

10.7 云计算生态圈建设

云计算企业将强化云生态体系建设，我国云计算市场在经过几年的发展，形成了运营商、互联网巨头、IT 与集成商等大块头厂商。同时，二线云计算厂商也开始结盟。具体表现以下几类：

第 1 类如浪潮、青云、Ucloud 等开始构建生态圈；第 2 类如宝德，直接投入到集成商太极股份怀抱；第 3 类如惠普等，直接放弃公有云，依靠微软云；第 4 类如华为，从被集成到自己建设生态系统；第 5 类是阿里云，构建大生态系统，如阿里云与万国数据建立战略合作。

前 3 类基本是以抱团取暖为主。第 4 类与第 5 类才算是真正构建大生态系统。没有遍布全世界的数据中心，将是不完整的云计算厂商。

各商业巨头正纷纷打造以“我”为主的云生态，强化对云计算行业的掌控力。例如阿里云推动云合计划，计划招募 1 万家云服务商，共同构建生态体系，为企业、政府等用户提供一站式云服务。腾讯云发布“云+计划”，5 年将投入 100 亿元打造云平台及建设生态体系，吸引云计算产业链上的长尾企业。浪潮发布“云腾计划”，计划 3 年内发展 3000 家以上合作伙伴。华为企业云与国内 100 多家各行业领先的合作伙伴、20 多个城市达成合作，扩展行业应用和计算能力。乐视云发布云资源、云视频、云应用、云发行、云营销和云数据 6 大场景，致力打造视频云生态，构建搭载在云上的内容、发行乃至用户的商业价值链和生态系统。百度推出“云图计划”，携手行业合作伙伴共建生态圈，计划 5 年内投入 100 亿元打造百度云平台及生态体系。

云生态将可能成为云计算行业竞争力的标志，2017 年，各厂家将实质性推动云生态建设，也将有更多云计算企业启动云生态战略。

不能支持公有云与私有云之间迁移交互的混合云，将不是大企业市场有竞争力的云计算服务厂商。不能支持公有云与公有云之间迁移的公有云，将不是让人放心的云计算服务厂商。

没有竞争就没有进步。跑在竞争最前列的就是与云计算密切相关的领域 CDN（内容分发网络）。更激烈的竞争将发生在，视频、游戏、金融、智慧城市、电子政务几个领域。以视频行业为例，市场竞争者包括百度开放云、乐视云、腾讯云和阿里云。

10.8 云计算发展趋势展望

1. 价格战将加速云计算企业优胜劣汰

根据调研机构调研，国内外云计算巨头主导的价格战近年来持续上演。降价有利于云计算更快普及，将加速中国云计算市场进化历程，同时也会直接影响云计算企业收入，可能加速产业洗牌速度。阿里云在 2016 年进行了 17 次产品价格下调，如此降价幅度，难免让中小云厂商倍感压力，甚至逐渐失去竞争力而遭到淘汰。以美国市场为例，主要云计算厂商推动的价格下降促使市场整合，在几轮降价之后，美国由几十家云服务商变为当前的三家主导。伴随价格战的继续，云计算企业优胜劣汰机制将开始显现。

2．银行业将稳步加快推进上云进程

2016 年 7 月，中国银监会发布《中国银行业信息科技“十三五”发展规划监管指导意见（征求意见稿）》，提出银行业金融机构要稳步开展云计算应用，到“十三五”末期，面向互联网场景的重要信息系统全部迁移到云计算架构平台，其他系统迁移比例不低于 60%。例如恒丰及更早的微众银行使用云计算技术构建业务系统等成功案例，也将对银行业上云起到示范作用。

2017 年，在政策推动下，相关监管规则和标准将落地和完善，针对银行业务的云计算技术、解决方案会更加成熟和安全，更多银行将基于业务需求启动上云进程。

3．针对多云服务的管理服务将会出现

研究机构调查显示，目前有不少企业使用多个云厂商提供的云服务。其原因一是为缓解风险，当一个供应商宕机时，还有其他供应商可以提供服务；二是为降低总成本，提供商的某些服务或产品价格互有高低，通过多云可以选择成本更低的组合。随着企业越来越多地使用多个云厂商提供的云服务，也带来了一些云管理的问题。例如有些应用需要在异构环境中迁移，有些需要在多个异构云环境中部署，有些需要跨云跨网络运行，有些需要跨云进行灾难备份和恢复。目前，类似管理的问题主要依靠人工来处理，带来了很大工作量。

为解决上述难题，方便多云资源管控的云管理平台将会出现，为企业使用的多云提供统一管理、服务集成、费用管理和使用统计分析等功能，将应用灵活部署到不同云环境中，在不同云环境中动态迁移应用等。

4．区块链相关云计算产品和服务将涌现

区块链技术的应用开发、测试、部署较为复杂，门槛仍然较高。云计算具有资源弹性伸缩、成本低、可靠性高等优势，它与区块链结合，可以帮助企业快速低成本地开发部署区块链，促进区块链技术成熟，推动区块链从金融向更多领域拓展。微软在 Azure 云平台里面提供区块链即服务（BaaS），并正式对外开放，帮助开发者以简便、高效的方式创建区块链环境。IBM 也宣布推出区块链服务平台，帮助开发人员在 IBM 云上创建、部署、运行和监控区块链应用程序。

随着区块链逐步走向应用，将有更多云计算企业推出区块链产品和服务。

5．细分行业云服务将成为中小厂商生存之道

国际和国内云计算市场均呈现强者恒强的局面，但同时可以看到，各大行业巨头提供的云服务存在一定程度的同质化，而用户需求千差万别，呈现多样化，各大行业巨头无法满足各类用户的具体需求。随着云计算产业生态链不断完善，行业分工呈现细化趋势，从游戏云、政务云、医疗云，到 2016 年快速壮大的视频云，都体现出了行业云的发展潜力。

在云计算白热化的竞争态势下，中小厂商需要瞄准用户精细化需求，提供行业云等差异化云服务，以获得竞争优势。

6．容器技术应用将更为普及

容器服务具有部署速度快、开发和测试更敏捷、系统利用率高、资源成本低等优势，随着容器技术的成熟和接受度越来越高，容器技术将更加广泛地被用户采用。谷歌的Container Engine，AWS的Elastic Container Service，微软的Azure Container Service等容器技术日益成熟，容器集群管理平台也更加完善，以Kubernetes为代表的各类工具可帮助用户实现网络、安全与存储功能的容器化转型。国内各公司积极进行实践，使用户对于容器技术的接受度得到提升。根据调研机构数据显示，近87%的用户表示考虑使用容器技术，容器技术将获得更为广泛的部署。

7．企业上云进程将进一步提速

在“互联网+”、《中国制造2025》等一系列策略推动和企业自身转型升级迫切需求下，企业越来越重视信息技术的应用，云计算无疑是企业更快部署信息化应用的“利器”，诸多行业企业成功上云已起到良好示范作用。国内云计算服务能力日趋完善，价格不断下降，为企业上云提供了较好的条件。另据IDG 2016年11月发布的报告，在调研企业中，目前有 70%的企业至少运行着一个云应用，在未使用云应用的企业中有 90%计划在未来12个月内或1~3年内使用云应用。在政策利好、企业数字化转型和云计算行业加速发展等各方面助推下，企业将进一步加快上云步伐。

8．企业级SaaS服务走向个性化、定制化

据不完全统计，截至2016年年底，国内企业级SaaS云服务各领域创业项目数量有近400家，涉及20余个领域，包括企业报销、企业商旅、CRM、ERP、HR、OA、协同办公、收银支付和考勤管理等。几乎在企业管理的每一个领域，都有诸多垂直SaaS服务解决方案。企业客户有了较多选择性，便会对使用体验提出更高的要求。随着云服务的不断升级，统一的云服务已经不能完全满足企业需求，不同行业、不同企业需要更具针对性的解决方案，定制化、个性化云服务更能解决企业管理痛点，赢得市场。目前已经有一些企业开展了相关布局，可根据企业不同需求定制不同的模块化服务。

未来几年，将有更多企业推出个性化、定制化的SaaS服务。

10.9 本章小结

本章展望了云计算关键技术、基础装备建设、云计算安全、云计算标准制定、云计算生态圈的发展趋势。云计算的商务模式创新，云计算的产业形态都在发生着日新月异的变

化，新的云服务形式、新的云应用项目将不断涌现。

10.10　习题

1．简述云计算关键技术发展趋势。
2．简述当下的云服务模式有哪些。
3．给出云计算硬件系统平台逻辑拓扑。
4．给出云操作系统的基本概念。